中低温煤焦油的分离分析与高效转化

孙 鸣 著

科学出版社

北京

内 容 简 介

本书在介绍煤焦油特别是我国中低温煤焦油的资源、生产情况及煤焦油加工利用技术现状的基础上,结合作者十余年的研究成果,对中低温煤焦油组分定性定量分析、组分分离、酚类化合物的提取、催化加氢制备轻质芳烃和针状焦等进行了深入分析,阐释了针对煤焦油复杂有机混合物基础研究与加工利用的创新学术思想,为煤焦油复杂有机混合物的高效清洁转化利用提供了方法及理论支撑。

本书可供从事煤焦油复杂有机化合物基础研究与应用开发工作的专业技术人员参考,也可供高等院校从事煤化工、石油化工等相关研究的师生参考。

图书在版编目(CIP)数据

中低温煤焦油的分离分析与高效转化 / 孙鸣著. -- 北京 : 科学出版社, 2025. 6. -- ISBN 978-7-03-081575-0

Ⅰ. TQ522.63

中国国家版本馆 CIP 数据核字第 2025T5X662 号

责任编辑:祝 洁 罗 瑶 / 责任校对:崔向琳
责任印制:徐晓晨 / 封面设计:陈 敬

科学出版社 出版

北京东黄城根北街 16 号
邮政编码:100717
http://www.sciencep.com

北京中石油彩色印刷有限责任公司印刷
科学出版社发行 各地新华书店经销

*

2025 年 6 月第 一 版 开本:720×1000 1/16
2025 年 6 月第一次印刷 印张:15 1/2
字数:307 000

定价:158.00 元
(如有印装质量问题,我社负责调换)

前　言

煤焦油是煤热解/干馏的液体产物，是十分宝贵的化工原料，而且富含石油化工无法生产得到的重要化学品或中间体，在世界化工原料中占有极其重要的地位。此外，相对于煤热解的固态产物和气态产物，煤焦油能够提供更为丰富的煤热解过程信息，对阐明煤焦油的分子组成和结构、解释煤热解机理至关重要。因此，煤焦油组分分离分析与高效转化成为许多国家关注的重要科技课题之一。煤焦油是成分非常复杂的有机混合物，含有上万种化合物，具有平均分子量大、极性强、缔合性强和杂原子含量高的特点，对其进行组成和结构分析、深度分离和高效转化其中的化合物是世界性难题。因此，系统开展煤焦油的分离分析与高效转化的基础和应用研究，不仅能加深对类煤焦油分子组成结构的理论认识，也是提高煤焦油加工利用整体效率和提高企业经济效益的关键。

面对充分利用煤焦油资源的迫切需求，作者多年从事化工、煤化工教学和科研工作，取得的成果发表于 *Chemical Engineering Journal*、*Fuel Processing Technology*、*Energy*、*Energy & Fuels*、*Fuel*、*Journal of Analytical and Applied Pyrolysis*、*Applied Catalysis A: General* 和 *Microporous and Mesoporous Materials* 等学术期刊，获授权发明专利 19 件，主持编制国家标准 1 项，立项/在制国家标准 1 项，曾获评为陕西省中青年科技创新领军人才、陕西省青年科技新星和全球华人化工学者研讨会"未来化工学者"，获得陕西石化青年科技突出贡献奖、陕西青年科技奖等。

本书在介绍煤焦油，特别是我国中低温煤焦油的资源、生产情况及煤焦油加工利用技术现状的基础上，着重介绍了：①中低温煤焦油组分定性定量分析、组分分离方法和酚类化合物提取技术；②中低温煤焦油催化加氢制燃料油和化学品等煤焦油研发技术前沿；③中低温煤焦油制备针状焦的方法。

本书涉及中低温煤焦油组分分离、煤焦油加工技术和相关理论，注重介绍相关领域的研究进展与新技术，注重对科学实验和生产经验进行总结，助力煤焦油深加工及其技术研发，促进我国煤焦油资源的充分利用，具有一定的学术价值和指导作用。

感谢西京学院么秋香副教授，长期合作研究中给予了很多的指导和帮助。同时，感谢博士研究生何磊、王林洋、刘永琦和王位，以及硕士研究生杨嘉锋、李亚波、孔祥熙、张丹、谢雨昕、李向东、王彦博、吕前基、唐星、冯新娟、沙帅、李曦、张鼎、兰文秀、王强、姚昕壮和刘硕。

　　本书相关研究工作得到了国家自然科学基金青年项目和面上项目(21406178、21776229、22178289、22278338)、国家重点研发计划项目课题(2018YFB0604603)、陕西省重点研发计划项目一般项目(2024GX-YBXM-480、2025CY-YBXM-159)、陕西省重点研发计划项目重点产业创新链(群)-工业领域项目(2020ZDLGY11-02、2017ZDCXL-GY-10-03)等资助,在此对国家和陕西省有关部门长期以来的大力支持表示衷心感谢!本书的出版得到了西北大学"双一流"建设项目、陕西省重点研发计划项目重点产业创新链(群)-工业领域项目(2017ZDCXL-GY-10-03)的资助,在此致以诚挚的谢意!

　　限于作者精力,书中不足之处在所难免,敬请读者批评指正。

孙　鸣

2025 年 1 月

扫码查看本书彩图

化合物及术语缩写

BPD ··· 油品沸点分布
CT ····················· 用于分离分析六组分的中低温煤焦油
CT-AH ·· 中低温煤焦油芳香分
CT-HE ·· 中低温煤焦油杂原子馏分
CT-HI-MS ································· 正庚烷不溶甲苯可溶物
CT-HS ·· 正庚烷可溶物
CT-PH ·· 中低温煤焦油酚类馏分
CT-RE ·· 中低温煤焦油胶质
CT-SA ·· 中低温煤焦油饱和分
EA ·· 乙酸乙酯
FBP ····· 样品总离子流色谱图积分面积99.5%对应的组分沸点
GC-MS ·· 气相色谱-质谱联用
GC-SIMDIS ····································· 气相色谱-模拟蒸馏法
HE ··· 正庚烷
HT ·· 高温煤焦油
IBP ················· 样品总离子流色谱图第一个物质出现时的沸点
M-LTCT ·· 中低温煤焦油重油
MT ·· 低温煤焦油
PE-H-tar ·· 石油醚重油萃取物
PE-L-tar ·· 石油醚轻油萃取物
Py-GC-MS ··································· 热解-气相色谱-质谱联用
RP ··· 原油
TBP ·· 实沸点蒸馏
TG ··· 热重法
TG-MS ·· 热重-质谱联用
THF ·· 四氢呋喃

目　　录

第1章 绪 论

我国是世界第一大能源生产国和消费国，能源需求量大，供需矛盾突出。基于我国"缺油、少气、相对富煤"的资源禀赋，在未来较长的一段时间内，煤炭仍将是我国的主体能源，是我国能源安全稳定供应的"压舱石"。21世纪以来，我国的煤化工行业在生产工艺、大型装备制造等领域取得了长足的进步与发展，但仍存在煤炭资源转化效率低、产品单一、附加值低和环境污染等问题，制约着我国煤炭清洁高效、多元高值的转化利用。为进一步深化煤炭的分质转化和高效利用，促进煤炭由单一燃料向燃料与原料并重转变，中国煤炭工业协会发布的《2023煤炭行业发展年度报告》指出，全行业认真落实党中央、国务院决策部署，统筹发展和安全，全力做好煤炭增产保供稳价工作，扎实推进现代化煤炭产业体系建设，绿色低碳转型和高质量发展迈出坚实步伐[1]。2022年，工业和信息化部、发展改革委等联合发布的《关于"十四五"推动石化化工行业高质量发展的指导意见》中明确提出要推动产业结构调整：①强化分类施策，科学调控产业规模。有序推进炼化项目"降油增化"，延长石油化工产业链。增强高端聚合物、专用化学品等产品供给能力。严控炼油、磷铵、电石、黄磷等行业新增产能，禁止新建用汞的(聚)氯乙烯产能，加快低效落后产能退出。促进煤化工产业高端化、多元化、低碳化发展，按照生态优先、以水定产、总量控制、集聚发展的要求，稳妥有序发展现代煤化工。②加快改造提升，提高行业竞争能力。动态更新石化化工行业鼓励推广应用的技术和产品目录，鼓励利用先进适用技术实施安全、节能、减排、低碳等改造，推进智能制造。引导烯烃原料轻质化、优化芳烃原料结构，提高碳五、碳九等副产资源利用水平。加快煤制化学品向化工新材料延伸，煤制油气向特种燃料、高端化学品等高附加值产品发展，煤制乙二醇着重提升质量控制水平[2]。

低变质煤具有油、气资源属性，是油气资源的重要补充[3]。低变质煤的中低温热解/干馏(600～750℃)是实现其分质转化、清洁高效、多元高值利用的重要手段。煤热解的液体产物煤焦油是非常宝贵的化工原料，而且富含石油化工无法生产得到的重要化学品或中间体，在世界化工原料中占据极其重要的地位[4]。因此，煤焦油组分分离与高效转化提取/制取化学品是许多国家关注的重要课题之一。

2019年，我国煤焦油总产量约为2510万t。其中，高温煤焦油约1850万t，中温煤焦油约560万t，中低温煤焦油约100万t[5]。中低温煤焦油富含脂肪烃、芳香烃(简称"芳烃")和酚类化合物,含有类石油组分,比较适宜加氢制取燃料油。然而,2023 年 6 月 30 日,财政部、税务总局发布公告,对混合芳烃、重芳烃、混合碳八、稳定轻烃、轻油、轻质煤焦油按照石脑油征收消费税[6],煤焦油加氢全行业出现不同程度亏损。此外,新能源汽车行业发展迅猛,受政策、技术、市场的多方面推动,市场规模不断扩大,燃料油的需求面临冲击。因此,中低温煤焦油催化转化制高附加值化学品是重要的转型,将逐渐成为主要的利用途径。

1.1　概　　述

1.1.1　中低温煤焦油的性质与组成

从外观上看,煤焦油是一种黑褐色、黏稠状、有特殊气味的液体,煤焦油的性质组成不仅与煤的煤化程度有关,而且与升温速率、终温、压力、气氛等有关。煤化程度较低的煤热解时,由于挥发分含量高,煤焦油、焦炉煤气、热解水含量高。其中,焦炉煤气主要成分为甲烷、二氧化碳和一氧化碳。煤化程度中等的煤发生热解时,焦炉煤气和煤焦油产率高,而热解水产率低。煤化程度高的煤热解时,由于固定碳含量高,挥发分少,热解焦炉煤气和煤焦油产率低,焦炭产率高,主要应用于高温炼焦[7]。按照干馏温度的不同,将煤干馏分为以下三个干馏类型:低温干馏(终温在 500~700℃)、中温干馏(终温在 700~900℃)、高温干馏(终温在900℃以上),对应产生的煤焦油称之为低温煤焦油、中温煤焦油、高温煤焦油,表 1.1 为不同终温下干馏煤焦油的产率和性状[8]。

表 1.1　不同终温下干馏煤焦油的产率和性状

项目	低温干馏 终温 500~700℃	中温干馏 终温 700~900℃	高温干馏 终温>900℃
煤焦油产率(质量分数)/%	9~10	6~7	3.5
相对密度	<1	1	>1
酚类质量分数/%	25	15~20	1.5
中性油质量分数/%	60	50.5	35~40
沥青质量分数/%	12	30	57
游离碳质量分数/%	1~3	约 5	4~10
中性油成分	脂肪烃、芳香烃	脂肪烃、芳香烃	芳香烃
煤气中回收的轻油	气体、汽油	粗苯-汽油	粗苯

中低温煤焦油性质组成接近于表 1.1 中的低温煤焦油。中低温煤焦油是极其复杂的有机化合物混合体，在室温下，密度约为 1g/cm³，具有较高的黏度，恩氏蒸馏 350℃前馏出率约为 50%[9]。

中低温煤焦油为煤一次热解的产物，二次反应程度低，因此与高温煤焦油在性质组成上差异很大，表 1.2 为低温煤焦油与高温煤焦油的各组分质量分数对比[10]。

表 1.2 低温煤焦油与高温煤焦油各组分质量分数对比 　　　　　（单位：%）

组分	低温煤焦油	高温煤焦油
酚类化合物	20~35	1~2
碱类	1~2	3~4
萘	痕量	7~12
不饱和烃	40~60	10~16
脂肪烃或环烷烃	15~20	2~5
芳香烃	30~40	80~88

由表 1.2 可以看出，低温煤焦油酚类化合物含量很高，质量分数高达 35%，脂肪烃质量分数较高，其芳香烃质量分数比高温煤焦油低。因此，低温煤焦油是一种相对优质的原料油，可用于生产燃料油和化工产品。

中低温煤焦油物理化学性质分析通常基于煤焦化产品，并借鉴石油产品的分析方法进行分析。例如，密度采用《原油和石油产品密度测定法(U 形振动管法)》(SH/T 0604—2000)，水含量采用《焦化产品水分测定方法》(GB/T 2288—2008)，灰分含量借鉴《焦化固体类产品灰分测定方法》(GB/T 2295—2008)，甲苯不溶物含量借鉴《焦化产品甲苯不溶物含量的测定》(GB/T 2292—2018)，闪点和燃点采用《石油产品闪点与燃点测定法(开口杯法)》(GB 267—88)，酚含量采用《粗酚中酚及同系物含量的测定方法》(GB/T 24200—2009)，中低温煤焦油四组分含量分析采用《石油沥青四组分测定法》(NB/SH/T 0509—2010)。由于中低温煤焦油与石油组成存在差异，所以采用上述方法分析存在一定误差。

中低温煤焦油是成分非常复杂的有机混合物，准确分析煤焦油中化合物的组成和结构，对于这样一个以不同官能团的芳香族化合物为主和宽分子量分布的复杂混合物是非常困难的[11]。因此，首先根据性质将中低温煤焦油分离成多种组分，然后综合多种物化分析手段对其进行研究。中低温煤焦油往往需要将几种分析表征方法联合使用，才能得到较为可靠全面的结果。

煤焦油组成和结构分析技术中，可用于定性定量分析的方法有液相色谱法(LC)、气相色谱法(GC)及气相色谱-质谱联用(GC-MS)、元素分析等；官能团的表征主要采用光谱法，如傅里叶变换红外光谱(FTIR)法、拉曼光谱法、核磁共振

(NMR)法等；特殊性质的表征主要有尺寸排阻色谱法(SEC)和气相色谱模拟蒸馏法等。由于煤焦油中重质组分煤沥青的结构复杂、分子量大、不易挥发且难以溶解，大部分常规的分析手段不适用于它的表征[12]。基于此，热降解分析方法，如热重–傅里叶变换红外光谱(TG-FTIR)、热解–气相色谱–质谱联用(Py-GC-MS)等，可以得到煤焦油在不同温度下热解产物的分布规律，基于产物分布可以推断煤焦油中可能的组成和结构。气相色谱–质谱联用(GC-MS)是分析煤焦油组成和结构最有效的手段，通常可以提供分子量在 500 以下，沸点不高于 300℃化合物的组成和结构信息。孙鸣等[13]对中低温煤焦油进行减压蒸馏，获得了 7 个不同温度段的窄馏分，并对各个窄馏分进行了分析鉴定，结果表明，在<100℃馏分中酚类化合物质量分数达到56%，且主要为低级酚。毛学锋等[14]采用酸碱溶剂萃取分离、窄馏分切割等方法将中低温煤焦油分离为酸性组分、碱性组分、中性组分及各个温度段的窄馏分。胡发亭[15]通过对中低温煤焦油进行实沸点蒸馏，切割得到 21 个窄馏分，分析表明酚油馏分(170～230℃)中酸性组分占 66.02%，并从酸性组分中鉴别出了 25 种酚类化合物。Yao 等[16]使用不同比例的正己烷和乙酸乙酯，采用硅胶柱层析对中低温煤焦油沥青质进行了梯度洗脱，完成了 8 个馏分的分离与鉴定。结果表明，该方法能有效富集煤焦油沥青质中的多环芳烃和杂原子化合物。此外，Sun 等[17]采用 TG 和 GC-MS 结合的方法，将中低温煤焦油分为 GC-MS 可分析和不可分析部分，成功定量了中低温煤焦油<300℃馏分的含量。Li 等[18]以深度共晶溶剂为萃取剂，通过煤焦油中酚类化合物与萃取剂发生氢键作用进行萃取分离。Xu 等[19]开展了从低温煤焦油模型油中高效提取苯酚的研究，通过苯酚与咪唑基离子液体萃取剂之间形成氢键完成酚类化合物的分离，结果表明酚类化合物的萃取率可达 99%。

1.1.2 中低温煤焦油的用途

中低温煤焦油主要由多烷基芳烃、脂肪族链状烷烃和烯烃、酚类化合物组成，其中酚类化合物的质量分数较高，为 20%～30%[20]。市场需求的很大一部分化工产品是从煤焦油中提取而来，特别是多环芳烃物质，这些物质受技术或经济限制，很难直接合成。煤焦油中提取出来的化合物能够广泛用于生产纤维、工程塑料、农药医药、染料中间体及炸药等[21]。中低温煤焦油中的酚类化合物含量很高，如果能将其中的酚类化合物经济有效地萃取出来，将会很大程度提升中低温煤焦油综合加工利用的价值。苯酚主要用于生产酚醛树脂、己内酰胺、双酚 A、己二酸、苯胺、水杨酸等，此外，还可用作溶剂、消毒剂等，在合成纤维、合成橡胶、塑料、医药、农药、染料和涂料等方面有着广泛的应用；甲基苯酚主要用于生产塑料、增塑剂、防腐剂、高级染料、橡胶防老化剂、炸药、医药及人造香料等；二甲基苯酚是合成工程材料、可溶性亚胺树脂的主要原料之一；二甲基苯酚和高沸点酚可用于制造消毒剂等[21]。中低温煤焦油中的石蜡含量高，可通过一定方法提取出石蜡作为原料；此外，中低温煤焦油中的碱性油可代替硫酸进行金属表面处理，中性含氮化合物通过水解还原可以得到脂肪胺，液态烯烃可以用来制造润滑油或洗涤剂；中低温煤焦油剩余的重质馏分经加工处理后可以用来制造筑路沥青、电极焦、碳纤维等[7,22]。

1.2 中低温煤焦油的生产与加工利用

1.2.1 典型的陕北低温干馏工艺

陕北榆林地区煤田所产的煤多为低变质长焰煤[23]，该煤种煤质优良，具有"三低一高"(低灰、低硫、低磷、高发热量)的特点，有"天然洁净煤"的称号，是低温干馏的理想原料。煤的中低温干馏主要产品有生焦、煤焦油和煤气。陕北地区煤种为高挥发分、低变质弱黏煤和不黏煤，该煤种不适合用来高温炼焦。因此，在陕北地区形成了有地方特色的煤低温干馏产业，并已形成陕北地区最大的煤转化产业，为地方经济的发展做出了很大贡献，但生产过程中产生的废水、废气、废渣严重污染环境，已成为陕北经济社会可持续发展必须解决的问题之一[24]。

低温干馏工艺主要有美国的 Disco 工艺、Toscoal 工艺和德国的鲁奇(Lurgi-Spuelgas)工艺、Lurgi-Ruhrgas 工艺，以及我国煤炭科学研究总院北京煤化工研究分院的多段回转炉(MRF)热解工艺、大连理工大学的固体热载体热解工艺等[25]。图 1.1 为多段回转炉热解工艺流程图[26]。

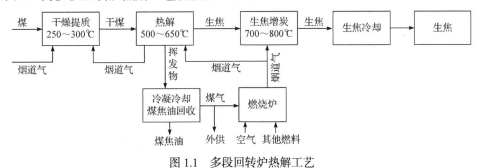

图 1.1 多段回转炉热解工艺

陕北地区低温干馏工艺采用的为内热式直立炉。该炉型是根据当地内热式直立炉和复热式直立碳化炉的特点设计出来的。图 1.2 为内热式直立炉内部结构简图。工艺特点如下：低变质煤经自然干燥后由斗式提升机提升到储煤仓，并连续加入干馏炉中，在隔绝空气条件下发生脱水、干馏、热解等一系列反应，产生煤气、煤焦油和生焦，干馏段下部兰炭落入液封熄焦槽冷却，然后由刮板机排出，煤气在干馏室内沿料层上升，由炉顶部集气伞收集，依次通过上升管、桥管，经文氏管塔、旋流板塔冷凝洗涤，回收煤焦油，回收的煤焦油进入氨水澄清池二次脱水，脱水后的煤焦油即为成品煤焦油，煤气在鼓风机作用下部分回炉加热，剩余部分放散处理[7,24]。陕北低温干馏工艺流程图见图1.3。

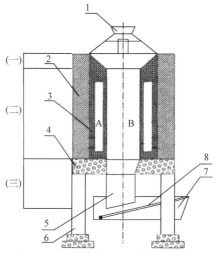

图1.2　内热式直立炉内部结构简图

1-进料口；2-普通耐火材料；3-耐火材料；4-顶板；5-出料口；6-炉体支架；7-液封熄焦槽；8-刮板出焦机；
A-蓄热室；B-干馏室；(一)-干燥段；(二)-干馏段；(三)-冷却段

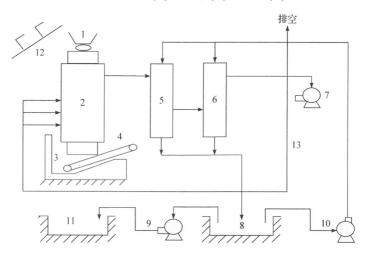

图1.3　陕北低温干馏工艺流程图

1-储煤仓；2-干馏炉；3-熄焦槽；4-刮板机；5-文氏管塔；6-旋流板塔；7-鼓风机；8-煤焦油氨水澄清池；
9-煤焦油泵；10-氨水泵；11-煤焦油池；12-斗式提升机；13-回炉煤气

1.2.2　中低温煤焦油加工利用现状

中低温煤焦油加工利用主要集中在20世纪20～50年代，德国建立了4座褐煤煤焦油加氢生产燃料油的工厂，产量为135万t/a，基于德国技术，日本、苏联、英国、美国和波兰相继建立了中低温煤焦油加氢制燃料油的工厂[10]。至今，世界范围内低温煤焦油仍主要作为液体燃料和化学品的原料。低温煤焦油的加工利用方式主要有三种：燃料型、燃料-润滑油型和燃料-化工型。至于采取何种加工利用方式，与原料煤焦油的组成性质、经济发展的需求及本地区的技术水平和资源状况均有关联，但燃料-润滑油型和燃料-化工型加工利用方式是今后的发展方向[27]。

我国关于富油煤中低温煤焦油的组成分离和转化方面的研究起步较晚，但进展迅速，主要开展了以下诸方面的研究工作。

1. 中低温煤焦油加氢制燃料油

中低温煤焦油加氢制燃料油技术主要有延迟焦化、悬浮床、沸腾床和全馏分加氢技术等[28]，并已实现了产业化。该技术以陕西煤业化工集团神木天元化工有限公司的 50 万 t/a 中低温煤焦油轻质化示范项目最具代表性，其延迟焦化液体产品收率 76.8%，加氢装置液体产品收率 96.3%。催化剂是煤焦油催化加氢过程的关键因素。Bai 等[29]以 NiMoW/Al$_2$O$_3$ 及 Pd/Al$_2$O$_3$ 为催化剂，催化轻质煤焦油生产航空燃料油，最终产品具有高热值、低硫、不饱和度高的特点，适合作为航空燃料油。Zhang 等[30]采用两步法合成了 Ni 掺杂量不同的 MoS$_2$ 催化剂用于中低温煤焦油催化加氢，汽油和柴油总质量分数提高了 13.6%，黏度、密度和平均分子量也分别降低了 90%、5%和 33%。Li 等[31]在氮掺杂碳材料上负载镍得到镍基碳材料催化剂(Ni/NDCM)，考察该催化剂对低温煤焦油中粗酚的催化加氢转化过程，其中以苯酚为模型化合物，探讨了粗酚催化加氢转化的机理[32]。结果表明，在 160℃、3MPa 的初始氢气压力下，苯酚在正己烷中完全转化，环己醇的选择性高达 99.9%，且 Ni/NDCM 能够强烈吸附苯酚，并有效地将 H$_2$ 活化为 H···H，这一转移在芳环氢化中起着至关重要的作用。

基于催化剂本身酸性剂孔道结构的可控性，可以清晰地阐明孔结构与酸性对烃类物质的催化影响。分子筛又称沸石，Kostyniuk 等[33]探究了 ZSM-5 型沸石(简称"ZSM-5")、β沸石、Y 型沸石(HY)、USY 系列分子筛(以 NaY 为原料，经过一系列处理过程(如稀土处理、铵盐处理、水热超稳性及化学脱铝补硅等)制备的 Y 型分子筛)和 MOR 结构分子筛(丝光沸石具有 MOR 型的骨架拓扑结构，包含一套椭圆形十二元环主通道，主通道间有八元环通道沟通，而八元环通道排列不规则，一般分子不易进出)在生物质模型油催化加氢制备 2-甲基萘和乙烯-丙烷混合气体中的性能，结果表明 5%Ni/H-ZSM-5 表现出较高催化性能，2-甲基萘液相选择性可达 96.2%，乙烯和丙烷的气相转化率最高可达 82.9%，这可归因于其较高的介孔孔道结构，Ni 化合物与沸石酸性位点之间的协同作用产生的强路易斯酸位点也促进了生物质模型油的转化。

煤焦油加氢过程的反应有加氢脱氮反应、加氢脱硫反应、加氢脱氧反应、烯烃和芳烃(主要是稠环芳烃)的加氢饱和及加氢裂化反应等，高活性、高选择性和高稳定性催化剂体系是核心。由于中低温煤焦油组成的复杂性和宽分子量分布特性，以及加氢过程众多反应的存在，无法避免催化剂失活(中毒和结焦等)和部分加氢产物过度加氢的问题。

2. 中低温煤焦油催化加氢制轻质芳烃

芳烃是重要的大宗基础有机原料，主要包含 BTEXN(B-苯，T-甲苯，E-乙苯，X-二甲苯，N-萘)，在多个领域有着广泛的应用，具有庞大的产业规模和市场需求[34]。随着石油资源面临劣质化及日益短缺，芳烃产业发展受到制约。工程塑料、橡胶防老剂、染料等行业发展迅猛，芳烃需求量巨大，我国芳烃的进口量多年来接近总需求量的 50%[35]。在确保国家能源安全，降低石油对外依存度(多年居 70%以上)的背景下，中低温煤焦油是制备轻质芳烃(BTEXN)的优良原料，可通过使其组分中的脂肪烃热解-环化、多环芳烃加氢-热解和酚类化合物脱羟基等工艺制备轻质芳烃。

西北大学研究团队在对富油煤中低温煤焦油组成结构深入分析的基础上[36,37]，开展了中低温煤焦油催化加氢制备轻质芳烃的研究。

在催化转化制轻质芳烃方面：采用 Py-GC-MS，以 ZSM-5、β 沸石、HY 和 USY 为催化剂，在 800℃下对中低温煤焦油≥200℃的馏分进行了催化转化研究。研究表明，在 USY 和 β 沸石催化剂作用下，BTXN 的总收率分别提高了 128%和 108%。经 ZSM-5 催化热解后，苯和甲苯的产率分别提高了 100%和 98%。与此同时，HY、USY 和 β 沸石均能够将萘的产率提高 300%以上[38]。以天然沸石(NMZ-A 和 NMZ-B)为催化剂，对中低温煤焦油沥青质(CT)进行了催化转化制备 BTXN 的研究。研究发现，当 CT 与天然沸石的质量比分别为 2∶1、1∶1、1∶2 时，苯的产率分别增加了约 212%、248%和 421%，甲苯的产率分别增加了约 162%、137%和 208%。与传统分子筛催化剂相比，NMZ-A、NMZ-B 因其独特的理化特性，对 CT 具有显著"脱氧生烃"的作用，有效促进了产物中长链烷烃和 BTXN 的生成，以及酚类化合物的脱羟基反应[39]。以苯氨基丙基三甲氧基硅烷为介孔模板剂，制备了 ZSM-5 介孔分子筛催化剂(模板剂添加量分别为 0%、5%和 10%)，选取萘酚(Nap-ol)、甲基萘(Nap-met)、甲基蒽(Ant-met)及二十二烷(C$_{22}$)分别代表煤焦油蒽油馏分的含氧化合物、双环芳烃、三环芳烃及长链烷烃，在 450℃下对单一模型化合物/混合模型化合物(MCs)进行了 Py-GC-MS 催化转化实验。研究发现，BTEXN 产率从大到小排序依次为 C$_{22}$ > Nap-ol > MCs > Nap-met > Ant-met[40]。

在催化加氢制轻质芳烃方面：采用固定床加氢反应器，以 H 型 ZSM-5(HZSM-5)为催化剂，对单个/混合模型化合物进行催化加氢转化。研究表明，在 300℃、2MPa 条件下，模型化合物萘和二十二烷的 BTEXN 选择性和液体收率的乘积

($S_{BTEXN} \times Y_{液体}$)分别为 48.23%和 45.33%。对于模型化合物 1-萘酚而言，在 500℃、2MPa 条件下，其 $S_{BTEXN} \times Y_{液体}$ 为 77.93%[41]。

此外，Kostyniuk 等[42]借助填充床反应器，在常压下开展了商业分子筛(Beta、Mordenite、USY、Y 和 ZSM-5)对四氢萘加氢裂化为 BTX 的催化实验研究。结果表明 HZSM-5 催化加氢制备芳烃(BTX)的产率最高达到了 46.30%，可有效将多环芳烃轻质化。

3. 中低温煤焦油制针状焦

中低温煤焦油氧含量较高，其质量分数在 4.5%~6.5%，氢碳原子比较高，在 1.1%~1.7%，芳烃质量分数较低，约为 20%，且正庚烷可溶物较多，甲苯不溶物 (TI)较少[43]，这表明中低温煤焦油作为煤基针状焦原料具有平均分子量小，芳构化程度较低，缩合度较低的缺点。中低温煤沥青是中低温煤焦油中的重质组分，其具有窄分子量分布，低杂质含量和芳香度的特点，且含有较多的脂肪族烃类物质，从而导致其在高附加值产品清洁利用过程中反应活性过大，不易控制。

王菲等[44]采用混合溶剂-重力沉降法分别得到 4 种轻相、重相的中低温煤沥青(MLTCTP)，表征分析发现轻相 MLTCTP 中的支链数量及长度明显更低，而重相 MLTCTP 的软化点(SP)、结焦值(CV)及氢碳原子比等均高于轻相 MLTCTP，且重相 MLTCTP 的芳香性要高于轻相 MLTCTP。刘海丰等[45]分离低温煤沥青(LTCTP)的轻相组分，得到重相组分，并将原沥青与重相组分分别用于煅烧，制备炭素材料，结果表明 LTCTP 分离后的四组分理化结构相差较大，轻相沥青含有大量饱和分，偏光显微镜观察到碳化后的生焦下有明显的片状和镶嵌状结构，均一性较差，LTCTP 重相沥青中饱和分含量明显降低，胶质、沥青质含量升高，其所得生焦有少量小叶状结构，但以细镶嵌状结构为主。

众多研究表明，煤沥青中 β 树脂(TI-QS)的含量对针状焦的性能(微观结构、微观强度和真密度)和产率都有重要影响。Zhu 等[46]认为煤沥青中 β 树脂控制在 13%~16%是最适宜的，研究表明，针状焦的产率随原料中 β 树脂含量的提高而提升。苏蕾等[47]以三种氯代芳香烃为改性剂，以对甲苯磺酸为催化剂来改性中温煤沥青，使其 β 树脂含量提高，所制的针状焦具有更高的产率和石墨化程度，光学显微结构也得到了一定程度的改善。然而，中低温煤焦油中 β 树脂的含量几乎为 0，但其含有丰富的酚类物质[48]，因此醛类物质常用来改性煤沥青，旨在提高其 β 树脂含量。Sun 等[49]以甲醛、苯甲醛和糠醛来改性中温煤沥青，显著提高了其残炭率。Crespo 等[50]认为，在 NaOH 的催化下，甲醛与低温煤焦油中的酚类化合物反应生成了更多的 β 树脂，从而提高了针状焦的收率，同时，通过酚类反应生成大分子芳香族化合物，提高了反应体系的黏度，促进了中间相的形成。解小玲等[51]以对甲苯磺酸(PTSA)为催化剂,以苯甲醛来改性煤沥青,发现改性后的煤沥青具有更高的中间相结晶度,且有序性和芳核片数也得到了一定的提高。柴韵杰等[52]以化学改性法来制备改性沥青,改性催化剂采用甲基苯磺酸,改性剂采用三氯硝基苯,改性后沥青的芳香烃聚合性增大,生焦及针状焦产物的结构取向得到优化,有序度显著提高。

除此之外,赖仕全等[53]以脱除一次喹啉不溶物(QI)的 LTCTP 为原料,于常压条件,对其进行空气氧化改性,从而生产用于炭素材料原料的浸渍沥青,并研究了处理温度和时间,空气流量对沥青族组分的影响,结果表明,沥青收率随时间和温度的上升而减少,此外,还发现甲苯可溶物(TS)几乎未转化为 QI,而大部分转化为 TI-QS,温度越高,时间越长,TI-QS 的含量增加越明显。

1.3　存在的问题

1) 中低温煤焦油加工产品单一

中低温煤焦油主要用于加氢制取燃料油。由于征收消费税,全行业出现不同程度的亏损。除此之外,研发中低温煤焦油溶剂萃取法提酚和制备针状焦的示范装置,但尚未商业化推广。寻求大宗的、高效的中低温煤焦油利用途径迫在眉睫。

2) 中低温煤焦油组成性质认知不足

中低温煤焦油具有平均分子量大、极性强、组成异常复杂等特点,迄今为止,其组成和化学结构的详尽信息大多数均为推测,对其加工利用难以做到有的放矢。力争能够利用人工智能(机器学习算法)形成一套简单有效"化繁为简"的方法,无须获得煤焦油的准确分子结构,就能有效指导其转化利用研究与工业生产。

3) 中低温煤焦油族组分的精准定向分离

中低温煤焦油组成复杂,实现其族组分的精准定向分离非常困难。本书团队基于《石油沥青四组分测定法》(NB/SH/T 0509—2010),建立了中低温煤焦油六组分分离方法,初步实现了饱和分、芳香分、酚类、杂原子、胶质和沥青质的分离。由于仅考虑了洗脱溶剂极性变化和不同填料对洗脱产物组成的影响,通过层析柱分离获得的 5 个族组分的相邻组分存在重叠。精准定向分离煤焦油族组分极具挑战性。

4) 中低温煤焦油催化加氢过程机制

本书团队已系统开展了富油煤中低温煤焦油中典型化合物(模型化合物)的催化加氢制轻质芳烃等目标产物的研究,获得了多个典型模型化合物的转化路线。但同族混合模型化合物、族组分(间)和全组分催化加氢过程中的协同作用或抑制作用尚不清楚。厘清催化加氢制轻质芳烃等目标产物过程中"煤焦油组成-催化剂结构-反应条件-产物分布"之间的内在关系也极具挑战性。

参 考 文 献

[1] 杨沐岩. 煤炭供应总量再创新高 开发布局持续优化[N]. 中国能源报, 2024-04-01.

[2] 工业和信息化部, 发展改革委, 科技部, 等. 关于"十四五"推动石化化工行业高质量发展的指导意见[R/OL]. (2022-03-28) [2024-08-01]. https://www.gov.cn/zhengce/zhengceku/2022-04/08/content_5683972.htm.

[3] 王双明, 师庆民, 王生全, 等. 富油煤的油气资源属性与绿色低碳开发[J]. 煤炭学报, 2021, 46(5): 1365-1377.

[4] 何艺, 郑洋, 徐杰, 等. 煤焦油产生、深加工及管理现状与建议[J]. 环境工程学报, 2024, 18(11): 3130-3138.

[5] 周秋成, 席引尚, 马宝岐. 我国煤焦油加氢产业发展现状与展望[J]. 煤化工, 2020, 48(3): 3-8, 49.

[6] 财政部, 税务总局. 财政部 税务总局关于部分成品油消费税政策执行口径的公告[R/OL]. (2023-06-30) [2024-08-01]. https://fgk.chinatax.gov.cn/zcfgk/c102416/c5207350/content.html.

[7] 王汝成. 陕北中低温煤焦油中酚类化合物的分离与组成分布研究[D]. 西安: 西北大学, 2011.

[8] 边文. 温度和压力对不同煤种干馏产物性质的影响[J]. 煤质技术, 2010(4): 53-55.

[9] 刘明源, 袁鹰. 恩氏蒸馏法在溶剂油馏程测定中的应用[J]. 广州化工, 2015, 43(11): 139-141, 198.

[10] 魏文德. 有机化工原料大全(上卷)[M]. 北京: 化学工业出版社, 1999.

[11] 么秋香, 郑化安, 张生军, 等. 中低温煤焦油组分分离与鉴定研究进展[J]. 广州化工, 2015, 43(15): 7-9.

[12] 张生娟, 高亚男, 李晓宏, 等. 煤焦油组分分离与分析技术研究进展[J]. 煤化工, 2017, 45(1): 45-49.

[13] 孙鸣, 陈静, 代晓敏, 等. 陕北中低温煤焦油减压馏分的 GC-MS 分析[J]. 煤炭转化, 2015, 38(1): 58-63.

[14] 毛学锋, 李军芳, 钟金龙, 等. 中低温煤焦油化学组成及结构的分子水平表征[J]. 煤炭学报, 2019, 44(3): 958-964.

[15] 胡发亭. 中低温煤焦油窄馏分性质分析研究[J]. 煤炭科学技术, 2019, 47: 199-204.

[16] YAO Q X, LI Y B, TANG X, et al. Separation of petroleum ether extracted residue of low temperature coal tar by chromatography column and structural feature of fractions by TG-FTIR and PY-GC/MS[J]. Fuel, 2019, 245: 122-130.

[17] SUN M, ZHANG D, YAO Q X, et al. Separation and composition analysis of GC-MS analyzable and unanalyzable parts from coal tar[J]. Energy & Fuels, 2018, 32: 7404-7411.

[18] LI Q, WANG T, WU D L, et al. Novel halogen-free deep eutectic solvents for efficient extraction of phenolic compounds from real coal tar[J]. Journal of Molecular Liquids, 2023, 382: 122002.

[19] XU X, LI A, ZHANG T, et al. Efficient extraction of phenol from low-temperature coal tar model oil via imidazolium-based ionic liquid and mechanism analysis[J]. Journal of Molecular Liquids, 2020, 306: 112911.

[20] 王汝成, 孙鸣, 刘巧霞, 等. 陕北中低温煤焦油中酚类化合物的抽提研究[J]. 煤炭转化, 2011, 34(1): 34-38.

[21] 张世民. 低温煤焦油高值组分提取与分析方法的研究[D]. 北京: 中国石油大学, 2009.

[22] 孙会青, 曲思建, 王利斌. 半焦的生产加工利用现状[J]. 洁净煤技术, 2008, 14: 62-65.

[23] 赵世永. 榆林煤低温干馏生产工艺及污染治理技术[J]. 中国煤炭, 2007, 37(4): 58-60.

[24] 王双明, 王虹, 任世华, 等. 西部地区富油煤开发利用潜力分析和技术体系构想[J]. 中国工程科学, 2022, 24: 49-57.

[25] 埃利奥特 M A. 煤利用化学(中册)[M]. 徐晓, 吴奇虎, 等, 译. 北京: 化学工业出版社, 1991.

[26] 曲思建, 关北锋, 王燕芳, 等. 我国煤温和气化(热解)焦油性质及其加工利用现状与进展[J]. 煤炭转化, 1998, 21(1): 16-20.

[27] 吕子胜, 王守峰. 用低温煤焦油生产柴油的研究[J]. 燃料与化工, 2002, 33(2): 81-82.

[28] 冯军伟. 煤焦油加氢工艺及研究进展[J]. 煤化工, 2024, 52(2): 86-90.

[29] BAI Z, HUANG P, WANG L Y, et al. A study on upgrading light coal tar to aerospace fuel[J]. Journal of Fuel Chemistry & Technology, 2021, 49(5): 694-702.

[30] ZHANG X N, HUANG X L, HUANG H, et al. Effect of Ni/Mo on the preparation of non-loaded NiMoS$_x$ catalysts and the hydrogenation performance of coal tar[J]. Fuel, 2024, 361: 130700.

[31] LI J H, WEI X Y, YANG Z, et al. Selective catalytic hydroconversion of crude phenols to cyclohexanols over a carbon-based nickel catalyst and separation of condensed arenes from a low-temperature coal tar[J]. Fuel, 2023, 341: 127718.

[32] KOSTYNIUK A, BAJEC D, LIKOZAR B. Catalytic hydrocracking reactions of tetralin as aromatic biomass tar model compound to benzene/toluene/xylenes (BTX) over zeolites under ambient pressure conditions[J]. Journal of Industrial and Engineering Chemistry, 2021, 96: 130-143.

[33] KOSTYNIUK A, BAJEC D, LIKOZAR B. Catalytic hydrogenation, hydrocracking and isomerization reactions of biomass tar model compound mixture over Ni-modified zeolite catalysts in packed bed reactor[J]. Renewable Energy, 2021, 167: 409-424.

[34] LIU Y Q, HE L, WANG L Y, et al. Synergistic catalysis of tandem catalysts of γ-Al$_2$O$_3$ and HZSM-5 for the conversion of 1-naphthol from coal tar to light aromatics[J]. Fuel, 2024, 359, 130442.

[35] 吴亚楠. 芳烃价格下滑: 2023 芳烃行业发展现状前景分析[EB/OL]. (2023-10-25) [2024-08-01]. https: //www. chinairn. com/scfx/20231025/174818463. shtml.

[36] 许杰, 朱玉明. 苯类芳烃分离技术[J]. 精细石油化工进展, 2005(1): 33-38.

[37] SUN M, MA X X, YAO Q X, et al. GC-MS and TG-FTIR study of petroleum ether extract and residue from low temperature coal tar[J]. Energy & Fuels, 2011, 25: 1140-1145.

[38] YAO Q X, LIU Y Q, ZHANG D, et al. Catalytic conversion of a ≥200℃ fraction separated from low-temperature coal tar into light aromatic hydrocarbons[J]. ACS Omega, 2021, 6: 4062-4073.

[39] LIU Y Q, YAO Q X, SUN M, et al. Process characteristics and mechanisms for catalyzed pyrolysis of low-temperature coal tar[J]. Energy & Fuels, 2019, 33: 7052-7061.

[40] WANG L Y, YAO Q X, LIU Y Q, et al. Modeling the catalytic conversion of anthracene oil fraction to light aromatics over mesoporous HZSM-5[J]. Fuel, 2022, 319: 123825.

[41] LIU Y Q, YAO Q X, MA D, et al. Catalytic performance of coal tar by step conversion of single-component, multi-components, distillate and all-distillates over bifunctional HZSM-5: Model optimization and experiment verification[J]. Fuel Processing Technology, 2023, 244: 107693.

[42] KOSTYNIUK A, BAJEC D, LIKOZAR B. Catalytic hydrocracking reactions of tetralin biomass tar model compound to benzene, toluene and xylenes (BTX) over metal-modified ZSM-5 in ambient pressure reactor[J]. Renewable Energy, 2022, 188: 240-255.

[43] SUN M, LI Y B, SHA S, et al. The composition and structure of n-hexane insoluble-hot benzene soluble fraction and hot benzene insoluble fraction from low temperature coal tar[J]. Fuel, 2020, 262: 116511.

[44] 王菲, 谷紫硕, 苏英杰, 等. 中低温煤焦油沥青的分离及基础物性研究[J]. 煤质技术, 2022, 37(5): 15-20, 45.

[45] 刘海丰, 郭明聪, 何莹, 等. 低温煤焦油沥青性质分析及应用初探[J]. 炭素技术, 2017, 36(6): 65-68.

[46] ZHU Y M, HU C S, XU Y L, et al. Preparation and characterization of coal pitch-based needle coke (Part Ⅱ): The effects of β resin in refined coal pitch[J]. Energy & Fuels, 2020, 34(2): 2126-2134.

[47] 苏蕾, 曹青, 解小玲, 等. 氯代芳烃改性煤沥青及其针状焦制备研究[J]. 煤炭转化, 2013, 36(3): 60-64.

[48] ZHANG Z C, HUANG X Q, ZHANG L J, et al. Study on the evolution of oxygenated structures in low-temperature coal tar during the preparation of needle coke by co-carbonization[J]. Fuel, 2022, 307: 121811.

[49] SUN M, WANG L Y, ZHONG J J, et al. Chemical modification with aldehydes on the reduction of toxic PAHs derived from low temperature coal tar pitch[J]. Journal of Analytical and Applied Pyrolysis, 2020, 148: 104822.

[50] CRESPO J L, ARENILLAS A, VINA J A, et al. Effect of the polymerization with formaldehyde on the thermal reactivity of a low-temperature coal tar pitch[J]. Energy & Fuels, 2005, 19(2): 374-381.

[51] 解小玲, 赵彩霞, 曹青, 等. 煤沥青的改性及中间相结构研究[J]. 材料工程, 2012(7): 39-43.

[52] 柴韵杰, 苏蕾, 曹青, 等. 对 3-CNB 改性煤沥青制备半焦和针状焦性质研究[J]. 高校化学工程学报, 2015, 29(6): 1445-1450.

[53] 赖仕全, 孙曼, 岳莉, 等. 空气氧化对煤沥青性质及组成的影响[J]. 辽宁科技大学学报, 2016, 39(4): 269-272.

第2章　中低温煤焦油组分定性定量分析

2.1　概　　述

中低温煤焦油是成分非常复杂的有机混合物。准确分析煤焦油中化合物的组成和结构，对于这样一个以不同官能团的芳香族化合物为主和宽分子量分布的复杂混合物是非常困难的[1]。通过国内外研究者几十年的不懈努力，人们对煤焦油组成有了一定认识，但关于煤焦油组分的定量分析及组分的高效分离并没有行之有效的方法，从而限制了煤焦油的加工与利用。

气相色谱-质谱联用(GC-MS)是分析类煤焦油复杂有机混合物组成和结构最有效的方法。它通常可以提供分子量小于 500 和沸点不高于 300℃的化合物组成和结构信息。由于 GC-MS 的局限性，如何将煤焦油全组分分离为 GC-MS 可检测和不可检测部分成为关键。本书考察了采用溶剂萃取法分离煤焦油 GC-MS 可检测和不可检测部分的可能性，并对 GC-MS 不可检测部分组成进行了间接分析，获得了中低温煤焦油全组分组成与结构信息[2]；为了更准确和简便地界定分离煤焦油 GC-MS 可检测和不可检测部分，采用热重分析仪(TG)和 GC-MS 相结合的方法，对煤焦油中 GC-MS 可检测和不可检测部分组成进行了定性和定量考察，基于 Py-GC-MS 细化了煤焦油中 GC-MS 不可检测部分组成的间接考察[3]。基于以上研究，以西北大学为第一起草单位编制了国家标准《煤焦油 组分含量的测定 气相色谱-质谱联用和热重分析法》(GB/T 38397—2019)，该标准适用于煤焦油与类煤焦油(中低温煤焦油、高温煤焦油、煤抽提物、原油、生物质热解油等)中≤300℃气化组分中常见化合物的测定[4]。

2.2　溶剂萃取法分离中低温煤焦油组分

溶剂萃取法是分离煤焦油、煤抽提物、石油沥青、煤液化产物等复杂有机混合物的有效方法。通过筛选萃取有机物将中低温煤焦油分离为 GC-MS 可检测和不可检测部分，获得 GC-MS 可检测和不可检测部分在中低温煤焦油中的质量分数，可以确定 GC-MS 可检测部分在中低温煤焦油全组分中的准确含量。中低温煤焦油 GC-MS 可检测部分包含其沸点≤300℃的组分，该组分是煤焦油被关注和利用的组分。因此，它们在中低温煤焦油中准确含量的测定可以有效地指导工业生产[3]。

2.2.1 原理及方法

图 2.1 为中低温煤焦油全组分分析路线，采用文献[5]报道的方法对中低温煤焦油进行萃取。如图 2.1 所示，称取中低温煤焦油轻油(L-tar)和中低温煤焦油重油(H-tar)各 5g，分别加入 50mL 石油醚(沸点 60～90℃)超声萃取 20min，静置 20min，得到石油醚萃取物(石油醚轻油萃取物(PE-L-tar)和石油醚重油萃取物(PE-H-tar))，萃取残渣分别再用 20mL 石油醚超声萃取 20min，静置 20min，萃取液分别转入 PE-L-tar 和 PE-H-tar 中。将超声萃取后的萃取残渣(轻油残渣和重油残渣)分别装入折好的双层滤纸筒中(滤纸经石油醚萃取 12h，称重得 m_1，所用滤纸均通过萃取处理)，然后装入索氏抽提器，萃取 12h，待冷却后取出，萃取液分别并入 PE-L-tar 和 PE-H-tar 中，萃取残渣及滤纸于 50℃下真空干燥 24h，得到样品石油醚萃余物(石油醚轻油萃余物(PE-L-R)和石油醚重油萃余物(PE-H-R))。利用索氏抽提器，将 PE-L-R 和 PE-H-R 用 150mL 甲醇萃取 12h，待冷却后取出萃取液，得到甲醇萃取物(甲醇轻油萃取物(M-L-tar)和甲醇重油萃余物(M-H-tar))，萃取残渣及滤纸于 50℃下真空干燥 24h，称重得 m_2，得到样品萃余物(甲醇轻油萃余物(M-L-R)和甲醇重油萃余物(M-H-R))。对 PE-L-tar、PE-H-tar、M-L-tar 和 M-H-tar 四种萃取物进行 GC-MS 分析；对 PE-L-R、PE-H-R、M-L-R 和 M-H-R 四种萃余物进行 TG-FTIR、凝胶渗透色谱法(GPC)和 FTIR 分析。

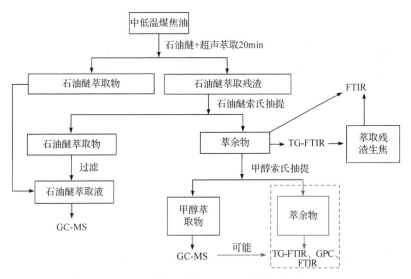

图 2.1   中低温煤焦油全组分分析路线

中低温煤焦油萃取率计算：将得到的石油醚、甲醇四种萃取物用滤纸(质量为 m_3)过滤，过滤后的滤纸干燥后称重得 m_4，得到的萃取物在旋转蒸发仪中于 50℃下常压浓缩，得到 PE-L-tar、PE-H-tar、M-L-tar、M-H-tar 的浓缩液，然后取少量丙酮分别溶解浓缩液，待 GC-MS 检测。

根据式(2.1)计算 PE-L-tar 和 PE-H-tar 的萃取率(E)：

$$E = \frac{m - (m_2 - m_1) - (m_4 - m_3)}{(100 - A_{ad} - M_{ad})m/100} \times 100\% \tag{2.1}$$

式中，E 为萃取率，%；m 为煤焦油试样的质量，g；A_{ad} 为煤焦油的空气干燥基灰分含量，%；M_{ad} 为煤焦油的空气干燥基含水量，%；m_1 为索氏抽提前滤纸的质量，g；m_2 为索氏抽提后滤纸和萃取残渣的质量，g；m_3 为过滤前滤纸的质量，g；m_4 为过滤后滤纸的质量，g。

2.2.2 中低温煤焦油石油醚萃取物的 GC-MS

图 2.2 和图 2.3 分别为 PE-L-tar 和 PE-H-tar 试样的总离子流色谱图，表 2.1 为 PE-L-tar 和 PE-H-tar 试样中部分组分的分析结果。表 2.1 只列出了 PE-L-tar 和 PE-H-tar 试样中质量分数大于 0.5%的组分，在定量分析的结果中，已经消除了溶剂

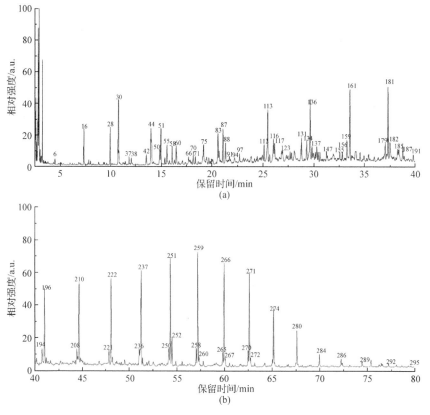

图 2.2 PE-L-tar 试样的总离子流色谱图
(a) 保留时间 0～40min；(b) 保留时间 40～80min

对检测结果的影响。由于 PE-L-tar 和 PE-H-tar 检测到的化合物含有较多的同分异构体，根据置信度并不能完全确定其结构，如间甲基苯酚、对甲基苯酚和邻甲基苯酚统称为甲基苯酚，但由于保留时间的不同，实际上是该化合物同分异构体中的一种。由图 2.2 可以发现，在 PE-L-tar 中共检测到 295 种化合物；由图 2.3 可以发现，PE-H-tar 中共检测到 302 种化合物。其中大多数化合物的置信度在 90%以上，有少数化合物的置信度在 60%以下(被确定为未知物)。

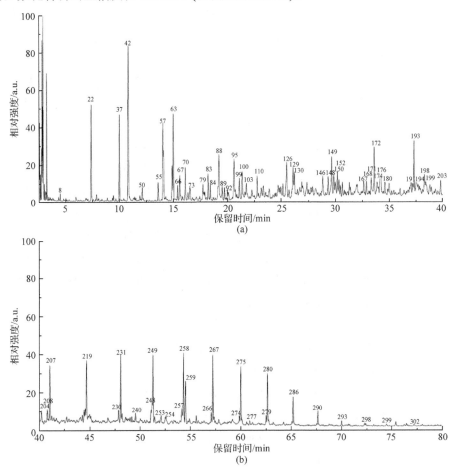

图 2.3　PE-H-tar 试样的总离子流色谱图

(a) 保留时间 0～40min；(b) 保留时间 40～80min

表 2.1　PE-L-tar 和 PE-H-tar 试样中部分组分的分析结果

PE-L-tar				PE-H-tar			
峰号	化合物	质量分数/%	保留时间/min	峰号	化合物	质量分数/%	保留时间/min
16	苯酚	1.88	7.34	22	苯酚	4.24	7.36

续表

PE-L-tar				PE-H-tar			
峰号	化合物	质量分数/%	保留时间/min	峰号	化合物	质量分数/%	保留时间/min
28	邻甲基苯酚	1.33	9.96	37	邻甲基苯酚	2.49	9.98
30	间(对)甲基苯酚	3.59	10.78	42	间(对)甲基苯酚	6.71	10.82
44	二甲基苯酚	0.89	14.00	55	乙基苯酚	0.77	13.57
50	乙基苯酚	0.90	14.86	57	二甲基苯酚	1.45	14.02
51	二甲基苯酚	1.71	14.97	62	乙基苯酚	1.80	14.88
55	萘	1.82	15.57	63	二甲基苯酚	3.26	15.00
58	二甲基苯酚	0.57	16.07	65	二甲基苯酚	0.53	15.39
60	十三烷	0.70	16.48	66	萘	1.87	15.59
70	C_3烷基苯酚	0.89	18.18	69	二甲基苯酚	1.12	16.10
75	C_3烷基苯酚	0.85	19.18	83	C_3烷基苯酚	1.53	18.20
83	甲基萘	1.79	20.59	84	C_3烷基苯酚	0.64	18.40
87	十四烷	1.32	21.08	88	三甲基苯酚	1.61	19.20
88	甲基萘	1.09	21.34	89	三甲基苯酚	0.52	19.50
113	十五烷	1.99	25.48	95	甲基萘	1.86	20.61
116	二甲基萘	1.03	26.05	100	甲基萘	1.15	21.35
117	二甲基萘	0.79	26.18	109	二氢茚酚	0.97	22.73
131	六甲基六氢茚	0.63	28.79	126	十五烷	0.90	25.49
136	十六烷	2.47	29.64	129	二甲基萘	1.07	26.06
138	二苯并呋喃	0.63	29.96	130	二甲基萘	0.86	26.19
139	萘酚	0.56	30.16	149	十六烷	1.20	29.65
140	四甲基四氢萘	0.82	30.31	151	二苯并呋喃	0.82	29.97
161	十七烷	2.76	33.58	152	萘酚	1.30	30.17
168	甲基二苯并呋喃	0.50	34.58	153	四甲基四氢萘	0.70	30.32
181	十八烷	2.90	37.31	166	芴	0.63	32.59
182	四甲基十五烷	0.59	37.52	168	三甲基萘	0.68	32.83
191	蒽	0.68	39.82	172	十七烷	1.42	33.58
196	十九烷	2.93	41.02	174	甲基萘酚	0.55	33.85
210	二十烷	3.03	44.67	180	甲基二苯并呋喃	0.62	34.59
222	二十一烷	3.31	48.08	193	十八烷	1.61	37.31

续表

PE-L-tar				PE-H-tar			
峰号	化合物	质量分数/%	保留时间/min	峰号	化合物	质量分数/%	保留时间/min
236	十烷基萘	0.77	51.19	202	蒽	1.03	39.82
237	二十二烷	3.40	51.28	203	菲	0.77	40.19
251	二十三烷	3.68	54.32	207	十九烷	1.74	41.03
252	二甲基基菲	1.13	54.50	218	甲基蒽	0.61	44.55
259	二十四烷	3.76	57.22	219	二十烷	1.87	44.67
266	二十五烷	3.39	59.98	231	二十一烷	1.97	48.08
271	二十六烷	3.03	62.62	248	十烷基萘	0.78	51.20
274	二十七烷	1.77	65.16	249	二十二烷	1.95	51.29
280	二十九烷	1.05	67.61	258	二十三烷	2.02	54.33
—	—	—	—	259	二甲基菲	1.41	54.51
—	—	—	—	267	二十四烷	1.88	57.22
—	—	—	—	275	二十五烷	1.57	59.98
—	—	—	—	280	二十六烷	1.31	62.62
—	—	—	—	286	二十七烷	0.68	65.17

注：C_3烷基苯酚指正丙基苯酚、异丙基苯酚和甲基乙基苯酚。

PE-L-tar 和 PE-H-tar 试样中化合物的类型见图 2.4。由图 2.4 可知，PE-L-tar 和 PE-H-tar 试样中中性化合物的质量分数分别为 70.69%和 52.52%，含氮化合物的质量分数分别为 0.78%和 1.59%，酸性化合物的质量分数分别为 18.46%和 37.16%，含氧化合物的质量分数分别为 5.20%和 5.69%，含硫化合物微量，未知物的质量分数分别为 4.78%和 3.08%。PE-L-tar 和 PE-H-tar 的组成有一定的差别，主要是煤焦油中的中性化合物和酸性化合物质量分数有差别。

图 2.5 为 PE-L-tar 和 PE-H-tar 试样中长链烷烃、酚类、萘类化合物的含量比较。由图 2.5 可见，PE-L-tar(酚类化合物 39 种)和 PE-H-tar(酚类化合物 47 种)试样中酚类化合物的质量分数分别为 18.28%和 36.8%，结合表 2.1 可知，苯酚的质量分数分别为 1.88%和 4.24%，间(对)甲苯酚的质量分数分别为 3.59%和 6.71%。PE-L-tar 和 PE-H-tar 试样中萘类化合物的质量分数分别为 12.57%和 10.95%。PE-L-tar 试样中萘的质量分数为 1.82%、甲基萘的质量分数为 2.88%、二甲基萘的质量分数为 1.82%；PE-H-tar 试样中萘的质量分数为 1.87%、甲基萘的质量分数为 3.01%、二甲基萘的质量分数为 1.93%。

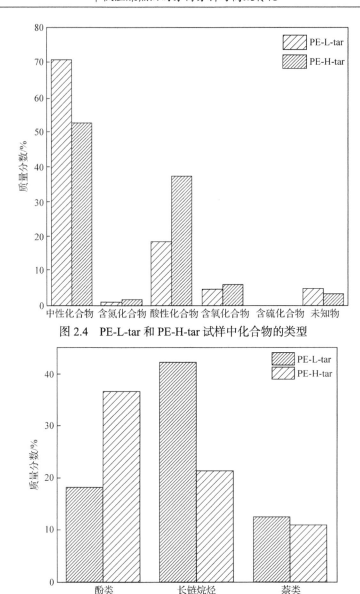

图 2.4　PE-L-tar 和 PE-H-tar 试样中化合物的类型

图 2.5　PE-L-tar 和 PE-H-tar 试样中 3 类化合物的含量比较

对比 PE-L-tar 和 PE-H-tar 的分析结果可以发现，长链烷烃和酚类化合物的质量分数变化是互补的，即轻油中长链烷烃和酚类化合物质量分数相加与重油中长链烷烃和酚类化合物质量分数相加的数值相差不大。轻油和重油的这种差别，主要原因是煤焦油回收槽中存在一个水层。

PE-L-tar 和 PE-H-tar 中长链烷烃的质量分数分别为 42.43% 和 21.53%。图 2.6 为 PE-L-tar 和 PE-H-tar 试样中长链烷烃的分布。由图 2.6 可见，PE-L-tar 和 PE-H-tar

试样中长链烷烃的分布相似,只是质量分数有所不同,所含长链烷烃主要为壬烷～三十二烷,PE-L-tar 试样中以二十四烷(质量分数为 3.76%)为最大值向两端递减;PE-H-tar 试样中以二十三烷(质量分数为 2.02%)为最大值向两端递减。M-L-tar 和 M-H-tar 的 GC-MS 总离子流色谱图中未出峰。因此,仅对 PE-L-tar 和 PE-H-tar 的总离子流色谱图进行分析。由于 PE-L-R 和 PE-H-R 具有相似性,因此 TG-FTIR、GPC 和 FTIR 分析仅针对组成更复杂的 PE-H-R 进行。

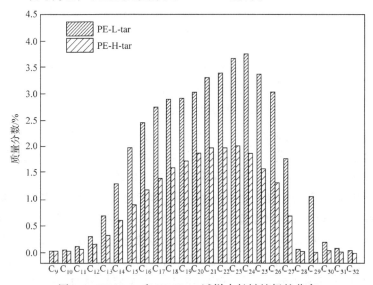

图 2.6　PE-L-tar 和 PE-H-tar 试样中长链烷烃的分布

2.2.3　中低温煤焦油石油醚萃余物的 GPC

中低温煤焦油萃余物的 GPC 分析主要以中低温煤焦油重油为例。PE-H-R 的凝胶渗透色谱图如图 2.7 所示。根据 GPC 解析软件对测试曲线积分获得 PE-H-R 最大分子量为 600(紫外线(UV)280nm)左右。可以看出,陕北中低温煤焦油相对于高温煤焦油而言,组分中化合物的分子量要小得多[6]。以上结果是根据检测结果保守给出的,由于煤炭衍生物的性质和复杂性,以四氢呋喃为流动相的凝胶渗透色谱结果并不能准确给出其分子量,凝胶渗透色谱柱的固定相为聚苯乙烯,能够较为准确地分析类似于固定相结构和功能的化合物(聚合物)。因此,并没有给出 PE-H-R 的平均分子质量,而是分子量的范围。

2.2.4　中低温煤焦油石油醚萃余物的 TG-FTIR

1. 煤焦油石油醚萃余物的失重率

采用 TG(分析失重率)和微商热重法(DTG,分析失重速率)相结合的方法,研究 PE-H-R 的热失重过程。TG 和 DTG 曲线分别反映了 PE-H-R 受热过程中 PE-H-R

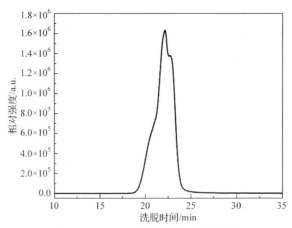

图 2.7　PE-H-R 的凝胶渗透色谱图

的失重率及失重速率随温度的变化关系。PE-H-R 与煤焦油沥青类似，煤焦油沥青主要由芳香族化合物组成，在受热的情况下，容易挥发或分解为小的碳氢骨架、功能官能团的抽象部分，以及如一氧化碳、二氧化碳和甲烷等气体[7]。

由于 PE-L-R 和 PE-H-R 的热分析曲线具有相似性，所以主要分析 PE-H-R 的热解特性、热解挥发分和热解残渣。图 2.8 为 PE-H-R 的 TG 和 DTG 曲线。由图 2.8 的 TG 曲线可以看出，PE-H-R 在 120℃开始失重，在 425℃基本停止失重。由 DTG 曲线可以发现，在 315℃时出现峰值，此时失重速率最大，证明了 PE-H-R 主要是由饱和分和芳香分组成的。PE-H-R 的失重主要是因为热解过程中分子的断裂和聚合产生分子量小的化合物和气体[8]。在 25～800℃热解过程中，分析 PE-H-R 的 TG 曲线，PE-H-R 共失去 83%的初始质量。

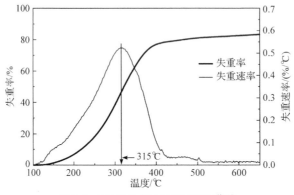

图 2.8　PE-H-R 的 TG 和 DTG 曲线

2. 煤焦油石油醚萃余物的热解挥发分

PE-H-R 热解过程中挥发分和气体释放的 3D FTIR 图如图 2.9 所示。3D FTIR

图提供了 PE-H-R 热解过程中释放的所有挥发分和气体的定性信息。为了更好地分析 PE-H-R 的热解产物，在 PE-H-R 热解过程中，在 400℃停留 5min。由图 2.9 可以发现，PE-H-R 热解过程中所挥发和产生的物质组成非常复杂，最强的吸收峰来自波数 2240～2400cm^{-1}处，该峰为 CO_2 的振动吸收峰。

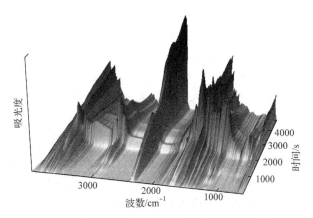

图 2.9　PE-H-R 的热解挥发分的 3D FTIR 图

忽略 PE-H-R 热解产生的挥发分由炉腔到气体检测器的时间延迟(约 5.6s)，选择以 100℃为间隔的 FTIR 图研究 PE-H-R 挥发分的组成与结构，+400℃表示 PE-H-R 在 400℃停留 5min，以便更好地分析 PE-H-R 的热解产物。图 2.10 是 PE-H-R 热解过程中有代表性的挥发分的 FTIR 图。

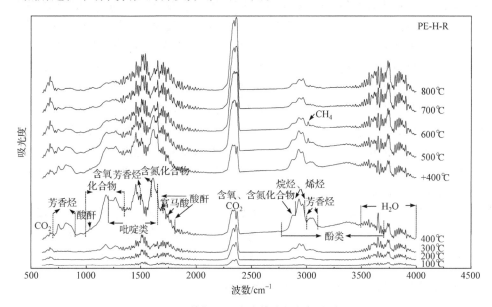

图 2.10　PE-H-R 热解过程中有代表性的挥发分的 FTIR 图

在 PE-H-R 热解温度为 100℃时，就开始释放 CO_2 和 H_2O 等小分子物质，主要挥发分表现为 2360cm^{-1} 处 CO_2 的吸收峰。选取 400℃时的 PE-H-R 热解挥发分和气体的 FTIR 进行分析，选择 300~400℃的 FTIR，以分析 PE-H-R 所有挥发气体的组成。在 3300~4000cm^{-1} 处，的 O—H 伸缩振动是水释放引起的，而 3300~3600cm^{-1} 处的 O—H 吸收峰部分来源于酚类化合物。酚、醇、醚类的 C—O 伸缩振动，酚类 C—OH 变形振动出现在 1100~1300cm^{-1}。酚类物质的来源可能部分是 PE-H-R 本身，随着温度升高，更多酚类来自醚键的断裂[8]。2800~3100cm^{-1} 处的脂肪族和芳香族 C—H 吸收峰强度随温度升高逐渐减弱，1497~1595cm^{-1} 处的吸收峰源自芳香烃类化合物，1455cm^{-1} 处的 C—CH$_3$ 吸收峰带则显示了芳香环和脂肪族化合物的存在，表明有小芳香环簇和芳香取代烷基。3015cm^{-1} 处为 CH_4 吸收峰，主要由于甲氧基断裂，也可能来自亚甲基断裂或丙烯酸酯片段的释放。在 500℃和 600℃时，CH_4 吸收峰明显，小于 500℃时可能被芳香 C—H 吸收峰掩盖，而超过 600℃后，CH_4 吸收峰减弱，可能是 PE-H-R 中甲氧基类化合物含量较少所致。

在 2060~2240cm^{-1} 处没有 CO 的吸收峰，也就是说热解过程中没有或只有少量的碳氧单键和碳氧双键断裂。CO 的来源很复杂，主要是酚羟基、羧基、醚键、杂环氧和短链脂肪酸的分解，与 CO_2 的释放温度相比，CO 所需的温度要高得多，CO 的释放主要是在 600~800℃[9]。醚键的断裂需要在 800℃以上，含氧杂环在 700℃以上也有可能断开，释放出 CO[10]。参照 PE-H-R 的 TG 和 DTG 分析，可以发现 PE-H-R 在 315℃处的失重速率最大，而且 425℃时，PE-H-R 的失重基本结束。因此，可以认为 PE-H-R 在 425℃之前的热解过程中，失重以 PE-H-R 中物质的挥发为主，其次才是物质分解产生气体带来的。CO 吸收峰的缺失，一方面可能是产生 CO 的含氧官能团在 425℃之前大量减少；另一方面，就是 PE-H-R 中所含的含氧化合物多以醚键、含氧杂环这样需要较高分解温度的化合物或者所含化合物的形态不同造成的，如芳香酸热解过程中没有 CO，而脂肪酸不仅有 CO_2，而且有 CO 产生。在整个热解过程中，都有在 2240~2400cm^{-1} 和 669cm^{-1}CO_2 的吸收峰，CO_2 的释放主要是羧基、酯等含氧化合物的断裂和变形造成的。1700~1800cm^{-1} 和 1030cm^{-1} 处是酸酐类化合物，在 1716cm^{-1} 可能是亚甲基羟基官能团上 C—O 的伸缩振动吸收峰。富马酸的吸收谱带在 1745cm^{-1} 处。1200~1650cm^{-1} 是吡啶类化合物的伸缩振动峰。

综上所述，PE-H-R 热解产物主要含有 CO_2、水、酚类、烷烃、烯烃、酸酐、甲酸、丙烯酸盐、甲醇、芳香烃、含氧杂环类、吡啶类等，但无 CO 释放。这说明 PE-H-R 中含有烷烃、芳香烃、芳香羧酸类、酚类、杂环化合物等。

3. 煤焦油石油醚萃余物热解生焦的 FTIR

图 2.11 显示了 PE-H-R 及其生焦的 FTIR。由 PE-H-R 的 FTIR 可以看出，

3400cm^{-1} 处的透射峰归属于羟基，表明其含有较多酚类化合物。芳香环 C—H 伸缩振动的透射峰位于 3000~3130cm^{-1}，脂肪族 C—H 的伸缩振动则出现在 2790~3000cm^{-1}。2930cm^{-1} 为—CH$_2$—的伸缩振动峰，1460cm^{-1} 处的—CH$_2$—变形振动透射峰很强，表明 PE-H-R 中脂肪烃结构丰富。2960cm^{-1} 的—CH$_3$ 伸缩振动峰和 1379cm^{-1} 的—CH$_3$ 变形振动吸收峰相对较弱，显示出 PE-H-R 中的—CH$_2$—比 —CH$_3$ 更加丰富。1680cm^{-1} 处是羰基的透射峰，归属于醚、酚等的 C—O 伸展振动。1600cm^{-1} 和 3050cm^{-1} 处归属于 PE-H-R 中芳香烃的吸收峰，830cm^{-1} 和 750cm^{-1} 处的透射峰是芳香烃的单取代和多取代的 C—H 弯曲振动峰，说明 PE-H-R 中的部分芳香烃带有烷基侧链的取代基。由图 2.11 还可以发现，PE-H-R 通过 800℃热解处理后，原来富含的—OH 和芳环的 C—H 伸缩振动峰与面外弯曲振动峰、脂肪族的 C—H 键伸缩振动峰、芳香环骨架振动峰、—CH$_3$ 和—CH$_2$—面内弯曲振动峰、芳基醚类 C—O 振动峰等明显减小甚至消失。PE-H-R-生焦的 FTIR 图中，在 1080cm^{-1} 处出现了明显的透射峰。在 1000~1300cm^{-1} 波段可以归属于 C=O、C—O—C 的伸缩振动，或者是羧酸、酸酐、内酯、酯、醚、酚、环氧基、羧基碳酸盐峰的叠加[8]。所有的分析表明，PE-H-R-生焦具有高芳香度和稠环结构。

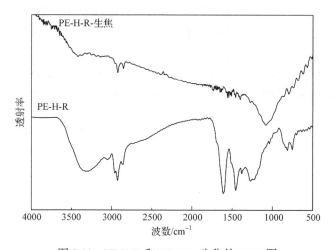

图 2.11　PE-H-R 和 PE-H-R-生焦的 FTIR 图

2.3　基于 TG 和 GC-MS 的中低温煤焦油组分定性定量分析

TG 耦合 GC-MS 可实现煤焦油 GC-MS 可分析部分组分含量的准确分析。TG 和 GC-MS 采用相同的升温程序，根据被检测煤焦油样品的热失重数据，得出其气化部分质量及最终失重率，由此间接得到进入 GC-MS 进行检测的真实样品质量(气化部分)，以及玻璃衬管内残留的样品质量(未气化部分)，从而得到煤焦油中各组分(沸点≤300℃)的准确质量分数。为了与之对比,采用石油醚(PE)对煤焦油进行萃取分离,获得 PE 可溶部分和 PE 不可溶部分,分别进行 TG 和 GC-MS 分析。除此之外,利用 Py-GC-MS 对煤焦油 GC-MS 不可分析部分(TG 中煤焦油 300℃残留组分)的组成及分布进行了研究。

2.3.1　原理及方法

如图 2.12 所示,对中低温煤焦油(LTCT)和高温煤焦油(HTCT)进行脱水和脱渣。用 PE 在超声波辐射下萃取 5g 样品,分离得到样品 PE 可溶组分和 PE 不溶组分,分别定义为 L-PE 和 H-PE。采用 GC-MS 和 TG 分别对 LTCT、HTCT、L-PE 和 H-PE 进行分析。将 LTCT、HTCT、L-PE 和 H-PE 的实际化合物含量分别定义为 R-LTCT、R-HTCT、R-L-PE 和 R-H-PE;LTCT 和 HTCT 经 300℃热失重终温剩余部分(TG 坩埚内剩余部分)为 GC-MS 不可分析部分,分别定义为 300LTCT 和 300HTCT。采用 Py-GC-MS 对 300LTCT 和 300HTCT 进行多步热解(不同热解温度下样品均未从热解管中取出),在 400℃、500℃、600℃、700℃和 800℃温度序列下得到的热解挥发分分别定义为 300LTCT-S-x(中低温煤焦油经 300℃热失重终温剩余部分通过多步热解在温度 x 下得到的热解挥发分,即 300LTCT-S-400、300LTCT-S-500、300LTCT-S-600、300LTCT-S-700 和 300LTCT-S-800)、300HTCT-S-x(高温煤焦油经 300℃热失重终温剩余部分通过多步热解在温度 x 下得到的热解挥发分,即 300HTCT-S-400、300HTCT-S-500、300HTCT-S-600、300HTCT-S-700 和 300HTCT-S-800)。同时,通过 Py-GC-MS 将 300LTCT 和 300HTCT 单步热解至

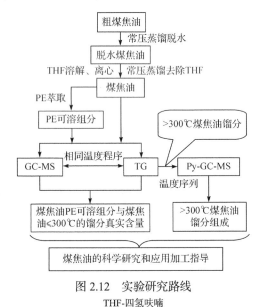

图 2.12　实验研究路线

THF-四氢呋喃

800℃，得到的热解挥发分分别定义为300LTCT-I-800(中低温煤焦油经 300℃热失重终温剩余部分单步热解至 800℃下得到的热解挥发分)和300HTCT-I-800(高温煤焦油经 300℃热失重终温剩余部分单步热解至 800℃下得到的热解挥发分)。

煤焦油组分含量计算：GC-MS 和 TG 具有相同的温度程序和相同的最终温度来分析煤焦油样品。用 GC-MS 法测定的煤焦油相对含量与 TG 法测定的最终失重率的乘积得到组分的真实含量。煤焦油及其萃取组分的实际组分含量可由式(2.2)和式(2.3)计算：

$$E_{\text{真实含量}} = C_{\text{失重率}} \times E_{\text{含量}} \tag{2.2}$$

$$E_{\text{真实含量}} = C_{\text{失重率}} \times E_{\text{含量}} \times E_{\text{萃取}} \tag{2.3}$$

式中，$E_{\text{真实含量}}$为样品或其 PE 萃取组分的实际质量分数，%；$C_{\text{失重率}}$为样品或其 PE 萃取物在 TG 分析时的失重率，%；$E_{\text{含量}}$为 GC-MS 分析得到的样品或其 PE 萃取物质量分数，%；$E_{\text{萃取}}$为样品在 PE 条件下的萃取率，%。

2.3.2　LTCT、HTCT、L-PE 和 H-PE 的 GC-MS

L-PE 和 H-PE 分别占 LTCT 和 HTCT 的 39.60%和 14.15%，用 PE 可萃取出 LTCT 和 HTCT 中的部分化合物。LTCT、HTCT、L-PE 和 H-PE 的 GC-MS 总离子流色谱图如图 2.13 所示，LTCT 和 L-PE 中含有大量的酚类和烷烃。LTCT 和 L-PE 检测到的化合物类型基本相同，但含量不同。LTCT 中苯酚、甲基苯酚、萘和菲的质量分数分别为 3.50%、8.31%、1.63%和 0.84%，L-PE 中苯酚、甲基苯酚、萘和菲的质量分数分别为 1.24%、3.93%、1.69%和 1.05%。煤焦油的轻组分可以采用 PE 萃取得到，PE 萃取物组成由 GC-MS 分析获得，得到的组分质量分数将与 GC-MS 耦合 TG 分析法获得的煤焦油组分质量分数进行对比分析。

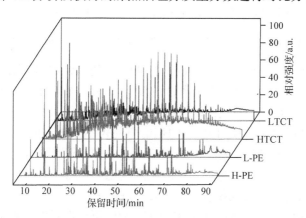

图 2.13　LTCT、HTCT、L-PE 和 H-PE 的 GC-MS 总离子流色谱图

　　与 LTCT 和 L-PE 相比，HTCT 和 H-PE 主要含有芳香烃类化合物(萘类、芴类、蒽类、菲类、三苯类、芴类和蒽类)。HTCT 中萘、联苯、三苯和甲苯的质量分数分别为 10.77%、0.77%、2.39%和 2.32%，H-PE 中萘、联苯、三苯和甲苯的质量分数分别为 13.02%、1.17%、1.91%和 1.79%。HTCT 和 H-PE 中没有检测到酚类化合物，检测到沸点高于 300℃的化合物，如菲和蒽，主要是因为其通过升华、蒸发和沸腾气化进入了色谱柱中。

　　图 2.14 为 LTCT、L-PE、HTCT 和 H-PE 的族组成分布图。PE 可以有效地从 LTCT 中萃取脂肪烃和含氧化合物。PE 萃取法对 LTCT 中酚类物质的提取效果不显著。H-PE 中芳香烃的质量分数高于 HTCT。通过对 LTCT 与 L-PE、HTCT 与 H-PE 的比较可以发现，PE 对轻质成分的萃取效果优于重质成分。LTCT、L-PE 与 HTCT、H-PE 的组分含量差异较大。基于以上结果，文献[11]报道的煤焦油或其馏分的组分含量分析是不准确的。

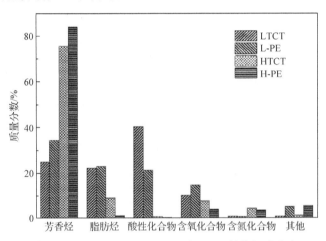

图 2.14　LTCT、L-PE、HTCT 和 H-PE 的族组成分布

2.3.3　LTCT、HTCT、L-PE 和 H-PE 的 TG 与 GC-MS 可分析组分含量

　　LTCT、HTCT、L-PE 和 H-PE 终温为 300℃时的热失重图见图 2.15。如图 2.15 所示，LTCT 和 HTCT 的最终失重率分别为 86.78%和 46.63%。与 GC-MS 检测方法相比，TG 分析可以获得煤焦油在 300℃时的失重率。L-PE 和 H-PE 的最终失重率分别为 95.01%和 93.85%。L-PE 和 H-PE 气化也不完全，300℃条件下，剩余组分分别为 4.99%和 6.15%。因此，GC-MS 对样品 PE 萃取物的组分定量结果并不准确。待测样品在气相色谱进样口处须完全气化。利用 TG 模拟气相色谱柱的加热过程，可以获得样品在气相色谱中的实际进样量。

　　以 LTCT 和 L-PE 为例，TG 耦合 GC-MS 可根据式(2.2)和式(2.3)分别计算 LTCT 和 L-PE 中沸点≤300℃组分(分别定义为 R-LTCT 和 R-L-PE)的真实质量分数。

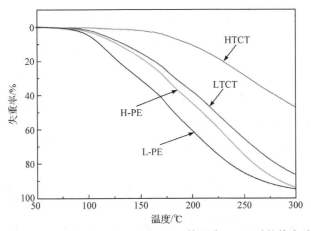

图 2.15　LTCT、HTCT、L-PE 和 H-PE 终温为 300℃时的热失重图

LTCT、L-PE、R-LTCT 和 R-L-PE 中苯酚、萘酚、萘、菲、十六烷和二十四烷的
GC-MS 直接检测质量分数和 TG 耦合 GC-MS 得到的组分真实质量分数如图 2.16
所示。与 GC-MS 直接检测结果相比，R-LTCT 和 R-L-PE 中检测到的化合物的真实
质量分数均有所下降。GC-MS 直接分析 LTCT，认为 LTCT 中的所有化合物完全气
化(包括沸点>300℃的组分)进入色谱柱，导致分析得到的化合物质量分数高。PE 不
能完全萃取 LTCT 以获得其 GC-MS 可分析部分。此外，GC-MS 不可分析组分存在
于 L-PE 中。由于 PE 的溶剂特性，对 LTCT 中化合物的萃取能力不同，某些化合物
的质量分数较高。虽然 TG 不能完全模拟毛细气相色谱进样口和毛细管柱中样品的
气化过程，但是与其他方法相比，通过 GC-MS 耦合 TG 分析得到的 R-LTCT 中化合
物的质量分数是准确的，代表了其在 LTCT 中组分的准确质量分数。因此，GC-MS
耦合 TG 可以准确地分析煤焦油中沸点≤300℃的组分质量分数，该方法是可信的。

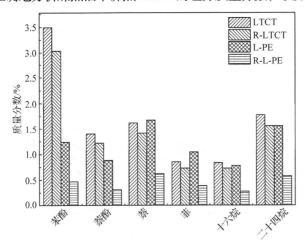

图 2.16　LTCT、L-PE、R-LTCT 和 R-L-PE 中化合物的质量分数

2.3.4 基于 Py-GC-MS 的 300LTCT 和 300HTCT 组成

1. 基于 Py-GC-MS 的 300LTCT 和 300HTCT 单步和多步热解产物

对样品进行多步快速热解，可以得到不同温度条件下热解产物的组成，避免低温热解产物逸出二次热解。借助 Py-GC-MS 分析煤焦油 GC-MS 不可分析部分，根据其热解产物的组成可以推演该样品的原始组成和结构。采用 Py-GC-MS 对 300LTCT 和 300HTCT 共 5 个温度阶段的热解挥发分组成与分布进行了分析研究。300LTCT 和 300HTCT 的 Py-GC-MS 单步和多步热解的总离子流色谱图分别如图 2.17 和图 2.18 所示，同时对 300LTCT-S-400、300LTCT-S-500、300LTCT-S-600、300LTCT-S-700、300LTCT-S-800、300HTCT-S-400、300HTCT-S-500、300HTCT-S-600、300HTCT-S-700、300HTCT-S-800、300LTCT-I-800、300HTCT-I-800 的族组

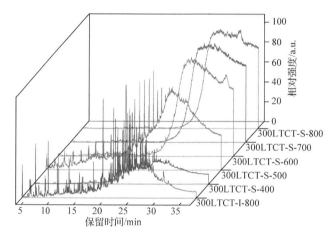

图 2.17　300LTCT 单步和多步热解的总离子流色谱图

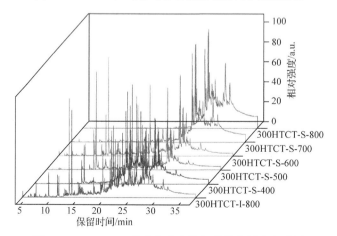

图 2.18　300HTCT 单步和多步热解的总离子流色谱图

成进行分析。

　　300LTCT 和 300HTCT 在 400℃、500℃、600℃、700℃ 和 800℃ 温度下的多步快速热解产物的族组成分布如图 2.19 所示。由图 2.19 可以发现，在 300LTCT 热解过程中，GC-MS 可分析部分的热解挥发分在 400℃ 和 500℃ 均有逸出，而在 600℃、700℃ 和 800℃ 没有逸出。可能是 300LTCT 中化合物的分子量较低，也可能是其中存在许多热敏性物质，如酚类化合物，从而发生了热缩聚[2]。300LTCT-S-400 的主要热解挥发分包括烷烃、芳香烃和酸性化合物，烷烃和芳香烃的质量分数分别为 50.18% 和 24.63%。随着热解温度的升高，300LTCT-S-500 热解产物中出现了大量的烯烃，与 300LTCT-S-400 相比，烷烃和芳香烃质量分数分别降低至 44.73% 和 11.46%。300LTCT-S-500 酸性化合物的质量分数下降。较丰富的轻物质(烷烃或烯烃)往往掩盖含量较少的重馏分(原子)组分。在 400℃ 和 500℃ 300LTCT 快速热解过程中，酸性化合物中未发现酚类化合物。根据上述结果，可以说明烷烃热解主要产生短链烷烃或烯烃。酸性化合物的产生可能是因为酯类化合物的分解。芳香烃在此温度范围内不发生烷基化反应，只有在更高的温度下才会发生烷基化反应[12]。不能完全确定该热解过程中酚类化合物是否会与其他化合物发生缩聚。

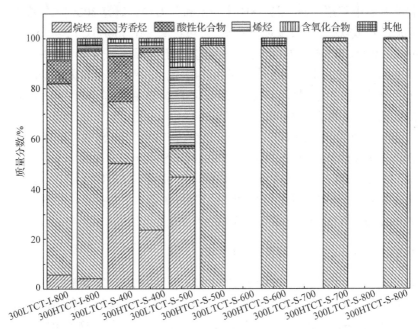

图 2.19　300LTCT 和 300HTCT 单步和多步快速热解过程中有机挥发产物的组成与分布

　　与 300LTCT 多步热解有机挥发分分布相比，300LTCT-I-800 快速热解产物组成更加复杂。如图 2.19 所示，挥发分中芳香烃质量分数为 76.13%，烷烃质量分数为 5.85%。在 300LTCT-I-800 中发现了低沸点酚类化合物，苯酚和甲基苯酚的质量分数分别为 2.19% 和 2.50%，可能是由 300LTCT 中一些沸点高、分子量大的酚类化合物(特别是具有桥键的酚类化合物，如酚酞)热解产生的。这也说明 300LTCT 在 400℃和 500℃多步快速热解时，酚类发生了缩聚反应，而在 800℃快速热解过程中，酚类化合物可能未发生缩聚反应，而是发生了热解反应。与 300LTCT-S-400 和 300LTCT-S-500 相比，300LTCT-I-800 烷烃和烯烃的含量大幅降低，这可能是因为 800℃时产生的气体更多[13]。

　　通过 300HTCT 的多步快速热解，在 400～800℃均检测到 GC-MS 可分析部分的化合物，如图 2.19 所示。HTCT 和 LTCT 的组成不同，HTCT 是由煤高温焦化产生的，它经历了强烈的二次反应，因此 HTCT 含有较多的芳香烃和较少的烷烃，几乎没有酚类化合物。与 300LTCT 相比，300HTCT 在 400～800℃的热解挥发分的分布更为规律。300HTCT 中芳香族化合物的分子量大于 300LTCT，这些化合物在 300HTCT 中的热稳定性较好。随着热解温度的升高，芳香烃含量逐渐增加，其他化合物含量逐渐减少。最小化合物分子量大小顺序(样品在 GC-MS 分析中首先挥发和检测到的化合物)为联苯(300HTCT-S-400)>甲基萘(300HTCT-S-500)>二氢化茚(300HTCT-S-600)，而苯并菲(300HTCT-S-800)>荧蒽(300HTCT-S-700)。选取化合物联苯、甲基萘、芴、菲、8H 茚并芘和菲-D12，研究 300HTCT 快速热解过程中它们的释放规律，可以发现甲基萘、芴和联苯仅在 300HTCT-S-400、300HTCT-S-500 和 300HTCT-S-600 的挥发分中存在。在不同温度下热解产物中均检测到分子量较大的化合物，如菲、8H 茚并菲和菲-D12，可能是化合物分子间的交联作用导致了产物的重复[14]。另外，300HTCT 由不同桥键结构的芳香结构单元组成，因此不同热解温度下释放出相同的化合物。

　　与 400～800℃的 300HTCT 多步快速热解产物比较，300HTCT-S-800 的化合物组成是其多步热解产物的总和。在 300HTCT-S-400 中发现的分子量最小化合物是联苯，这表明 300HTCT-S-400 中释放的联苯和芘等化合物可能是此热解温度破坏了化合物分子间的缔合作用而产生的。茚是 300HTCT-I-800 中检测到的分子量最小的化合物，可能是 300HTCT 热解的产物。

2. 300LTCT 和 300HTCT 的热解机理

　　通过 Py-GC-MS 几乎不可能确定 300LTCT 和 300HTCT 热解过程中有多少产物转化为 GC-MS 可分析部分。然而，可以得到关于样品组成和结构的有价值的信息[15]。通过 Py-GC-MS 分析 300LTCT 和 300HTCT 热解产物的组成，推测了它们可能的化学结构，探讨了 300LTCT 和 300HTCT 的热解机理。300LTCT 和 300HTCT 可能的热解机理及化合物结构如图 2.20 所示。

　　如图 2.20 所示，根据 300LTCT 和 300HTCT 单步和多步热解产物分布，列出了烷烃脱氢(反应(1))、烷烃裂化(反应(2))、聚合(反应(3))和桥键裂化(反应(4))四

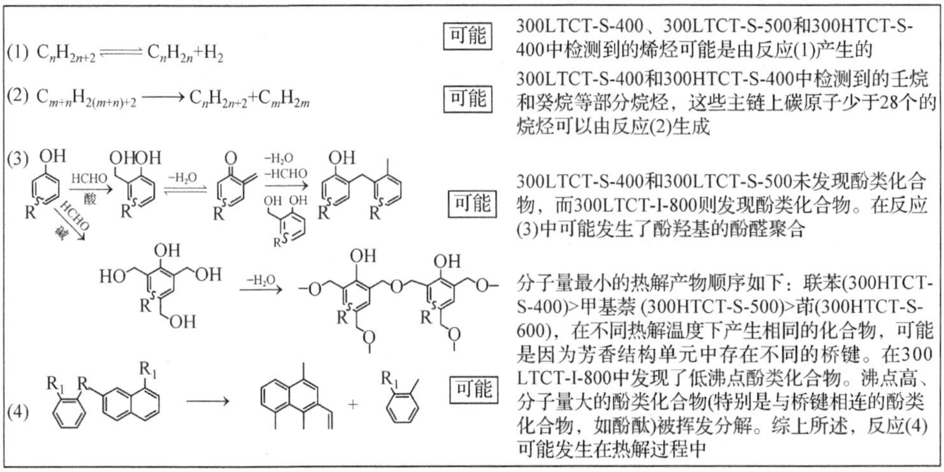

(1) $C_nH_{2n+2} \rightleftharpoons C_nH_{2n}+H_2$　　可能　300LTCT-S-400、300LTCT-S-500和300HTCT-S-400中检测到的烯烃可能是由反应(1)产生的

(2) $C_{m+n}H_{2(m+n)+2} \longrightarrow C_nH_{2n+2}+C_mH_{2m}$　　可能　300LTCT-S-400和300HTCT-S-400中检测到的壬烷和癸烷等部分烷烃,这些主链上碳原子少于28个的烷烃可以由反应(2)生成

(3) [化学结构式]　　可能　300LTCT-S-400和300LTCT-S-500未发现酚类化合物,而300LTCT-I-800则发现酚类化合物。在反应(3)中可能发生了酚羟基的酚醛聚合

[化学结构式]　　分子量最小的热解产物顺序如下:联苯(300HTCT-S-400)>甲基萘(300HTCT-S-500)>苉(300HTCT-S-600),在不同热解温度下产生相同的化合物,可能是因为芳香结构单元中存在不同的桥键。在300LTCT-I-800中发现了低沸点酚类化合物。沸点点高、分子量大的酚类化合物(特别是与桥键相连的酚类化合物,如酚醚)被挥发分解。综上所述,反应(4)可能发生在热解过程中

(4) [化学结构式]　　可能

图 2.20　300LTCT 和 300HTCT 可能的热解机理及化合物结构

类反应。根据对 300LTCT 和 300HTCT 的 Py-GC-MS 热解组分的分析,300LTCT-S-500 中烯烃组分分布显著,而 300HTCT-S-500 中未检测到烯烃,可能是 300HTCT 中烷烃的含量少且碳链短。在 300LTCT-I-800 中发现了低沸点酚类化合物,但在 300LTCT-S-400 和 300LTCT-S-500 中未发现,它们可能通过缩聚反应形成了分子量更大的化合物(反应(3))。300LTCT 中可能存在一些分子量大的酚类化合物,这些酚类化合物在单步 800℃时热解或挥发了,未发生或较少发生缩聚反应(反应(4))。通过分析 LTCT 和 HTCT 在热解终温为 800℃时的热失重曲线,可以看出 300LTCT 和 300HTCT 在不同的多步快速热解温度都发生了缩聚反应。根据 300HTCT-S-400 和 300HTCT-S-500 的组分分析,300HTCT 中化合物间可能存在分子间缔合。通过对 300LTCT 和 300HTCT 单步热解挥发分的组成分析发现了小分子的酚类和芳香烃。因此,一些大分子化合物可能是这些小分子通过桥键连接构成的,热解桥键断裂,生成了小分子量的酚类化合物和芳香烃。

综上分析,300LTCT 主要由酚类、脂肪烃和芳香烃组成,300HTCT 主要由脂肪烃和芳香烃组成。脂肪烃的碳链长度大于 28。烷烃的脱氢反应如图 2.20 反应(1)所示。酚类化合物的结构比芘酚和甲基萘酚更复杂。芳香烃的结构比芘和苉并芘更为复杂,它们可能是由桥键连接的小分子芳香烃组成的,其桥键断裂反应如图 2.20 反应(4)所示。

2.3.5　煤焦油组分含量定量测定方法构建

1. 范围

本方法规定了测定煤焦油中化合物含量的原理、试剂和材料、仪器和设备、取制样、实验步骤、结果计算、方法精密度。

本方法适用于中低温煤焦油、高温煤焦油中≤300℃时气化组分中常见的化合物 (如1,2-二甲基苯、菲、二十二烷、1,2,3-三甲基萘、2,4-二甲基苯酚、1-甲基萘酚、1,3-二甲基萘酚等)含量的测定。煤抽提物、原油、生物质热解油等可参照使用。

2. 规范性文件

下列文件对于本书相关研究是必不可少的：
(1) 《石油产品水含量的测定 蒸馏法》(GB/T 260—2016)；
(2) 《焦化油类产品取样方法》(GB/T 1999—2008)；
(3) 《数值修约规则与极限数值的表示和判定》(GB/T 8170—2008)。

3. 原理

GC-MS 使用涡轮分子泵与前级真空泵构成两级真空机组，将被分析的样品通过进样器进样至GC，经过毛细管柱分离，进入MS的离子源进行电离，产生正离子，在推斥、聚焦、引出电极的作用下将正离子送入四极杆系统，四极杆在高频电压与正负电压联合作用下形成高频电场，在扫描电压作用下，离子通过四极杆对称中心到达离子检测器，再经离子流放大器放大，产生质谱信号，进而得到质谱图。通过与化合物标准谱库进行检索对比，从而识别未知样品的组成成分及相对含量。

TG 通过程序控温仪，使加热电炉按一定的升温速率升温，当被测样品发生质量变化时，光电传感器能将质量变化转化为直流电信号，该信号再经过称重放大器放大后，反馈至天平动圈，产生反向电磁力矩，驱使天平梁复位，反馈形成的电位差与质量变化成正比，其变化信息通过记录仪描绘出热失重曲线，进而得出指定温度下被测样品的质量损失量，以及最终的失重率。

GC-MS 和 TG 采用相同的升温程序，根据被检测煤焦油样品的热失重数据，得出其气化部分质量及最终失重率，由此间接得到进入 GC-MS 进行检测的真实样品量(气化部分)，以及玻璃衬管内残留的样品质量(未气化部分)，从而得到煤焦油中各组分(沸点≤300℃)的准确质量分数。

4. 试剂和材料

(1) 二氯甲烷：分析纯。
(2) 四氢呋喃：分析纯。
(3) 氦气：纯度不低于99.999%。
(4) 氮气：纯度不低于99.99%。

5. 仪器和设备

(1) GC-MS：原子质量数范围为2～1000，以0.1递增；灵敏度≥1pg OFN(八氟萘)，信噪比≥1400∶1。

(2) TG：温度分辨率为 0.1℃；质量分辨率≥0.01mg。

(3) 烧杯：50mL。

(4) 移液管：1mL、5mL、10mL。

(5) 注射器：20mL。

(6) 有机系针头过滤器：0.45μm。

(7) 自动进样器样品瓶：2mL。

(8) 自动进样器进样针：5μL。

(9) 手动气相色谱进样针：1μL。

(10) 分析天平：精度为 0.0001g。

(11) 三氧化二铝坩埚(TG)：70μL。

6. 取制样

(1) 实验室样品的制备：按《焦化油类产品取样方法》(GB/T 1999—2008)制取煤焦油样品。从采样桶中取出不少于 50mL 样品，样品经过蒸馏脱水，除去煤焦油中的水，备用。称量前通过反复振荡混匀使样品充分均化。对于环境温度较低，试样流动性差的样品，需要将其加热到能够充分流动的程度(中低温煤焦油的充分流动温度一般不低于 40℃，高温煤焦油的充分流动温度一般不低于 50℃)，然后再进行振荡混匀后取样称量。

按《石油产品水含量的测定　蒸馏法》(GB/T 260—2016)(蒸馏瓶中无须加入溶剂，实验结束后带刻度的玻璃接收器中水上层的油需要回收至烧瓶的煤焦油中)蒸馏脱除煤焦油中的水分，脱水后的煤焦油备用。

(2) GC-MS 测定试样的制备：采用分析天平称量煤焦油样品 1g 置于 50mL 烧杯中。在室温下，向装有 1g 煤焦油样品的烧杯中加入 20mL 二氯甲烷(中低温煤焦油)或四氢呋喃(高温煤焦油)，置于超声波清洗仪中超声 2min，使煤焦油完全溶解于二氯甲烷或四氢呋喃中，随即采用带有针头过滤器(有机相过滤)的 20mL 注射器吸取 5mL 煤焦油溶液，取下针头过滤器，将注射器内的煤焦油溶液注入自动进样器的 2mL 样品瓶中(手动进样：采用 1μL 进样针吸取 0.41μL)。

7. 实验步骤

(1) GC-MS 样品的量取：采用自动进样器进样针进样 1μL 或采用手动进样针吸取 0.4μL 煤焦油溶液。TG 分析样品的称取：采用 TG 配备的天平称取净重 5～6mg 煤焦油样品置于坩埚中。

(2) 样品测量：按照仪器准备中所述条件，对 1μL(采用自动进样器时)或 0.4μL(采用手动进样时)煤焦油溶液进行 GC-MS 分析；对 5～6mg 煤焦油进行 TG 分析。

(3) 仪器程序升温及终温按照分析要求可变,但 GC-MS 和 TG 分析条件一致。GC-MS 分析条件见表 2.2。定性采用标准谱库计算机检索,谱库难以确定的化合物则依据 GC 保留时间、主要离子峰、特征离子峰等与其他色谱和质谱资料对照分析;定量分析采用峰面积归一化法计算各组分的质量分数。

表 2.2　GC-MS 分析条件

类型	分析测试条件
色谱柱	弱极性毛细管柱(30.0m×0.25mm×0.25μm)
载气	He(纯度不低于 99.999%)
柱流量	1.0mL/min
分流比	50:1
进样口温度	300℃
质谱电源	电子轰击离子源(EI 源)
离子化电压	70eV
离子源温度	230℃
质量扫描范围	30~500amu
升温程序	10℃/min 升到 60℃,停留 1min;再以 3℃/min 升到 90℃,停留 1min;再以 3℃/min 升到 170℃,停留 1min;再以 3℃/min 升到 300℃,停留 8min

注:1amu = 1.66×10^{-24}g。

TG 分析测试条件见表 2.3。

表 2.3　TG 分析测试条件

类型	分析测试条件
保护气	N_2(纯度不低于 99.99%)
保护气流量	20mL/min
反应气	N_2(纯度不低于 99.99%)
反应气流量	50mL/min
升温程序	10℃/min 升到 60℃,停留 1min;再以 3℃/min 升到 90℃,停留 1min;再以 3℃/min 升到 170℃,停留 1min;再以 3℃/min 升到 300℃,停留 8min

8. 结果计算

煤焦油中各组分的质量分数 W 按照式(2.4)计算:

$$W = a \times M \tag{2.4}$$

式中, W 为煤焦油样品中各组分的质量分数, %; a 为煤焦油样品的最终失重率, %; M 为 GC-MS 组分表中各组分的相对百分含量, %。

GC-MS 组分质量分数, 精确到 0.01%。数值修约按照《数值修约规则与极限数值的表示和判定》(GB/T 8170—2008)规定进行。

9. 精密度

组分质量分数的重复性见表 2.4。

表 2.4　组分质量分数的重复性　　　　　　　(单位: %)

组分	重复性
1,2-二甲基苯	≤0.742
菲	≤0.697
二十二烷	≤0.745
1,2,3-三甲基萘	≤0.409
2,4-二甲基苯酚	≤0.531
1-甲基萘酚	≤0.490
1,3-二甲基萘酚	≤0.659

注: 本表重复性是在所选煤焦油中 1,2-二甲基苯、菲、二十二烷、1,2,3-三甲基萘、2,4-二甲基苯酚、1-甲基萘酚、1,3-二甲基萘酚含量范围内得到的数据统计的结果。

参 考 文 献

[1] 孙鸣. 陕北中低温煤焦油中酚类化合物的分离与分析[D]. 西安: 西北大学, 2012.

[2] SUN M, MA X X, YAO Q X, et al. GC-MS and TG-FTIR study of petroleum ether extract and residue from low temperature coal tar[J]. Energy & Fuels, 2011, 25(3): 1140-1145.

[3] SUN M, ZHANG D, YAO Q X, et al. Separation and composition analysis of GC-MS analyzable and unanalyzable parts from coal tar[J]. Energy & Fuels, 2018, 32(7): 7404-7411.

[4] 国家市场监督管理总局, 国家标准化管理委员会. 煤焦油　组分含量的测定　气相色谱-质谱联用和热重分析法: GB/T 38397—2019[S]. 北京: 中国标准出版社, 2019.

[5] 孙鸣, 冯光, 王汝成, 等. 陕北中低温煤焦油的分离与 GC-MS 分析[J]. 石油化工, 2011, 40(6): 667-672.

[6] ISLAS C A, SUELVES I, CARTER J F, et al. Pyrolysis-gas chromatography/mass spectrometry of fractions separated from a low-temperature coal tar: An attempt to develop a general method for characterizing structures and compositions of heavy hydrocarbon liquid[J]. Rapid Communications in Mass Spectrometry, 2002, 16: 774-784.

[7] LIN Q L, LI T H, ZHANG C Z, et al. Carbonization behavior of coal-tar pitch modified with divinylbenzene and optical texture of resultant semi-cokes[J]. Journal of Analytical and Applied Pyrolysis, 2004, 71(2): 817-826.

[8] XU T, HUANG X M. Study on combustion mechanism of asphalt binder by using TG-FTIR technique[J]. Fuel, 2010, 89(9): 2185-2190.

[9]　GIROUX L, CHARL J P, MACPHEE J A. Application of thermogravimetric Fourier transform infrared spectroscopy (TG-FTIR) to the analysis of oxygen functional groups in coal[J]. Energy & Fuels, 2006, 20(5): 1988-1996.

[10]　刘玉生. 中国典型动力煤及含氧模型化合物热解过程的化学基础研究[D]. 太原: 太原理工大学, 2004.

[11]　SUN M, CHEN J, DAI X M, et al. Controlled separation of low temperature coal tar based on solvent extraction-column chromatography[J]. Fuel Processing Technology, 2015, 136: 41-49.

[12]　SARIOĞLAN A. Tar removal on dolomite and steam reforming catalyst: Benzene, toluene and xylene reforming[J]. International Journal of Hydrogen Energy, 2012, 37(10): 8133-8142.

[13]　EDELSON D, ALLARA D L. A computational analysis of the alkane pyrolysis mechanism: Sensitivity analysis of individual reaction steps[J]. International Journal of Chemical Kinetics, 1980, 12(9): 605-621.

[14]　MULLINS O C, SABBAH H, EYSSAUTIER J, et al. Advances in asphaltene science and the Yen-Mullins model[J]. Energy & Fuels, 2012, 26(7): 3986-4003.

[15]　HE L, YAO Q X, CAO R, et al. Indentification of coal-origin structural units by multi-step pyrolysis through Py-GC-MS and by DFT calculation[J]. Chemical Engineering Journal, 2024, 492: 152410.

第3章 中低温煤焦油的组分分离

3.1 概 述

3.1.1 模拟蒸馏分离方法

煤焦油、石油及其油品的物理性质是科学研究和生产实践中评定油品质量和控制加工过程的重要指标，也是设计和计算它们加工过程的必要数据。油品沸点分布(BPD)是反映其理化性质、品质和加工利用的重要参数。BPD 对于确定油类产品不同用途的适用性至关重要，如炼油、混合、燃烧、分离、精制和排放控制。因此，开发准确快速测定油品沸点分布的方法/装置具有重要的指导意义[1,2]。石油及其制品的 BPD 研究已经有大量的报道[3-5]，但适用于油、煤焦油等原料的 BPD 研究成果较为有限[6,7]。

石油等油品的沸点分布测定方法有恩氏蒸馏、减压蒸馏和实沸点蒸馏(TBP)等[8]，传统实沸点蒸馏方法测定的沸点分布结果相对可靠，具有普遍适用性，但费时且繁琐，实验原料需求量大。随着色谱技术的发展，气相色谱-模拟蒸馏法(GC-SIMDIS)[9]也常用于测量油品 BPD。石油及其制品的 GC-SIMDIS 多采用美国材料与试验协会(ASTM)的《用气相色谱法测定石油馏分沸点分布的标准试验方法》(ASTM D2887—2024)标准，其具有快速、有效、重复性好等优点，但 GC-SIMDIS 一般采用能覆盖油品沸点的正构烷烃混合物为外标物进行外标法测量，对于煤焦油等富含芳香烃及高沸点油品的测量准确度不足[10-12]。煤焦油等富含芳香烃油品的 BPD 多年来主要参考石油的标准及测定方法[12]，由于炼制工艺不同，煤焦油又分为低温煤焦油和高温煤焦油，它们之间的组成差异较大，与石油油品组成相差更大，煤焦油的沸点分布与石油油品大为不同[13-15]。因此，参考石油测量方法得出的煤焦油沸点分布结果不尽如人意。气相色谱-质谱联用[16,17]常用于油品的定性和定量分析，基于煤焦油的复杂性，采用 GC-MS 参考石油计量标准测量煤焦油组成，一些组分往往无法分离及确认，结果都需要校正或改进[10,18,19]。例如，Liu 等[20]利用全二维气相色谱-质谱联用(GC×GC-MS)对低温煤焦油进行测量，通过手动校正鉴定每种化合物，证明了煤焦油中脂肪烃、苯系、酚类化合物等不同类型化合物在二维等高线图中呈带状分布。Sun 等[2]将煤焦油在超声照射下用石油醚提取可溶性馏分，以及在索氏抽提器中用石油醚和甲醇萃取不溶性馏分，用

GC-MS 检测可溶性组分并用热重分析仪结合傅里叶变换红外光谱仪检测不溶性馏分以获得煤焦油组成，结果表明煤焦油主要由烷烃、广泛的酚类和芳香烃等组成。我国国家标准《煤焦油 组分含量的测定 气相色谱-质谱联用和热重分析法》(GB/T 38397—2019)[21]用热重分析仪获得煤焦油气化组分质量和失重率，再用 GC-MS 检测，由此间接获得气化部分真实样品质量，从而得到煤焦油各组分的质量分数。这些方法往往操作繁琐或对检测设备具有高要求。

　　研究者也尝试用热重法(TG)来测量油品的沸点分布[22-26]。通过对热重坩埚进行改造，结合 TG 精度高、重复性好的特点，测量过程中可以直接获得质量-温度的关系等一系列特点，进而标定油品沸点分布。Mondragon 等[27]将热重-质谱联用(TG-MS)用于测量五种石油馏分和一种煤焦油馏分油的 BPD，结果与 ASTM 蒸馏方法接近。Shi 等[28,29]在热重坩埚中加入毛细管对 TG 进行应用与改进，用以研究煤热解挥发分的详细反应，结果表明，固体物质结构导致了挥发分释放行为的差异，但样品量过少导致原料不均匀，从而难以真实反映原料组成。相较于 GC-SIMDIS 及 GC-MS，TG 不依赖外标物，没有色谱柱性能的限制，其对各类油品的普适性类似于传统实沸点蒸馏，对富芳香分油品及高沸点油料也适用。现有 TG 测定 BPD 方法再现性较差，容易受到操作条件的影响，还需要进一步改进和优化。Liu 等[13]通过优化 TG-MS 测量油品 BPD，在坩埚中添加毛细管并用模型化合物标定了热重蒸发曲线，获得了油品开裂温度和最佳升温速率。

3.1.2　柱层析分离方法

　　色谱技术 21 世纪以来迅速发展，其分离效率高，可以实现复杂混合物、有机同系物和同分异构体，甚至是手性异构体等的分离，在化工、生物、食品和环境等领域的研究中广泛应用。柱层析是经典的色谱技术，首先，将固定相均匀地装填于玻璃柱中制成层析柱，固定相有吸附、分配、离子交换和凝胶等多种类型，实验室有机分离实验中常用的是硅胶吸附柱层析。其次，将样品混合物以适当的方式加于柱的一端。最后，选择适当的溶剂体系作为流动相对样品进行洗脱，使样品随着流动相通过固定相，并与固定相发生相互作用而实现组间的分离。柱层析分离方法应根据待分离样品的复杂程度和制备量选择适当大小的层析柱[30]。

　　对于煤焦油这样的样品，分析的主要困难来源于煤焦油自身组成的复杂性，在进行所有分析技术的表征时，轻馏分丰度低，往往被掩盖，重馏分则丰度高，这就需要对煤焦油进行分离。本章选择柱层析分离方法，主要是想获得更大的样品量以便分析，其次是探讨采用柱层析分离方法提取中低温煤焦油中酚类化合物的可行性。本章选择中低温煤焦油重油为研究对象，以硅胶为固定相，选用正己烷、正己烷与乙酸乙酯的不同配比液为洗脱剂，从而按照不同极性洗脱剂分离并分析中低温煤焦油组分，为实现建立柱层析分离方法分离中低温煤焦油中酚类化合物的装置及工艺的开发提供基础数据。

3.1.3　六组分分离方法

　　煤焦油是一种十分宝贵的化工原料，根据不同干馏温度可以得到低温、中温和高温煤焦油，其含有石油不可替代的芳香烃类化合物，极具高值化价值[31-33]。据不完全统计，我国中低温煤焦油年产近 1500 万 t，其中陕北地区日产可达万吨[32,34]。因此，实现中低温煤焦油的绿色清洁利用是我国实现"双碳"目标的关键一环。与高温煤焦油相比，中低温煤焦油未经过二次热解和芳构化过程，脂肪烃和轻质馏分含量高，可视为一种低密度的液体燃料[35,36]。然而，中低温煤焦油的组成十分复杂，加上较多的含氧化合物使之在综合利用中受到严重阻碍，如难分离、难分析、低重质组分转化率等[31,32,37,38]。因此，对煤焦油的组成进行准确定性十分必要。

　　重碳烃化合物是以碳和氢为主的高分子量复杂有机混合物。常见的分离方法如下：蒸馏(精馏)法、结晶分离法、溶剂萃取法等。蒸馏(精馏)是利用物质的沸点不同，从而实现纯组分或窄馏分的分离。重碳烃化合物通过蒸馏可以将其切割成轻油、酚油、洗油、蒽油、沥青等不同馏分。蒸馏(精馏)法操作简单，条件温和，但是无法分离沸点相近但族组成不同的混合物[34,39]。结晶分离法是利用物质在溶剂中溶解度对温度的敏感性，通过调节溶剂温度或者直接蒸发溶剂，从而完成对物质的分离。结晶分离法有着操作条件温和、消耗能量小的优点，能实现共沸混合物或者沸点接近的混合物分离，但是有着分离效率低下，产品收率不稳定的缺点[40]。溶剂萃取法是利用物质在溶剂中溶解度的差异，从而实现物质的选择性分离，其操作简单，条件温和，处理量大，但是对于结构复杂的混合物也存在分离效果较低，溶剂使用量大的缺点[41]。

　　研究重碳烃化合物组成和结构的方法很多，主要可以分为两大类[42]：一类是物理仪器分析方法，如核磁共振波谱仪(NMRS)、傅里叶变换红外光谱仪(FTIR)和 X 射线衍射仪(XRD)等；另一类是化学降解方法[41]，如热解[43,44]等。化学降解方法是指将重碳烃化合物大分子降解为较小的、易于用常规仪器分析的分子碎片，据此可以推断其分子结构的某些细节。该方法是间接了解重碳烃化合物组成与结构的有效方法。

　　无论采用何种分析方法，对重碳烃化合物的组分进行分离是非常必要的，关于重碳烃化合物的组分分离，以石油沥青四组分测定(ASAR)法最具代表性[34,45]。该方法采用溶剂萃取和柱层析分离相结合，可将石油沥青分离为沥青质、饱和分、芳香分和胶质[45]。除此之外，众多学者构建了物理、化学和物理化学相结合的重碳烃分离与分析方法[2,32,46-48]。魏贤勇等使用硅胶、十八烷硅胶、辛烷硅胶等不同填料的高压制备色谱仪，对高温煤焦油进行了分离分析，成功鉴定了其中 196 种化合物，同时得到了高纯度的萘、蒽、菲产品[49]。Ma 等[41]采用改良的 HCl/NaOH

萃取法对煤焦油在不同温度下切割出的馏分进行了萃取，获得了对应馏分的酸组分、碱组分和中性组分，并对分离出的各组分进行了表征鉴定，结果表明，该方法能有效富集芳香烃组分和含氮及含氧有机化合物。Sun 等[3]提出一种 TG 分析与 GC-MS 相结合的分析方法，对煤焦油 GC-MS 可分析部分进行了更精确的定量分析，并借助热解-气相色谱-质谱联用(Py-GC-MS)得到了煤焦油 GC-MS 不可分析部分的组成与结构信息，大多复杂稠环芳烃之间由羰基和亚甲基键作为桥键连接。Yao 等[50]采用柱层析分离方法，将煤焦油沥青质分成若干个馏分，借助 TG-FTIR 和 Py-GC-MS 间接对其组成进行了详尽分析，研究发现，通过柱层析分离，含氧和含氮等化合物被富集在特定的馏分中，除此之外，通过馏分化合物的热解产物可以预测馏分中化合物的类型[51,52]。

3.2　基于热重法的煤焦油模拟蒸馏

不同种类的油品组成差异较大，因此需要考虑分离方法对原料的普适性，以原油(RP)、低温煤焦油(MT)及高温煤焦油(HT)为实验原料。设计并应用了具有蒸馏作用的新型 TG 坩埚，实现了复杂有机混合物 TG 模拟蒸馏过程(基于该新型坩埚的 TG 模拟蒸馏过程简称"TG-蒸馏")[53]，强化油品在受热蒸发过程中发生的蒸馏回流过程，充分还原实沸点蒸馏过程。通过对比考察了它们的 TBP、GC-MS、Py-GC-MS 模拟蒸馏结果，特别是针对 GC-MS 法测量各种油品，尤其是煤焦油的 BPD，对色谱柱分离能力和选择性有极高的要求。因此，本书参考 GC-SIMDIS 法引入外标物并考察不同的色谱柱升温速率，结合组分的保留指数及沸点解决 GC-MS 和 Py-GC-MS 色谱柱分离能力和选择性的限制。在此基础上，考察了不同的 TG 升温速率的影响，从而获得了最佳的 TG 升温程序。实现了不同油品 BPD 的准确、快速测定。

3.2.1　基本原理和计算方法

TG (Netzsch 209 F3，德国)-蒸馏的样品 TBP 测定方法，采用的坩埚及其坩埚盖如图 3.1 所示。将 5～10mg 样品置于 70μL 坩埚中，坩埚盖上高度分别为 0cm(无盖)、0.5cm、1.0cm、1.5cm 的坩埚盖后置于 TG 中，坩埚盖上部为外径(φ)4mm，壁厚 1mm 的通孔圆柱体结构；下部尺寸 φ8mm×5mm，内腔为壳体结构，内腔底部直径为 4.4mm，下部外壁上端倒角处理，上下部间自然过渡；其中，坩埚盖底部外壁有一个直径为 6mm，高 1mm，厚 0.8mm 的环。分别考察了 5℃/min 和 10℃/min 升温至 400℃，具体为从室温(25℃)升至 210℃，停留 1min；升至 230℃，停留 1min；升至 300℃，停留 1min；升至 330℃，停留 1min；升至 360℃，停留

1min；升至 400℃，停留 1min。载气和反应气均为 N_2，流速分别为 20mL/min 和 30mL/min。空白 TG 实验考虑了温度上升引起的浮力效应。

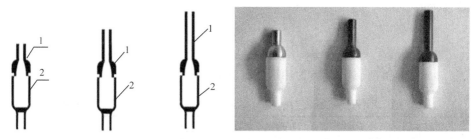

图 3.1 不同高度的坩埚及其坩埚盖的示意图和实物图
1-坩埚；2-坩埚盖

模拟蒸馏：利用热解-气相色谱-质谱联用(Py-GC-MS)和 GC-MS 进行测定。Py-GC-MS 由 Py(CDS 5200，美国)和 GC-MS(QP2010 plus，日本)构成[54]。将装有 0.5～1mg 样品的反应管置于 Py 中，以 5℃/ms 的加热速率从 50℃加热到 400℃，终温下保持 20s。GC 采用 Rxi-5ms 型毛细管柱(30m×0.25mm×0.25μm)。分流比 1：80，柱流速 1.0mL/min，GC 进样口和传输线温度 300℃，离子化电压 70eV，离子源温度 230℃。柱温箱升温速率为 10℃/min 升温程序：60℃停留 1min；升温至 90℃，停留 1min；升温至 170℃，停留 1min；升温至 300℃，停留 10min。将柱温箱升温速率改为 5℃/min，重复以上程序。通过 NIST17 和 NIST17s 图谱库对结果进行分析。

GC-MS 模拟蒸馏仪器测试参数与 Py-GC-MS 模拟蒸馏仪器一致。参考 ASTM 标准《用气相色谱法测定石油馏分沸点分布的标准试验方法》(ASTM D2887—2024)[15]标准采用外标法对外标物进行定性和定量分析，外部标准物分别为正构烷烃(C_5～C_{36})及 18 种芳香烃(萘、2-甲基萘、1-甲基萘、苊烯、苊、芴、菲、蒽、荧蒽、芘、苯并[a]蒽、䓛、苯并[b]荧蒽、苯并[k]荧蒽、苯并[a]芘、茚并[1,2,3-cd]芘、二苯[a,h]蒽、苯并[ghi]苝)。

蒸馏实验：样品 TBP 采用 SYD-6536 石油产品蒸馏实验器进行蒸馏实验。实验测定流程按照国家标准《原油馏程的测定》(GB/T 26984—2011)进行[55]。

1. GC-MS 和 Py-GC-MS 结果计算

利用 GC-MS 和 Py-GC-MS 得到样品的总离子流色谱图，每个组分的峰面积积分与总离子流色谱图总峰面积积分之比代表其相对浓度或质量分数。将样品总离子流色谱图第一个物质出现时的沸点标记为 IBP，质量分数为 0.5%，之后隔 5%记录组分及其沸点，积分面积 99.5%对应的组分沸点记录为 FBP[55]。

由于 Py-GC-MS 检测的是样品在 400℃下的挥发分，相当于样品在此温度的馏出物，大于 400℃馏分残留在 Py 反应管中，依据总离子流色谱图计算获得的

BPD 不准确。因此，本书采用称量的方式确定残留在 Py 反应管中样品的质量，计算样品的总失重率(表 3.1)。样品的总失重率乘以对应总峰面积(A)，得到样品实际失重率(M_A)：

$$M_A = \frac{m_3 - m_4}{m_3} \times A \times 100\% \tag{3.1}$$

式中，m_3 为热解前质量；m_4 为热解后质量。

表 3.1　不同原料油通过 Py-GC-MS 在不同色谱柱升温速率下总失重率

色谱柱升温速率/(℃/min)	总失重率/%		
	HT	MT	RP
5	54.05	85.37	80.77
10	51.21	89.92	80.50

当采用 GC-MS 测定样品的 BPD 时存在与 Py-GC-MS 同样的问题。GC-MS 在分析沸点较高的样品时，不能使样品全部气化进入 GC 的色谱柱中，在 GC 进样口玻璃衬管中会有残留，导致测定结果的失真。仅在分析轻质油品，且能够保证样品在 GC 进样口完全气化时是适用的。

2. TBP 数据处理及校正公式

TBP 每个温度点对应的质量损失情况由公式(3.2)计算。为了排除外界环境及实验仪器对实验数据的影响，需要校正 TBP 数据。每个温度根据实验时的大气压及温度计校正值进行校正，精确到 1℃，校正公式见公式(3.3)，IBP 由公式(3.4)校正：

$$M_1 = (1 - m_t / m_s) \times 100\% \tag{3.2}$$

式中，M_1 为剩余质量；m_t 为油品总质量；m_s 为蒸馏质量。

$$T_i' = \frac{T_i - T_c - 273 \times 0.0009(101.3 - P_b)}{1 + 0.0009(101.3 - P_b)} \tag{3.3}$$

式中，T_i' 为校正温度；T_i 为标准大气压下实际温度的换算值；T_c 为温度计合格证书中的校正值；P_b 为实验期间的大气压力。

$$T_I' = T_I + T_c + 0.0009(101.3 - P_b)(273 + T_I) \tag{3.4}$$

式中，T_I' 为 IBP 的校正值；T_I 为 IBP 实验值。

3. TG 的计算方法及校正方法

TG-蒸馏的 IBP 取失重率为 1%时对应温度。采用文献[52]中的思路将 TG 数据转换为对应 GC-MS 和 Py-GC-MS 的校正数据，与 TG-蒸馏进行对比。校正分为 3 个步骤：①将 GC-MS(Py-GC-MS)和 TG-蒸馏结果线性化；②从 TG-蒸馏到 GC-MS 的斜率转换(T_{TG} ×转换斜率，T_{TG} 表示 TG 测得的蒸馏温度)；③从 TG-蒸馏到 GC-MS 的原点坐标顺序偏移。

　　TG-蒸馏结果按步骤进行校正，以 RP 样品 GC-MS-5℃/min(GC-MS-5K)和 TG-坩埚盖高度 1.5cm-5℃/min(TG-5K-1.5)的结果进行表示。由于 BPD 曲线不是线性的，为了线性化的目的，仅选取曲线中线性化高的点进行校正。

　　表 3.2 中校正后的 TG-5K-1.5 数据与 GC-MS-5K 数据已经接近，这归功于选取的数据线性化程度高($R^2 > 0.98$)，在此基础上获得的 TG-校正曲线各点温度和 GC-MS-5K 偏差小于 5%。将表 3.2 中数据添加 IBP 后，得到图 3.2 的 TG-校正曲线与 GC-MS 曲线已经吻合，表明将 TG 数据转换为对应的 GC-MS 或者 Py-GC-MS 数据是可能的，但这种校正仅限于可线性化的部分，在 350℃以后的 BPD 曲线线性度不够，校正曲线的误差将非常大。

表 3.2　TG-5K-1.5 部分校正数据与 GC-MS-5K 对比

失重率/%	$T_{GC\text{-}MS}$/℃	T_{TG}/℃	$T_{GC\text{-}MS}$(经 $T_{TG\text{-}蒸馏}$斜率转换)*/℃	温度偏移/℃	$T_{TG\text{-}校正}$/℃
5	227.7	134	86.2	141.5	217.2
10	235.4	161	103.5	131.9	234.5
15	253.5	184.7	118.7	134.8	249.8
20	261.6	205	131.8	129.8	262.8
25	268	221.4	142.3	125.7	273.4
30	286.8	237.4	152.6	134.2	283.7
35	292.1	254.8	163.8	128.3	294.9
40	302	271.9	174.8	127.2	305.8
45	311	287.5	184.8	126.2	315.9
50	317	301	193.5	123.5	324.6
55	330	311	200.0	130.0	331.0
60	330	323.3	207.9	122.1	338.9
65	343.4	334.1	214.8	128.6	345.8
70	356	347.5	223.4	132.6	354.5
75	369	362.8	233.3	135.7	364.3
80	391	383.3	246.4	144.6	377.5
—	—	—	平均偏移温度/℃	131.0	—

注：*转换斜率=1.9952/3.1033；T_i 表示方法 i 测得的蒸馏温度；温度校正值又称温度偏移，温度偏移=($T_{GC\text{-}MS}-T_{TG}$)×转换斜率。

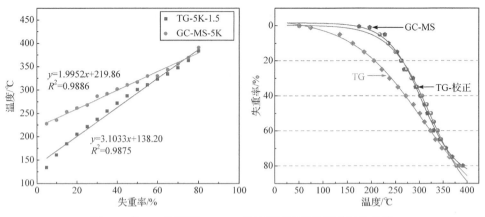

图 3.2　从 TG 数据到 GC-MS 的校正过程及校正曲线的比较

3.2.2　模拟蒸馏和蒸馏的结果与校正

1. 外标物和样品组分的 GC-MS 和 Py-GC-MS 校正结果

由于分析样品的复杂性，特别是煤焦油中芳香族化合物同分异构体多且具有较宽的分子量分布，样品的 BPD 结果失真。因此，本书参考 GC-SIMDIS[9]分析方法。采用与样品相同的分析条件，对外标物(正构烷烃和芳香烃)进行分析，标定它们的同分异构体，并以外标物获得其在样品中的保留指数(RI)，结合各组分的沸点(BP)，可有效地分辨各组分[54]；不同的色谱柱升温速率可以考察分离能力，并探究烷烃和芳香烃的温度依赖性。校正的依据是与外标物相同的组分参照外标物，其余各组分在色谱柱上的保留时间(RT)、保留指数、沸点总体上是增加的，同时应该具有高相似度[56]。

图 3.3 和图 3.4 分别是芳香烃和正构烷烃外标物的 GC-MS 总离子流色谱图，从图 3.3 和图 3.4 中可以发现，正构烷烃具有强的出峰规律且温度依赖性小，色谱

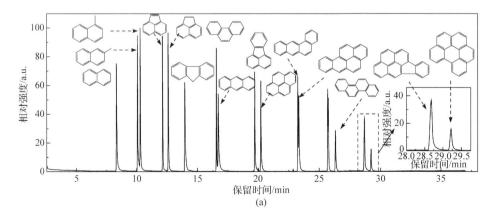

(a)

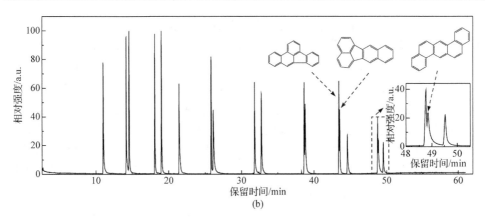

图 3.3　芳香烃外标物的 GC-MS 总离子流色谱图
(a) 升温速率 10℃/min；(b)升温速率 5℃/min

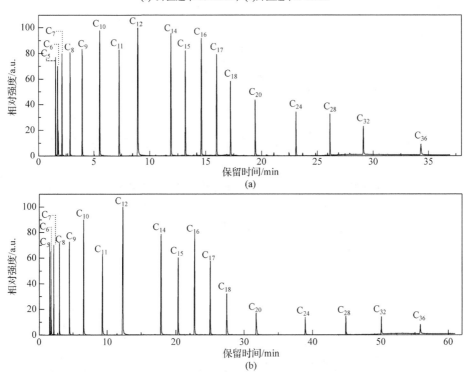

图 3.4　正构烷烃外标物的 GC-MS 总离子流色谱图
(a) 升温速率 10℃/min；(b) 升温速率 5℃/min
C_i 指碳数为 i 的脂肪烃

柱可以分离外标物。芳香烃在谱图中的保留时间没有规律，且温度依赖性高，如图 3.3 中高沸点芳香烃茚并(1,2,3-CD)芘和二苯并[a,h]蒽在升温速率为 5℃/min 时可以分离，但在 10℃/min 无法分离。这表明对于 GC-MS 和 Py-GC-MS 模拟蒸馏时，富烷烃油品分析结果较为准确，而富芳香烃油品在高沸点区域会出现一定的偏差。相比 10℃/min 的升温速率，5℃/min 效果更好，但是仍需要校正。

图 3.5 是外标物(正构烷烃和芳香烃)的沸点校正曲线。由图 3.5 可以发现，在一定沸点范围内，外标物都显示出优异的线性关系，且不会随着色谱柱升温速率而改变。外标物正构烷烃的 R^2 略大于芳香烃，线性优于芳香烃外标物。在物质沸点相同时，芳香烃总是先于正构烷烃出现在谱图中，或者说相近保留时间的芳香烃沸点更高。值得注意的是，芳香烃的这种线性关系并不意味着富芳香烃油品的 BPD 会与富烷烃油品类似，因为烷烃是有规律的同系物，而芳香烃或者芳香族化合物由于环数等可能不同，没有规律性[57]。

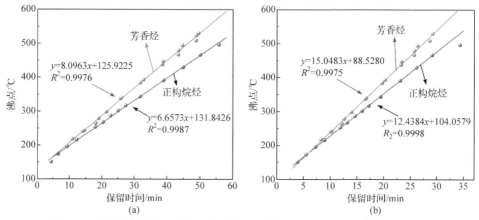

图 3.5　不同色谱柱升温速率下芳香烃和正构烷烃($C_9 \sim C_{36}$)的沸点校正曲线

(a) 升温速率 5℃/min；(b) 升温速率 10℃/min

图 3.6 为不同色谱柱升温速率下组分保留时间对比曲线。图中反映了外标物

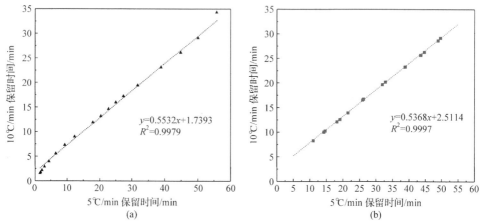

图 3.6　不同外标物在 5℃/min 升温速率下各组分的 RT 曲线

(a) 正构烷烃；(b) 芳香烃

正构烷烃和芳香烃的保留时间随升温速率的变化而变化，但保留时间不是简单地乘以升温速率的变化率((5℃/min 下外标物的保留时间)/(10℃/min 下外标物的保留时间)≠0.5)，曲线斜率大于 0.5，表明同一物质在 5℃/min 的谱图上出现时间比 10℃/min 的保留时间的 2 倍更加滞后。

样品的组成由 GC-MS 和 Py-GC-MS 分析得到。结合外标物给出的绝对保留时间、保留指数及沸点对组分结果进行校正，可以得到可信度较高的样品组分信息[8,53]。色谱柱升温程序 5℃/min 分离效果比 10℃/min 好。因此，下面仅讨论样品 GC-MS 和 Py-GC-MS 5℃/min 得到的结果。样品的 Py-GC-MS 和 GC-MS 的总离子流色谱图如图 3.7 所示。

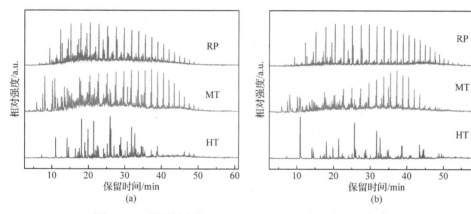

图 3.7 三种原料油的 Py-GC-MS 和 GC-MS 总离子流色谱图
(a) Py-GC-MS；(b) GC-MS

通过与图谱库对比发现，RP 以长链烷烃为主，呈现规律间隔的色谱峰。MT 含有长链烷烃、烯烃和芳香烃等，较低保留时间呈现凌乱且高低不一的色谱峰，以芳香烃为主。随着保留时间的增加，出现具有规律间隔的烷烃色谱峰。HT 以芳香烃为主，为无规律且强度不一的色谱峰。

比较 GC-MS 和 Py-GC-MS 结果可知，GC-MS 和 Py-GC-MS 结果基本一致，但是 Py-GC-MS 检测到了更多的轻质组分(保留时间<20min)。可能是因为 Py 枪中石英管更贴近蒸馏过程，较好地去除了 GC-MS 不可检测部分，从而增加了样品可检测部分的丰度。

由校正后 HT、MT 和 RP 的 Py-GC-MS 结果可知，校正是有效且准确的。样品中一部分组分可以用外标物标定，其余组分校正后均符合校正遵循的规律，即 RI、BP 总体上随保留时间增加而依次增加，组分有高的相似度。除此之外，发现 HT 几乎只含有芳香烃。MT 中芳香烃和脂肪烃质量比接近 1∶1。RP 几乎只含有脂肪烃，以正构烷烃为主。进一步证明了保留时间相近时芳香烃的沸点比烷烃高的规律(图 3.5)。对比 GC-MS 和 Py-GC-MS 组分分析结果可知，样品的 GC-MS 组分更加集中，即更少的组分数量却有更高的质量分数，Py-GC-MS 则更加分散。

2. TBP 校正结果

消除外界环境及仪器设备影响后的 TBP 校正数据如表 3.3 所示，校正结果与实际实验值有差值，这一差值正是蒸馏过程中外界环境和仪器设备导致的误差。蒸馏温度越高差值越大，表明校正有效地消除了系统误差。

表 3.3 不同油的 TBP 的实际和校正温度与质量分数

HT			MT			RP		
实际温度/℃	校正温度/℃	w_{HT}/%	实际温度/℃	校正温度/℃	w_{MT}/%	实际温度/℃	校正温度/℃	w_{RP}/%
25	25	100	25	25	100	25	25	100
100	102	99.5	88	90	99.5	74	76	99.5
190	196	95	179	184	95	138	142	95
220	225	90	212	216	90	171	176	90
230	235	85	232	237	85	196	200	85
262	269	80	248	254	80	235	240	80
290	296	75	256	262	75	251	257	75
321	328	70	262	269	70	268	275	70
340	348	65	272	279	65	272	279	65
—	—	—	278	285	60	280	287	60
—	—	—	286	291	55	284	291	55
—	—	—	288	294	50	292	298	50
—	—	—	294	300	45	310	316	45

注：w_i表示 i 的质量分数。

3. TG-蒸馏结果

TG-蒸馏中改进型坩埚和坩埚盖的原理如图 3.8 所示。坩埚+坩埚盖构成了"蒸馏塔"，样品在坩埚中加热后变为蒸气，在坩埚盖的作用下形成回流，坩埚盖高度可以调节回流比。改进型坩埚限制了样品组分的无序蒸发和挥发，理论上可获得样品较为精确的沸点分布，来实现复杂有机混合物的 BPD 检测。

以 5℃/min(5K)和 10℃/min(10K)的升温速率对 3 种油品在不同坩埚盖高度(0cm、0.5cm、1.0cm、1.5cm)下进行模拟蒸馏，BPD 曲线如图 3.9 所示。图 3.9 表明，坩埚盖能够有效减少油品的失重率，无坩埚盖(0cm)的失重率明显高于其余有坩埚盖的情况。随着坩埚盖高度增加，失重率呈现有规律的减小，在坩埚盖高度

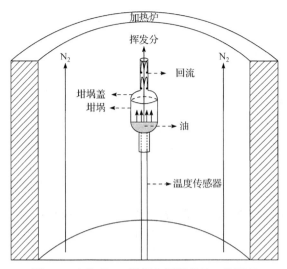

图 3.8　改进型 TG 坩埚和坩埚盖的工作原理

为 1.5cm 时失重率达到最小，所有油品在不同升温速率下均表现为坩埚盖高度越高，油品失重率越小。这说明改进型坩埚盖可以有效达到精馏效果，减少油品轻质组分的自然蒸发，这种效果在坩埚盖高度为 1.5cm 时达到最佳。

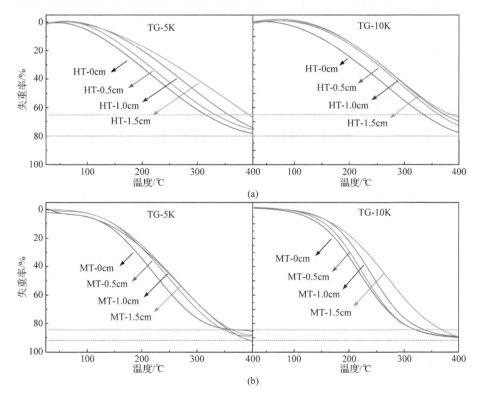

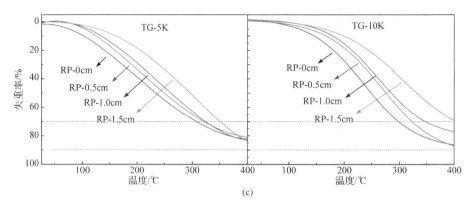

图 3.9　不同坩埚盖高度下 3 种油品在升温速率分别为 5℃/min(5K)和 10℃/min(10K)时 TG 的
BPD 曲线
(a) HT；(b) MT；(c) RP

图 3.9 中同一油品不同升温速率的 BPD 曲线在 400℃的失重率变化表明，改进 TG-蒸馏的升温速率对于 RP 影响较大，5℃/min 失重率差值在 5%以内，但在 10℃/min 达到了 2%。对于煤焦油 HT 和 MT 的影响比较小，不同升温速率的失重率最大差值保持在相同水平(15%和 7.5%)。不同样品失重率差值不同，这是烷烃和芳香族化合物在蒸馏时表现的性质不同导致的。这种不同的性质在 GC-MS 和 Py-GC-MS 的 BPD 曲线中也有体现，尤其是 MT，在芳香族组分和烷烃组分分界处。

10℃/min 的升温速率对油品进行 TG-蒸馏，获得的曲线比 5℃/min 下趋于极端，即更加贴近或者发散，升温速率过快导致油品中的组分分离不够完全，不同沸点的组分同时无法馏出或一起馏出，说明坩埚盖的精馏效果大为减弱，同时也降低了油品沸点分布结果的可靠性，所以 5℃/min 的升温速率优于 10℃/min。

将蒸馏效果好的 5℃/min 和 10℃/min 下坩埚盖高度为 1.5cm 的 3 种油品 TG 曲线进行失重率趋势的比较，如图 3.10 所示。可以清楚地发现，升温速率为 5℃/min 和 10℃/min 时改进 TG-蒸馏失重率趋势有明显的差异，10℃/min 的 RP 失重率甚至高于 HT。进一步说明，在 10℃/min 的升温速率下，较高的坩埚盖高度非但没有起到很好的精馏效果，反而对一些油品馏出造成了阻碍。原因应该是升温速率过高时，馏分在短时间内大量馏出，坩埚盖越长其阻碍效果越强，由 GC-MS 可知，蒸馏时间相同时烷烃沸点更低，烷烃更容易先于芳香族化合物馏出，这种阻碍效果对烷烃的作用时间也就越长，最终导致 RP 失重率明显减小。进一步说明 TG 的升温速率 5℃/min 优于 10℃/min。后续仅讨论 TG-蒸馏在 5℃/min 的结果。

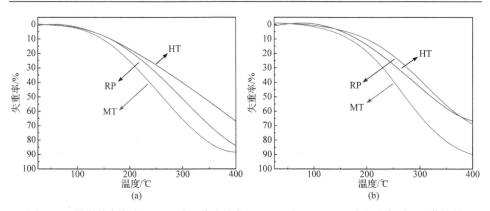

图 3.10　坩埚盖高度为 1.5cm 时 3 种油品在 5℃/min 和 10℃/min 升温速率下 TG-蒸馏的

BPD 曲线比较

(a) 5℃/min；(b) 10℃/min

4. GC-MS 和 Py-GC-MS 的校正

图 3.11 为样品的 GC-MS 和 Py-GC-MS 总离子流色谱图，一些主要组分经校正已标记在图中，5℃/min 被标记的主要组分列在表 3.4 和表 3.5。

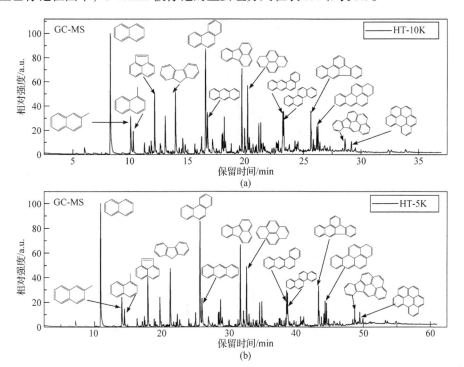

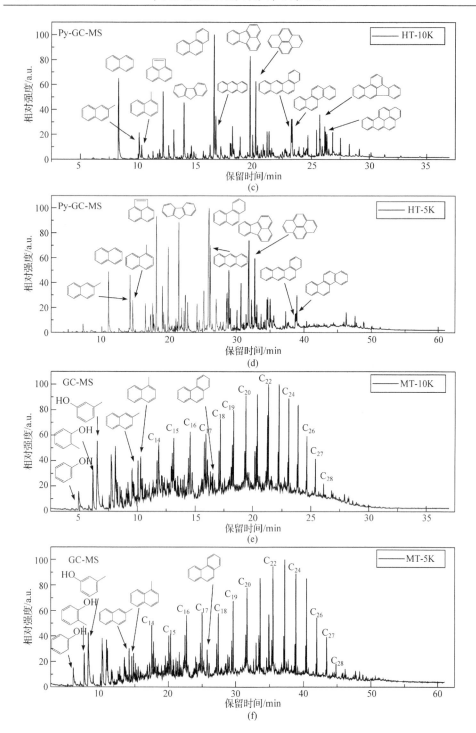

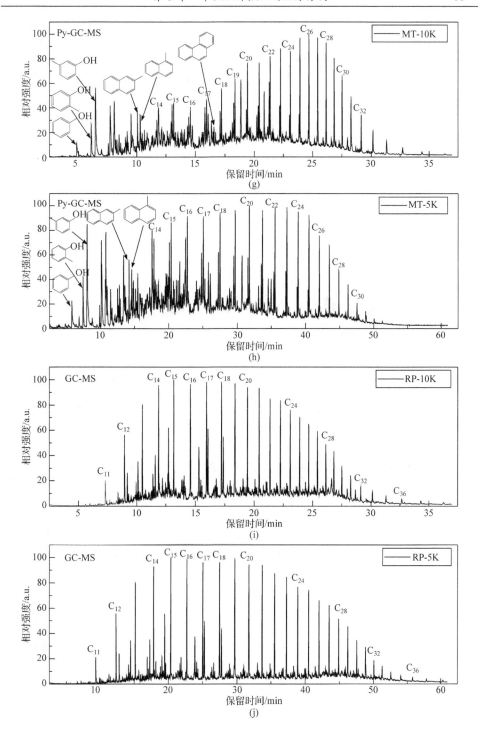

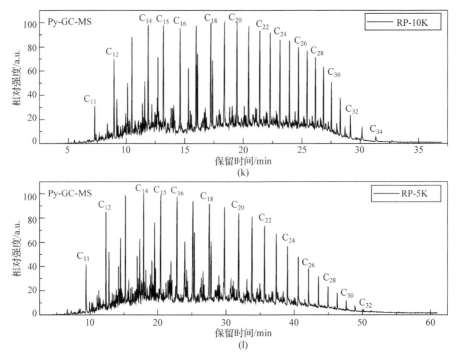

图 3.11　3 种油品在 5℃/min(5K)和 10℃/min(10K)下 GC-MS 和 Py-GC-MS 的总离子流色谱图

(a) HT 在 10K 下的 GC-MS；(b) HT 在 5K 下的 GC-MS；(c) HT 在 10K 下的 Py-GC-MS；(d) HT 在 5K 下的 Py-GC-MS；(e) MT 在 10K 下的 GC-MS；(f) MT 在 5K 下的 GC-MS；(g) MT 在 10K 下的 Py-GC-MS；(h) MT 在 5K 下的 Py-GC-MS；(i) RP 在 10K 下的 GC-MS；(j) RP 在 5K 下的 GC-MS；(k) RP 在 10K 下的 Py-GC-MS；(l) RP 在 5K 下的 Py-GC-MS

表 3.4　样品在 5℃/min 下的 GC-MS 总离子流色谱图中的标记组分

HT-5K		MT-5K		RP-5K	
保留时间/min	名称	保留时间/min	名称	保留时间/min	名称
10.912	萘	5.805	苯酚	9.341	十一烷(C_{11})
14.148	2-甲基萘	7.421	2-甲基苯酚	12.310	十二烷(C_{12})
14.549	1-甲基萘	8.015	3-甲基苯酚	17.856	十四烷(C_{14})
18.031	苊烯	14.136	2-甲基萘	20.377	十五烷(C_{15})
21.350	芴	14.537	1-甲基萘	22.746	十六烷(C_{16})
25.737	菲	17.788	十四烷(C_{14})	25.065	十七烷(C_{17})
26.041	蒽	20.304	十五烷(C_{15})	27.470	十八烷(C_{18})
31.733	荧蒽	22.674	十六烷(C_{16})	31.761	二十烷(C_{20})
32.662	芘	24.980	十七烷(C_{17})	38.922	二十四烷(C_{24})
38.585	苯并蒽	25.766	菲	44.898	二十八烷(C_{28})

续表

HT-5K		MT-5K		RP-5K	
保留时间/min	名称	保留时间/min	名称	保留时间/min	名称
38.715	䓛	27.388	十八烷(C_{18})	50.068	三十二烷(C_{32})
43.366	苯并[b]荧蒽	29.613	十九烷(C_{19})	55.797	三十六烷(C_{36})
44.537	苯并[a]芘	31.685	二十烷(C_{20})	—	—
48.738	茚并[1,2,3-cd]芘	35.464	二十二烷(C_{22})	—	—
49.483	苯并[ghi]苝	38.859	二十四烷(C_{24})	—	—
—	—	41.962	二十六烷(C_{26})	—	—
—	—	43.423	二十七烷(C_{27})	—	—
—	—	44.832	二十八烷(C_{28})	—	—

表 3.5　样品在 5℃/min 条件下的 Py-GC-MS 总离子流色谱图中的标记组分

HT-5K		MT-5K		RP-5K	
保留时间/min	名称	保留时间/min	名称	保留时间/min	名称
10.991	萘	5.784	苯酚	9.353	十一烷(C_{11})
14.203	2-甲基萘	7.427	2-甲基苯酚	12.343	十二烷(C_{12})
14.608	1-甲基萘	8.023	3-甲基苯酚	17.923	十四烷(C_{14})
18.118	苊烯	14.194	2-甲基萘	20.455	十五烷(C_{15})
21.438	芴	14.592	1-甲基萘	22.825	十六烷(C_{16})
25.916	菲	17.866	十四烷(C_{14})	27.567	十八烷(C_{18})
26.111	蒽	20.387	十五烷(C_{15})	31.860	二十烷(C_{20})
31.873	荧蒽	22.759	十六烷(C_{16})	35.624	二十二烷(C_{22})
32.778	芘	25.083	十七烷(C_{17})	38.993	二十四烷(C_{24})
38.698	苯并蒽	27.488	十八烷(C_{18})	42.073	二十六烷(C_{26})
38.823	䓛	31.782	二十烷(C_{20})	44.926	二十八烷(C_{28})
—	—	35.557	二十二烷(C_{22})	47.593	三十烷(C_{30})
—	—	38.941	二十四烷(C_{24})	50.060	三十二烷(C_{32})
—	—	42.032	二十六烷(C_{26})	—	—
—	—	44.888	二十八烷(C_{28})	—	—
—	—	47.550	三十烷(C_{30})	—	—

从图 3.11 可以看出，HT 以芳香烃为主，MT 富含长链烷烃和芳香烃，RP 以

长链烷烃为主。样品各组分累计积分面积(M_A，%)与其对应沸点可以得到对应油品的 GC-MS 和 Py-GC-MS 的失重率–温度(M-T)图。校正后样品组分信息证明了校正方法的有效性，为了进一步体现对 GC-MS 和 Py-GC-MS 校正的效果，用 Py-GC-MS 在 5℃/min(5K)校正前后的 M-T 图进行对比，如图 3.12 所示。

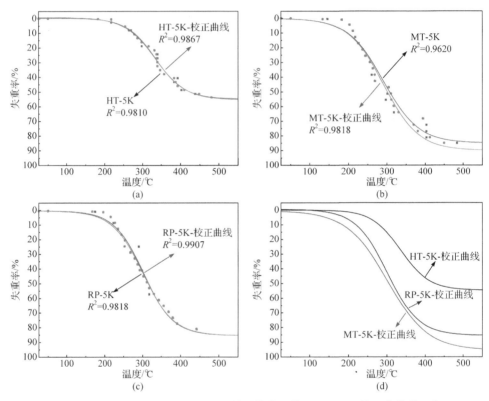

图 3.12　3 种油品在 5℃/min 下校正前后曲线及其 Py-GC-MS 校正曲线的比较

(a) HT；(b) MT；(c) RP；(d) Py-GC-MS 校正曲线比较

图 3.12 表明，经过校正，不同油品 Py-GC-MS 模拟蒸馏效果不同。对于 RP 这类富含脂肪烃的油品,Py-GC-MS 模拟蒸馏效果是直接而准确的,校正前后 BPD 曲线保持高度一致，R^2 高且接近，GC-MS 也有类似结果；HT 这类富含芳香烃的煤焦油，Py-GC-MS 也有相对很高的准确度，校正后变化不大；大多数煤焦油都类似 MT，既有一定量的脂肪族化合物，也有相当多的芳香族化合物，这类油品直接采用 Py-GC-MS(或 GC-MS)获得的组分信息不够准确，必须经过校正，校正后 BPD 曲线 R^2 有显著的升高，校正前后曲线在较高温区域(>300℃)差异明显。这反映了利用色谱柱的模拟蒸馏方法(GC、GC-MS、全二维气相色谱(GC×GC)、Py-GC-MS 等)对于煤焦油的缺陷，而本书采用的校正方法可以一定程度上弥补这

一缺陷。校正后样品的 R^2 均得到提高，表明校正结果的准确性高，后续仅对 GC-MS 和 Py-GC-MS 的校正结果进行比较。

图 3.13 是 3 种油品 5℃/min(5K) 和 10℃/min(10K) 下的 GC-MS 和 Py-GC-MS 的 BPD 校正曲线。由图 3.13 可知，Py-GC-MS 的 BPD 曲线总是高于 GC-MS，但曲线总体趋势一致。用不同柱温箱升温速率下的曲线减去 GC-MS-5K 拟合曲线，考察升温速率对 GC-MS 和 Py-GC-MS 的影响，如图 3.14 所示。升温速率对 GC-MS 模拟获得样品的 BPD 结果的影响不大，5℃/min 和 10℃/min 曲线偏差远小于 10%。升温速率对 Py-GC-MS 获得的 BPD 结果影响较大，不同升温速率的曲线有明显的差别，5℃/min(5K) 下 Py-GC-MS 曲线在 400℃前明显更加贴合 GC-MS，尤其是

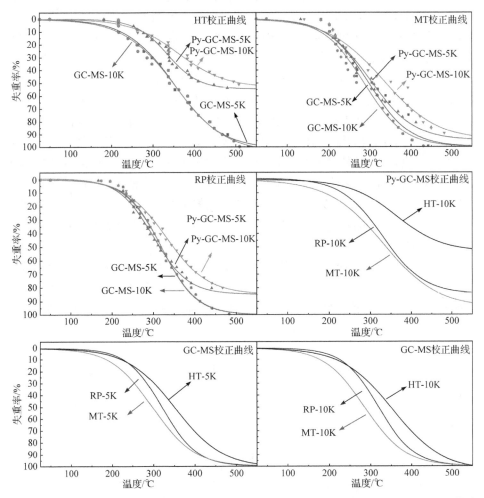

图 3.13　3 种油品 5℃/min (5K) 和 10℃/min (10K) 下的 GC-MS 和 Py-GC-MS 的 BPD 校正曲线

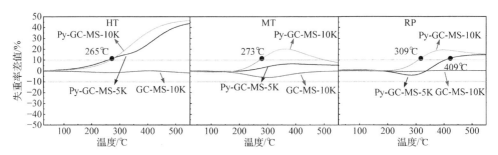

图 3.14   不同色谱柱加热速率的拟合曲线与 GC-MS-10K 拟合曲线之间的差异

对于 RP 和 MT，失重率差值小于 10%。Py-GC-MS 用于模拟蒸馏对于 MT 和 RP 样品的精度非常高，400℃前基本与 GC-MS 相当，HT 结果在 265℃前失重率差值也不会超过 10%，这说明 Py-GC-MS 对于富烷烃油品及烷烃混合芳香族化合物的油品，能够很好地测量其沸点分布，且对各种油品均有一定的适用度。

图 3.12 和图 3.13 对比样品 TBP 结果(图 3.15)可知，GC-MS 和 Py-GC-MS 法总体趋势与 TBP 相差不大。在≤300℃时，GC-MS 和 Py-GC-MS 测得的 RP 曲线比 MT 更高一些，而 TBP 则是 RP 比 MT 低一些，这可能是因为在沸点≤300℃时，RP 以长链烷烃(癸烷~十六烷)为主，MT 以较简单的酚类化合物为主，酚类和烷烃在色谱柱中吸脱附顺序不同，还可能是因为 GC-MS 和 Py-GC-MS 的蒸馏速度比 TBP 蒸馏速度更快。300℃附近是 MT 芳香族组分和烷烃组分分界处，BPD 数据表现得十分离散，体现了芳香族和烷烃在蒸馏过程中性质的差异。在>300℃时，三种方法校正的趋势基本一样，HT 失重率远小于 MT 和 RP，RP 曲线处于 HT 和 MT 曲线之间。

TBP 是测量油品沸点分布最传统的手段，测量方式的缺点是费时费力、重复性差、污染环境甚至威胁实验人员的健康，优点是操作简单、实验结果相对可信且适用于所有油品[57,58]。图 3.15 为 3 种油品的实际 TBP 曲线与校正曲线的比较。

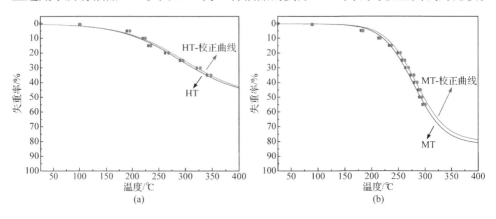

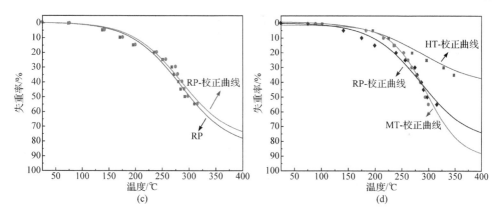

图 3.15　3 种油品的实际 TBP 曲线与校正曲线的比较
(a)HT 实际 TBP 曲线与校正曲线；(b)MT 实际 TBP 曲线与校正曲线；(c)RP 实际 TBP 曲线与校正曲线；
(d)HT、MT、RP 校正曲线比较

　　所有样品 TBP 数据校正前后的差别在 2%左右，远小于 10%，表明本书采用的 TBP 系统误差很小，足以作为标准方法与其他方法进行对比。由图 3.15(d)可知，HT 的失重率最小，油品较重。MT 在低沸点区(<230℃)与 HT 失重率曲线接近，在 230℃左右开始快速失重，表明 MT 洗油(230~300℃)含量较高。与 HT 和 MT 相比，RP 在低沸点区失重更加剧烈，在 250~280℃附近接近 MT。这与对原油、低温煤焦油、高温煤焦油的认知相符[59]，进一步证明 TBP 方法的普适性。表 3.1 中 Py-GC-MS 的结果与样品 TBP 得到的 400℃最终失重率接近，初步表明 Py-GC-MS 可以反映实际蒸馏情况。

5. TG-蒸馏的结果与校正

　　图 3.16 是 3 种油品 TG-蒸馏在 5℃/min 和不同坩埚盖高度下的失重率趋势，与 5℃/min 下 Py-GC-MS 的失重率趋势(图 3.16(d))和 TBP 的油品失重率趋势(图 3.15(d))进行对比可以看出，随着坩埚盖高度的增加，TG 的失重率趋势从与

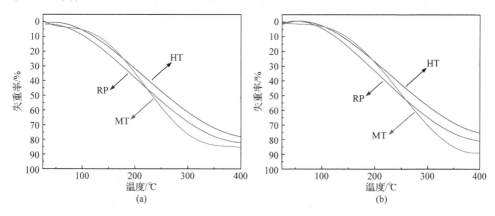

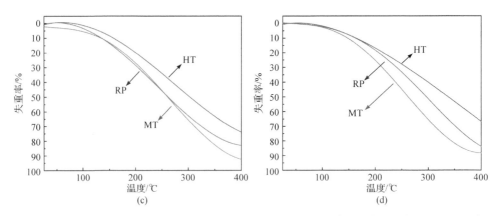

图 3.16　3 种油品在不同坩埚盖高度下于 5℃/min(5K)的升温速率下进行 TG-蒸馏时的失重率趋势比较

(a) 坩埚盖高度为 0cm；(b) 坩埚盖高度为 0.5cm；(c) 坩埚盖高度为 1.0cm；(d) 坩埚盖高度为 1.5cm

TBP 保持一致过渡到接近 Py-GC-MS 的趋势，原因应该是坩埚盖高度越高，油料停留在坩埚中的时间越长，油品越容易发生热解，从而接近 Py-GC-MS 的趋势，这也说明坩埚盖高度并非越高越好，为了获得最为精准的沸点分布，应该选取适当的坩埚盖高度，1.5cm 时精馏效果较好。

　　综合 2 个升温速率、3 种油品、4 个坩埚盖高度来看，最佳的升温速率是 5℃/min，坩埚盖高度选择 1.5cm 最好，此时 TG-蒸馏对 3 种油品效果都不错，故对 HT、MT、RP 在 5℃/min，坩埚盖高度 1.5cm 的 TG-蒸馏结果进行校正，将结果转换为 GC-MS 和 Py-GC-MS 对应的校正曲线，结果如图 3.17 所示。

　　图 3.17 表明，TG 的校正方法在 400℃以内不仅对于石油样品(RP)有效，对于煤焦油也是高度有效的，所选取数据的线性化方程 $R^2>0.98$，样品校正偏差均小于 5%，一些曲线校正偏差甚至仅有约 1%。这项工作的意义在于可以用一段线性化程度高的 BPD 曲线，将一种模拟蒸馏方法的 BPD 转换为另一种模拟方法的 BPD。这种转换在 400℃内均是有效的，这说明可以通过一段线性化的 BPD，将其转换

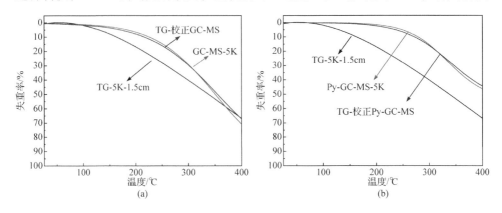

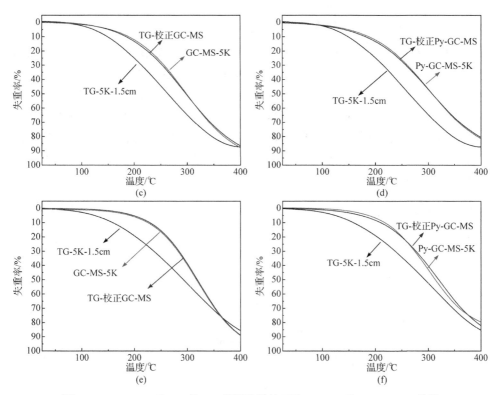

图 3.17　HT、MT 和 RP 的 TG-蒸馏曲线校正为 GC-MS 和 Py-GC-MS 曲线

(a) HT 的 TG 曲线校正为 GC-MS 曲线；(b) HT 的 TG 曲线校正为 Py-GC-MS 曲线；(c) MT 的 TG 曲线校正为
GC-MS 曲线；(d) MT 的 TG 曲线校正为 Py-GC-MS 曲线；(e) RP 的 TG 曲线校正为 GC-MS 曲线；(f) RP 的 TG
曲线校正为 Py-GC-MS 曲线

为另一条准确度更高的 BPD 曲线，并精准地预测 400℃以内的沸点分布，线性化
$R^2>0.98$ 时预测偏差可以保持在 5%以内。这种预测在 400℃外不够准确，这是油
品热解程度变大导致的。

　　这种校正方法在理论上可以获得一个用于转换两种模拟蒸馏结果的通用方
程，但这需要进行大量蒸馏测试。本书对 3 种油品进行的模拟蒸馏测量，得出的
方程无法具备很高的通用性，还需要更多的 BPD 数据支撑。

3.2.3　TG-蒸馏与 TBP、GC-MS、Py-GC-MS 结果的比较

　　将 TG-蒸馏在最佳实验条件 5℃/min 及 1.5cm 坩埚盖高度下获得的 BPD 曲线
(TG-5K-1.5cm)与 TBP、GC-MS 及 Py-GC-MS 校正后的 BPD 曲线进行对比，曲
线 TG-校正 GC-MS 和 TG-校正 Py-GC-MS 也一起进行对比，不同样品分别进行
比较。

1. 样品 HT 不同方法的 BPD 曲线比较

HT 在不同蒸馏方法下的 BPD 曲线比较如图 3.18 所示。图 3.18 中，不同曲线 400℃以后的失重率明显分为两类，TG-蒸馏和 GC-MS 接近，失重率明显更大，这说明 TG-蒸馏具备很强的分离效果，其分离能力甚至与 GC-MS 相当；Py-GC-MS 和 TBP 最终失重率更接近，表明对于几乎只含有芳香烃的 HT，Py-GC-MS 能够反映其实际的热解状况。对比 400℃或者更高温度的失重率可以看出，热解程度不同的蒸馏方法对 MT 的最终失重率产生了影响，两类方法 400℃时失重率差值达到了 30%以上。

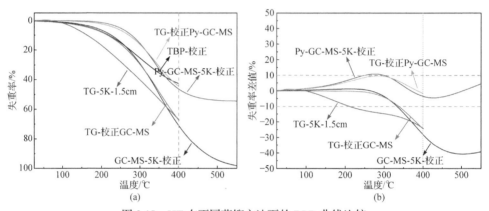

图 3.18　HT 在不同蒸馏方法下的 BPD 曲线比较
(a) 失重率曲线；(b) 失重率差值曲线

将图 3.18(a)中其余曲线与 TBP-校正曲线作差，得到图 3.18(b)中的失重率差值曲线。在油品 HT 热解(350～370℃)前，GC-MS 模拟蒸馏效果与 TBP 相当(失重率差值<±10%)，甚至 280℃前失重率差值小于 1%；Py-GC-MS 与 TBP 效果接近，失重率差值几乎全馏程都小于 10%。这表明本书采用的校正方法对 GC-MS 和 Py-GC-MS 结果具备很高的准确性，对于类似 HT 的芳香族含量很高的煤焦油，结合 GC-MS 和 Py-GC-MS 或许能够快速而准确地测量油品全组分和全馏程的 BPD，而不需要将煤焦油进行分段提取和测量。

TG-蒸馏对于 HT 在 1.5cm 的坩埚盖高度下已经比较接近其余蒸馏方法，与传统 TG(无坩埚盖)相比有效性得到很大的提升，这证明改进 TG 是有效的，但坩埚盖高度为 1.5cm 仍然没有到达最佳的效果。根据坩埚盖高度越高，TG 曲线向上移动的规律，增加一定高度可以得到更加理想的 BPD 曲线。TG-蒸馏校正结果的失重率差值比 TG-蒸馏有显著的减小，表明校正方法可以得到效果好的校正结果。

2. 样品 MT 不同方法的 BPD 曲线比较

MT 各蒸馏方法 BPD 曲线比较如图 3.19 所示。将图 3.19(a)中其余曲线与

TBP-校正曲线作差，得到图 3.19(b)中的失重率差值曲线。对于 MT，GC-MS 和 Py-GC-MS 曲线明显与 TBP 曲线吻合，400℃内失重率差值都小于 10%。与 HT 不同，MT 失重率差值变化趋势先增大再减小，250℃左右失重率差值达到最大，400℃时的失重率差值小于 10%。GC-MS 和 Py-GC-MS 组分分析可知，250～300℃是 MT 烷烃和芳香族组分分界处，失重率差值突然变大应该是烷烃和芳香族组分蒸馏性质差异导致的。油品中芳香族组分和脂肪族组分的比例确实对蒸馏产生了影响。

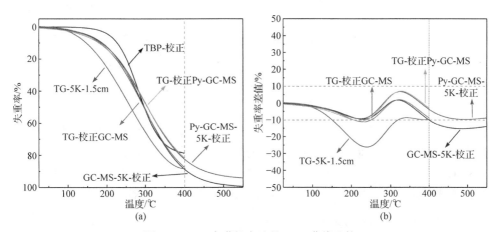

图 3.19　MT 各蒸馏方法的 BPD 曲线比较

(a) 失重率曲线；(b) 失重率差值曲线

图 3.19 表明，与 TBP 相比，GC-MS 和 Py-GC-MS 在 400℃前比较接近 TBP，并且 Py-GC-MS 在 MT 热解后(>370℃)仍然接近 TBP 曲线，表明 Py-GC-MS 也能够反映 MT 的实际热解情况。TG-蒸馏和 TBP 在 250～300℃有较大偏离，但 300℃后偏离回归到可接受范围。依据坩埚盖高度越高失重率越小的规律，1.5cm 对于 MT 不是最佳的坩埚盖高度，在最佳的坩埚盖高度下改进 TG 也可以贴合 TBP 及 GC-MS 曲线。在 400℃后 TG-蒸馏曲线仍然接近 GC-MS 曲线，这说明 TG-蒸馏对 MT 也有很好的分离效果。

3. 样品 RP 不同方法的 BPD 曲线比较

RP 各蒸馏方法 BPD 曲线比较如图 3.20 所示。图 3.20(b)是图 3.20(a)中以 TBP-校正为基准的失重率差值曲线。从图 3.20 可以看出，不同方法获得的 RP 的 BPD 曲线有一定差别，但有些已经十分贴近。以 TBP-校正为基准，其余曲线在 400℃以内失重率差值均小于±10%，表明对于样品 RP，采用的测量方法都有较高的准确性。

图 3.20(b)中，TG-5K-1.5cm 在 400℃前与 TBP 效果相当；对照 GC-MS-5K-校正，在 400℃后 TG-蒸馏效果会更接近 GC-MS。这表明 TG-蒸馏对 RP 在 400℃前有非常优异的效果，同时对 RP 也具备强的蒸馏分离效果。油品开裂温度应该

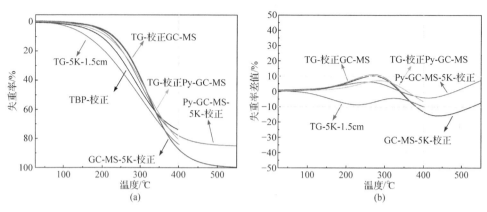

图 3.20　RP 各蒸馏方法的 BPD 曲线比较

(a) 失重率曲线；(b) 失重率差值曲线

在 350~370℃，因为所有 BPD 曲线在这一温度段相交，并且失重率趋势有明显的变化。Py-GC-MS 能够展现油品实际的热解，失重率差值曲线波动明显比 GC-MS-5K-校正和 TG-5K-1.5cm 更小，几乎都在 5%以内。GC-MS 曲线在 370℃后比其他方法差别会大一些，应该是 GC-MS 无法体现油品的热解导致的。

4. 初馏点和 BPD 曲线微分曲线的比较

3 种油品不同测量方式在最佳实验条件下校正曲线获得的 IBP 和部分最大失重速率对应温度(WLT)如表 3.6 和表 3.7 所示。WLT 对应 BPD 曲线的微分曲线的最小值。图 3.21 是 TG-蒸馏在升温速率为 5℃/min(5K)时对应的 DTG 曲线，图中从下往上依次是坩埚盖高度分别为 0cm、0.5cm、1.0cm、1.5cm 的 DTG 曲线，每条曲线的 WLT 已被标记。

表 3.6　3 种油品在不同蒸馏方法的最佳实验条件下的 IBP

蒸馏方法	IBP/℃		
	HT	MT	RP
TBP	102	90	76
GC-MS-5K	182	182	100
Py-GC-MS-5K	158	133	133
TG-5K-1.5cm	89	72	76

表 3.7　3 种油品不同蒸馏方法的部分 WLT

蒸馏方法	WLT/℃		
	HT	MT	RP
TBP	298	283	286

续表

蒸馏方法	WLT/℃		
	HT	MT	RP
GC-MS-5K	352	297	320
Py-GC-MS-5K	335	300	300
TG-5K-0cm	215	222	202
TG-5K-0.5cm	227	248	207
TG-5K-1.0cm	277	268	244
TG-5K-1.5cm	367	250	284

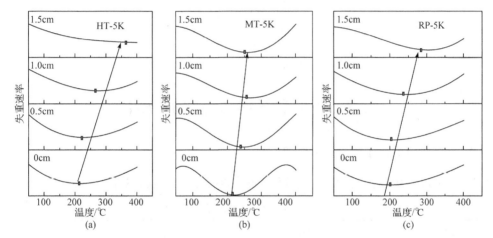

图 3.21　不同坩埚盖高度条件下 3 种油品在 5℃/min 时的 DTG 曲线
(a) HT 的 DTG 曲线；(b) MT 的 DTG 曲线；(c) RP 的 DTG 曲线
图中箭头表示最大失重速率对应温度随着坩埚盖高度变化的整体趋势

　　图 3.21 表明，总体上不同油品的 WLT 均有随坩埚盖高度增加而升高的趋势，这是坩埚盖高度越高精馏效果越强导致的。该趋势表明，更高的坩埚盖高度使 TG-蒸馏获得了更广的沸点分布范围。

　　不同蒸馏方法的失重率曲线是一种 S 形曲线，WLT 与 IBP 的差值可以反映蒸馏方法的馏程或者沸点分布范围。图 3.22 是 4 种蒸馏方法 WLT 与 IBP 差值的比较。TG-蒸馏可以获得比其他方法更广的沸点分布范围，展现了该方法优异的分离效果。Py-GC-MS 由于比 GC-MS 更贴近实际蒸馏过程，从而获得了更接近 TBP 的馏程。

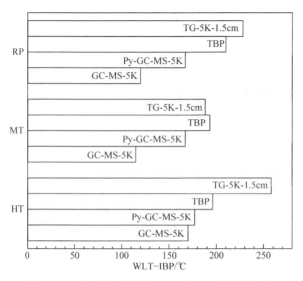

图 3.22　4 种蒸馏方法的 WLT 和 IBP 差值的比较

3.3　中低温煤焦油柱层析分离

3.3.1　实验仪器、原料及基本原理

中低温煤焦油柱层析分离实验涉及的仪器设备列于表 3.8 中。

表 3.8　实验仪器

序号	仪器名称	仪器型号
1	气相色谱-质谱联用仪	GC-MS-QP2010plus
2	凝胶渗透色谱仪	LC-20AD
3	分析天平	BSA224S
4	恒温干燥箱	DHG-9240A
5	旋转蒸发仪	R206
6	超声波清洗仪	SB-300DTY

本实验涉及的化学试剂列于表 3.9 中。所用试剂多为市售分析纯试剂，并经旋转蒸发仪蒸馏精制后使用，实验原料为中低温煤焦油重油。

表 3.9　实验试剂

序号	试剂名称	纯度规格
1	60～100 目硅胶	试剂级

续表

序号	试剂名称	纯度规格
2	石英砂	分析纯
3	丙酮	分析纯
4	正己烷	分析纯
5	乙酸乙酯	分析纯
6	乙醇	分析纯
7	甲醇	分析纯
8	四氢呋喃	分析纯
9	二氯甲烷	分析纯
10	四氢呋喃	色谱纯

图 3.23 为中低温煤焦油的柱层析分离与分析路线，如图 3.23 所示，粗煤焦油先经过常压蒸馏脱水，然后用四氢呋喃(THF)溶解、离心去除生焦固体颗粒，再通过常压蒸馏去除 THF，得到脱水和脱杂质的煤焦油。分别称取 100g 和 5g 硅胶

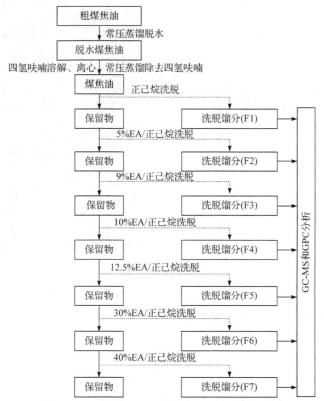

图 3.23　中低温煤焦油柱层析分离与分析路线

EA-乙酸乙酯

(120℃活化 2h)，将 100g 硅胶装入层析柱(300mL 正己烷湿法装柱，层析柱规格
30mm×600mm)中，5g 硅胶与 2.5g 煤焦油混合，加入 10mL 的正己烷，超声 10min
形成泥浆，然后置于旋转蒸发仪中，旋蒸(45℃)至硅胶不挂壁为止，将混有样品的
硅胶粉末均匀地加入硅胶层析柱表层，依次用正己烷、5%乙酸乙酯/正己烷、9%
乙酸乙酯/正己烷、10%乙酸乙酯/正己烷、12.5%乙酸乙酯/正己烷、30%乙酸乙酯/正
己烷和 40%乙酸乙酯/正己烷进行洗脱，分别得到洗脱馏分 F1～F7，即煤焦油组
分 F1～F7，除用正己烷洗脱时，在一元洗脱剂柱层析实验装置(图 3.24)中循环洗
脱 24h 外，采用其他混合溶剂洗脱时，根据色带移动变化收集样品。所收集的样
品用旋转蒸发仪(50℃)除去溶剂后称重，然后样品进行 GC-MS 和 GPC 分析。

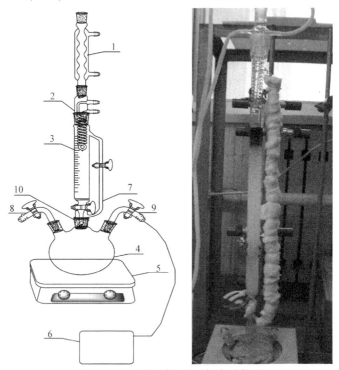

图 3.24　一元洗脱剂柱层析实验装置
1-球形冷凝管；2-蛇形冷凝管；3-层析柱；4-浓缩釜；5-加热装置；6-浓缩液回收装置；7-侧管；8-溶剂进样口；
9-浓缩液回收口；10-套管

3.3.2　F1～F7 的 GC-MS 与 GPC 分析方法

1. F1～F7 的 GC-MS

采用日本岛津公司的气相色谱-质谱联用仪(GCMS-QP2010 Plus)对 F1～F7 进
行分析。色谱柱为 Rxi-5ms，膜厚 0.25μm，长度 30.0m，内径 0.25mm。离子源温
度 230℃，升温程序如下：初温 60℃，保持 1min；升温速率 10℃/min，从 60℃升

温至 90℃，保持 1min；升温速率 10℃/min，从 90℃升温至 170℃，保持 1min；升温速率 10℃/min，从 170℃升温至 300℃，保持 10min；柱流量 1mL/min，分流比 20∶1，进样量 0.4μL，进样口温度 300℃。采用峰面积规一化法计算各组分的相对含量。对待鉴定组分按概率基匹配(PBM)法与 NIST08 和 NIST08S 谱库数据进行计算机检索对照，根据置信度或相似度确定组分的结构。

2. F1～F7 的 GPC

采用日本岛津公司的高效液相色谱仪(HLC-20AD)对 F1～F7 进行分子量测定。GPC 分析的色谱条件：色谱柱为 Shodex KF 802.5+KF 805，流速为 1mL/min，流动相为 THF，检测器为紫外-可见光检测器(SPD-10A，UV280nm)，柱温为 35℃。

3.3.3　F1～F7 的洗脱收率及 GC-MS 结果

1. F1～F7 的洗脱收率

图 3.25 为 F1～F7 馏分的洗脱收率(以质量分数计)。如图 3.25 所示，F1 的重油馏分收率为 32.7%，F2 的重油馏分收率为 4.2%，F3 重油馏分收率为 23.3%，F4 的重油馏分收率为 7.7%，F5 的重油馏分收率为 1.4%，F6 的重油馏分收率为 5.5%，F7 的重油馏分收率为 5.5%，通过以上对煤焦油的梯度洗脱，煤焦油总的洗脱收率为 80.3%。

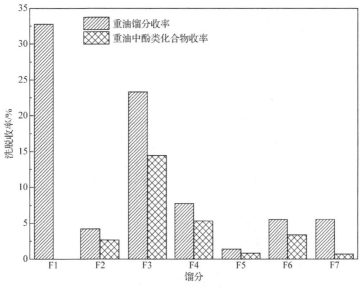

图 3.25　F1～F7 馏分的洗脱收率

2. F1～F7 的 GC-MS

图 3.26 为馏分 F1 的总离子流色谱图,检测到主要化合物按照峰号列在图 3.26

中。在 F1 中共检测到约 179 种化合物，主要含有 $C_{14} \sim C_{28}$ 的长链烷烃类化合物、烷基萘、蒽、菲和二苯并呋喃等。检测到的化合物都为煤焦油组分中的中性化合物，没有发现酚类化合物。首先，采用正己烷除去煤焦油中的中性化合物，对下一步梯度洗脱分离酚类化合物能起到减少干扰的作用。由于正己烷没有极性，柱层析洗脱非常困难，因此在一元洗脱剂柱层析实验装置中洗脱 24h，以尽可能得到更多的中性化合物。

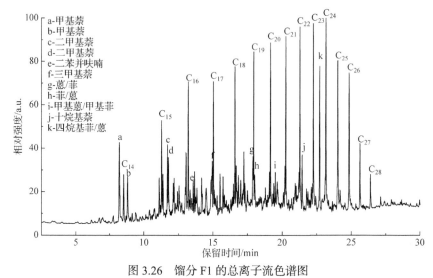

图 3.26　馏分 F1 的总离子流色谱图

图 3.27 为馏分 F2 的总离子流色谱图，表 3.10 为在馏分 F2 中检测到主要化

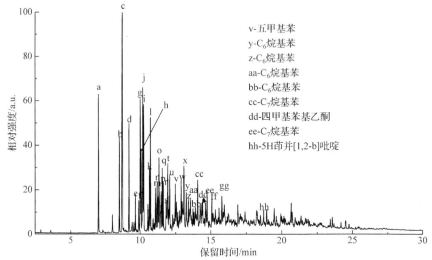

图 3.27　馏分 F2 的总离子流色谱图

其他峰号对应的化合物见表 3.10

合物的列表。在 F2 中共检测到 166 种化合物，主要检测到的化合物为甲基苯酚、二甲基苯酚、C_3 烷基苯酚和 C_4 烷基苯酚这样的低沸点酚类化合物。在 F2 中并没有检测到苯酚，主要是烷基化的苯酚，还发现少量的茚酚类和萘酚类物质。由表 3.10 可以发现，H-tar 中的低沸点酚类化合物的组成非常复杂，存在很多同分异构体。值得注意的是，二甲基苯酚在馏分 F2 中的质量分数最高，约达到 11.77%。伴随这些化合物被洗脱出来的化合物还有烷基化的苯类化合物。

表 3.10 馏分 F2 主要化合物列表

峰号	化合物	保留时间/min	质量分数/%	峰号	化合物	保留时间/min	质量分数/%
a	甲基苯酚	7.00	3.43	n	C_4 烷基苯酚	11.25	1.36
b	乙基苯酚	8.49	3.36	o	C_4 烷基苯酚	11.30	2.46
c	二甲基苯酚	8.70	9.03	p	C_4 烷基苯酚	11.46	0.95
d	二甲基苯酚	9.19	2.74	q	C_4 烷基苯酚	11.53	2.99
e	三甲基苯酚	9.66	0.93	r	C_4 烷基苯酚	11.61	1.61
f	C_3 烷基苯酚	9.89	1.31	s	C_4 烷基苯酚	11.80	0.96
g	C_3 烷基苯酚	10.00	4.72	t	四甲基苯酚	11.92	1.70
h	C_3 烷基苯酚	10.05	2.83	u	四甲基苯酚	12.06	1.55
i	C_3 烷基苯酚	10.17	6.85	w	甲基茚酚	12.88	1.08
j	C_3 烷基苯酚	10.24	4.60	x	甲基丙烯基苯酚	13.09	0.99
k	三甲基苯酚	10.64	1.70	ff	二甲基茚酚	15.07	0.54
l	三甲基苯酚	10.71	3.17	gg	甲基萘酚	15.76	0.68
m	C_4 烷基苯酚	11.06	1.54	—	—	—	—

注：C_3 烷基苯酚指正丙基苯酚、异丙基苯酚和甲基乙基苯酚，C_4 烷基苯酚指正丁基苯酚及其酚类同分异构体。

图 3.28 为馏分 F3 的总离子流色谱图，表 3.11 为在馏分 F3 中检测到主要化合物的列表。在 F3 中共检测到 117 种化合物，主要检测到的化合物为苯酚、甲基苯酚、二甲基苯酚、C_3 烷基苯酚、茚酚类、萘酚类。在 F3 馏分中不仅发现低沸点酚，而且发现有许多同分异构体的茚酚类和萘酚类。在检测到的化合物中二甲基苯酚质量分数为 16.49%，苯酚的质量分数为 1.41%。随着洗脱剂极性的增强，越来越多的酚类化合物被洗脱出来，特别是高沸点酚类化合物。

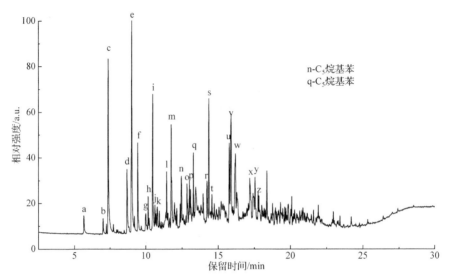

图 3.28　馏分 F3 的总离子流色谱图

n 和 q 互为同分异构体；其他峰号对应的化合物见表 3.11

表 3.11　馏分 F3 主要化合物列表

峰号	化合物	保留时间/min	质量分数/%	峰号	化合物	保留时间/min	质量分数/%
a	苯酚	5.64	1.41	m	二氢茚酚	11.75	3.34
b	甲基苯酚	7.01	0.55	o	甲基茚酚	12.83	0.72
c	甲基苯酚	7.37	7.68	p	甲基丙烯基苯酚	13.00	0.88
d	二甲基苯酚	8.68	2.41	r	萘酚	14.23	0.95
e	二甲基苯酚	9.012	11.28	s	萘酚	14.35	5.69
f	二甲基苯酚	9.43	2.80	t	环戊基苯酚	14.56	0.70
g	C_3烷基苯酚	9.99	1.03	u	甲基萘酚	15.76	2.48
h	C_3烷基苯酚	10.16	1.52	v	甲基萘酚	15.89	5.88
i	C_3烷基苯酚	10.48	4.13	w	甲基萘酚	16.19	1.59
j	三甲基苯酚	10.63	0.78	x	二甲基萘酚	17.17	2.04
k	C_3烷基苯酚	10.78	1.24	y	二甲基萘酚	17.54	1.17
l	丙烯基苯酚	11.44	1.05	z	二甲基萘酚	17.75	0.77

　　图 3.29 为馏分 F4 的总离子流色谱图，表 3.12 为在馏分 F4 中检测到主要化合物的列表。在 F4 中共检测到 115 种化合物，主要检测到的化合物为甲基苯酚、二甲基苯酚、C_3 烷基苯酚、烷基苯二酚等酚类化合物。在 F4 中甲基苯酚的质量

分数为 18.35%，苯酚的质量分数为 11.57%。在 F4 中并没有发现萘酚。值得注意的是，在 F4 中发现了菲酚等复杂的酚类化合物。伴随这些酚类化合物被洗脱出来的化合物还有环戊烯酮类化合物。

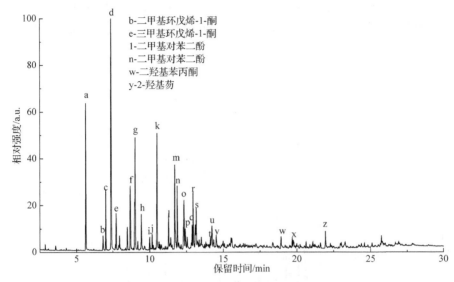

图 3.29　馏分 F4 的总离子流色谱图

其他峰号对应的化合物见表 3.12

表 3.12　馏分 F4 中主要化合物列表

峰号	化合物	保留时间/min	质量分数/%	峰号	化合物	保留时间/min	质量分数/%
a	苯酚	5.64	11.57	o	甲基苯二酚	12.33	2.77
c	甲基苯酚	7.00	2.58	p	乙基甲氧基苯酚	12.41	0.99
d	甲基苯酚	7.38	15.77	q	乙基丙基苯二酚	12.88	1.50
f	二甲基苯酚	8.68	3.59	r	乙基甲氧基苯酚	12.95	2.72
g	二甲基苯酚	9.01	5.99	s	三甲基苯二酚	13.10	1.06
h	二甲基苯酚	9.43	1.74	t	乙基甲氧基苯酚	13.17	3.31
i	C₃烷基苯酚	9.99	0.70	u	甲氧基丙基苯酚	14.12	0.65
j	C₃烷基苯酚	10.16	1.26	v	C₃烷基苯二酚	14.23	1.65
k	甲基苯二酚	10.50	4.50	x	二苯并呋喃	18.92	0.63
m	乙基苯二酚	11.71	5.17	z	菲酚	21.93	1.37

图 3.30 为馏分 F5 的总离子流色谱图，表 3.13 为在馏分 F5 中检测到主要化合

物的列表。在 F5 中共检测到 139 种化合物，主要检测到的化合物为苯酚、甲基苯酚、二甲基苯酚和烷基苯二酚。在 F5 中甲基苯二酚的质量分数为 15.68%，苯酚的质量分数为 6.72%。在 F5 中能够发现低沸点酚类化合物，主要归因于它具有较强的极性，与硅胶的作用较强，所以除馏分 F1 外，其他馏分均能发现低沸点酚类化合物。随着洗脱剂极性的进一步增强，在 F5 中开始有喹啉类含氮化合物被洗脱出来。

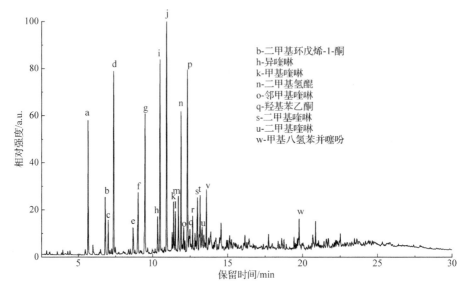

b-二甲基环戊烯-1-酮
h-异喹啉
k-甲基喹啉
n-二甲基氢醌
o-邻甲基喹啉
q-羟基苯乙酮
s-二甲基喹啉
u-二甲基喹啉
w-甲基八氢苯并噻吩

图 3.30　馏分 F5 的总离子流色谱图

其他峰号对应的化合物见表 3.13

表 3.13　馏分 F5 中主要化合物列表

峰号	化合物	保留时间/min	质量分数/%	峰号	化合物	保留时间/min	质量分数/%
a	苯酚	5.63	6.72	j	甲基苯二酚	10.93	8.59
c	甲基苯酚	7.00	0.83	l	甲基苯二酚	11.50	1.20
d	甲基苯酚	7.36	7.38	m	乙基苯二酚	11.70	1.97
e	二甲基苯酚	8.67	0.80	p	乙基苯二酚	12.30	8.95
f	二甲基苯酚	9.00	1.98	r	二甲基苯二酚	12.65	0.87
g	苯二酚	9.47	6.81	t	乙基甲氧基苯酚	13.16	3.30
i	甲基苯二酚	10.49	5.89	v	丙基苯二酚	13.59	3.80

图 3.31 为馏分 F6 的总离子流色谱图，表 3.14 为在馏分 F6 中检测到主要化合物的列表。在 F6 中共检测到 146 种化合物，主要检测到的化合物为苯酚、甲基

苯酚、二甲基苯酚、C_3 烷基苯酚和苯二酚。在 F6 中甲基苯酚的质量分数为 13.50%。随着洗脱剂极性的增强，在 F6 中喹啉类和吡啶类的含氮化合物含量增加。

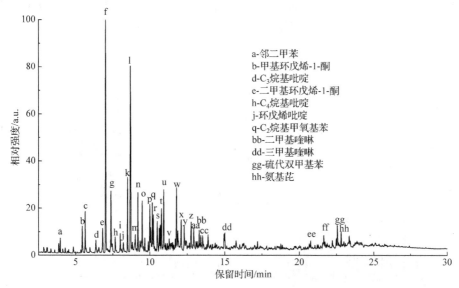

a-邻二甲苯
b-甲基环戊烯-1-酮
d-C_3烷基吡啶
e-二甲基环戊烯-1-酮
h-C_4烷基吡啶
j-环戊烯吡啶
q-C_2烷基甲氧基苯
bb-二甲基喹啉
dd-三甲基喹啉
gg-硫代双甲基苯
hh-氨基芘

图 3.31　馏分 F6 的总离子流色谱图

其他峰号对应的化合物见表 3.14

表 3.14　馏分 F6 中主要化合物列表

峰号	化合物	保留时间/min	质量分数/%	峰号	化合物	保留时间/min	质量分数/%
c	苯酚	5.63	2.72	t	三甲基苯酚	10.70	1.07
f	甲基苯酚	7.01	10.42	u	间苯二酚	10.78	2.89
g	甲基苯酚	7.37	3.08	v	甲基苯二酚	10.93	2.42
i	二甲基苯酚	8.00	0.75	w	甲基苯二酚	11.79	2.60
k	乙基苯酚	8.49	4.19	x	甲基苯二酚	12.10	1.56
l	二甲基苯酚	8.68	10.82	y	乙基苯二酚	12.30	1.55
m	二甲基苯酚	9.19	2.25	z	二甲基苯二酚	12.77	0.88
n	苯二酚	9.48	3.22	aa	乙基苯二酚	12.93	1.37
o	C_3烷基苯酚	9.99	2.39	cc	乙基苯二酚	13.41	0.53
p	C_3烷基苯酚	10.05	1.28	ee	二羟基联苯	20.75	0.60
r	C_3烷基苯酚	10.23	1.98	ff	亚甲基双苯酚	21.64	0.68
s	甲基苯二酚	10.49	1.03	—	—	—	—

图 3.32 为馏分 F7 的总离子流色谱图，表 3.15 为在馏分 F7 中检测到主要化合物的列表。在 F7 中共检测到 132 种化合物，主要检测到的化合物为苯酚和苯二酚。在 F7 中苯酚的质量分数为 4.66%。在馏分 F7 中，酚类化合物占比急剧下降，除了有苯类、甲苯类化合物外，吡啶类和喹啉类含氮化合物占比最多。

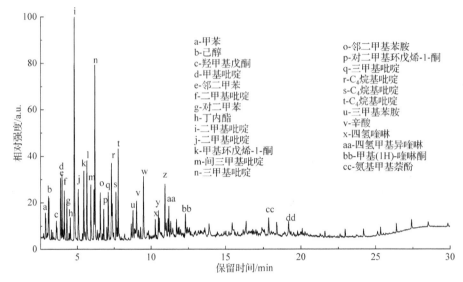

a-甲苯
b-己醇
c-羟甲基戊酮
d-甲基吡啶
e-邻二甲苯
f-二甲基吡啶
g-对二甲苯
h-丁内酯
i-二甲基吡啶
j-二甲基吡啶
k-甲基环戊烯-1-酮
m-间三甲基吡啶
n-三甲基吡啶

o-邻二甲基苯胺
p-对二甲基环戊烯-1-酮
q-三甲基吡啶
r-C$_4$烷基吡啶
s-C$_4$烷基吡啶
t-C$_4$烷基吡啶
u-三甲基苯胺
v-辛酸
x-四氢喹啉
aa-四氢甲基异喹啉
bb-甲基(1H)-喹啉酮
cc-氨基甲基萘酚

图 3.32　馏分 F7 的总离子流色谱图
其他峰号对应的化合物见表 3.15

表 3.15　馏分 F7 中主要化合物列表

峰号	化合物	保留时间/min	质量分数/%
l	苯酚	5.63	4.66
w	苯二酚	9.47	3.96
y	甲基苯二酚	10.50	0.93
z	甲基苯二酚	10.93	1.97
bb	C$_2$烷基苯二酚	12.30	1.20

F2~F7 中的非酚类化合物都出现在相应的离子流色谱图中，这些非酚类化合物主要包括：烷基苯、喹啉类衍生物和吡啶类衍生物。随着洗脱溶剂极性的增强，越来越多的含氮化合物被检出。

此外，在纯的 EA 洗脱液中并没有发现除苯酚以外其他的酚类化合物，所以没有给出它的总离子流色谱图。在 F2~F7 中发现的酚类化合物的组成非常复杂，不仅存在苯酚、甲基苯酚、二甲基苯酚和 C$_3$ 烷基苯酚、C$_4$ 烷基苯酚这样的低级酚，而且还有萘酚、茚酚、苯二酚、菲酚这样的高级酚，而且存在大量的同分异构体，这也反映了中低温煤焦油组成的复杂性。

表 3.16 为 F2～F7 馏分中酚类化合物的分布，由表 3.16 可以发现，随着洗脱剂的极性变化，馏分中的酚类化合物的组成变化显著。从馏分 F2 到 F7，酚类化合物的组成由低级酚向高级酚转变。图 3.33 为 F1～F7 馏分的凝胶渗透色谱图。根据凝胶渗透色谱法测定分子量的原理，分子量小的物质需要的洗脱时间长，难洗脱，分子量大的物质洗脱时间短，容易被洗脱，故洗脱时间越短，该物质的分子量也越大。凝胶渗透色谱曲线峰高代表该样品中该分子量的化合物含量最多。由图 3.33 中凝胶渗透色谱曲线可以看出，F1～F7 所用的洗脱时间越来越短，即从 F1～F7 的分子量是逐渐递增的，它们的分子量在 176～553，就表 3.16 所列酚类化合物的分布情况而言，与 F1～F7 的分子量分布规律相同。随着洗脱剂极性的增加，馏分分子量也逐渐增加。然而，通过 GPC 对 F1～F7 的分子量的测定显示，每个馏分均有分子量大于 500 的物质存在，随着洗脱剂极性增加，馏分中的分子量逐渐增大，在 F7 中有分子量大于 1700 的物质存在。因此，以上对馏分的 GC-MS 分析并不能代表整个馏分的全部组分。陕北中低温煤焦油的重油中富含酚类化合物，特别是苯酚、甲基苯酚和二甲基苯酚。通过调节洗脱剂的极性，采用柱层析这种绿色的分离富集方法，可以将煤焦油中的酚类化合物富集起来。

表 3.16　不同洗脱馏分中酚类化合物的分布

化合物	馏分					
	F2	F3	F4	F5	F6	F7
苯酚	—	√	√	√	√	√
甲基苯酚	√	√	√	√	√	—
C_2 烷基苯酚	√	√	√	√	√	—
C_3 烷基苯酚	√	√	√	—	√	—
C_4 烷基苯酚	√	—	—	—	—	—
甲基茚酚	√	—	—	—	—	—
萘酚	—	√	—	—	—	—
甲基萘酚	√	√	—	—	—	—
C_2 烷基萘酚	—	√	—	—	—	—
苯二酚	—	—	—	√	√	√
甲基苯二酚	—	—	—	√	√	√
C_2 烷基苯二酚	—	—	√	√	—	√
C_3 烷基苯二酚	—	—	√	√	—	—

续表

化合物	馏分					
	F2	F3	F4	F5	F6	F7
二苯并呋喃	—	—	√	—	—	—
芴酚	—	—	√	—	—	—
菲酚	—	—	√	—	—	—

注：√表示馏分中含对应化合物，—表示馏分中不含对应化合物。

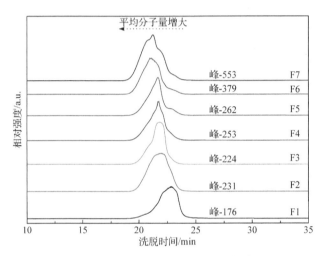

图 3.33　F1～F7 馏分的凝胶渗透色谱图

图中数字表示对应物质的平均分子量

3.4　中低温煤焦油六组分分离

3.4.1　实验原料及基本原理

用于分离分析六组分的中低温煤焦油(CT)来自陕北神木市某能源化工有限公司，需进行脱灰预处理，经四氢呋喃溶解、离心、过滤后得到四氢呋喃可溶物，除去溶剂后得到脱灰煤焦油。四氢呋喃和所有洗脱试剂均为分析纯，溴化钾为光谱纯。

层析柱结构如图 3.34 所示，层析柱包括层析柱外管和层析柱内管，层析柱外管和内管的直径分别为 40mm 和 36mm，管长分别为 700mm±10mm 和 770mm，外管和内管之间通入循环热水对层析柱内管进行保温，层析柱管内设置有砂芯挡板。

称取 10g 脱渣煤焦油于 500mL 圆底烧瓶中，加入 350mL 正庚烷加热回流萃取 2h，静置过滤后得到正庚烷可溶物与正庚烷不溶物，对正庚烷不溶物依次进行正庚烷与甲苯的索氏萃取后得到分离较为完全的正庚烷可溶物(CT-HS)和正庚烷不溶甲苯可溶物(CT-HI-MS)。将带有溶剂的 CT-HS 与已活化氧化铝按质量比 1∶8 加入旋蒸瓶中，超声萃取 20min 后，通过旋转蒸发仪去除溶剂，干燥后得到吸附在氧化铝上的 CT-HS，作为柱层析原料。活化步骤参考《石油沥青四组分测定法》(NB/SH/T 0509—2010)。

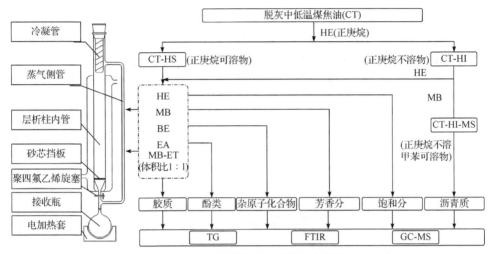

图 3.34　CT 溶剂萃取和分析的流程图

HE-正庚烷；MB-甲苯；BE-苯；EA-乙酸乙酯；ET-乙醇

装柱洗脱，采用湿法装柱，干法装样的方法安装好层析柱，依次使用正庚烷(HE)、甲苯(MB)、苯(BE)、乙酸乙酯(EA)、甲苯和乙醇体积比 1∶1 的混合溶液(MB-ET)进行洗脱，分别得到各洗脱组分饱和分、芳香分、杂原子化合物、酚类和胶质馏分，分别记为 CT-SA、CT-AH、CT-HE、CT-PH 和 CT-RE。各洗脱剂用量及洗脱时间见表 3.17。

表 3.17　不同洗脱剂条件下 CT 的柱层析洗脱过程参数

参数	HE	MB	BE	EA	MB-ET
洗脱剂用量/mL	3300	2200	3000	2000	1000
洗脱时间/d	4	1	1.5	1	0.5

馏分收率、萃取率、洗脱率计算式分别为

$$Y_i = (m_i / m_{CT}) \times 100\% \tag{3.5}$$

$$E_{CT\text{-}HS} = 100\% - Y_{CT\text{-}HI\text{-}MS} \tag{3.6}$$

$$Z = Y_{CT\text{-}SA} + Y_{CT\text{-}AH} + Y_{CT\text{-}HE} + Y_{CT\text{-}PH} + Y_{CT\text{-}RE} \tag{3.7}$$

式中，Y_i 为馏分收率；$E_{CT\text{-}HS}$ 为萃取率；Z 为洗脱率。

3.4.2　分析方法

除产量分析外，还通过 TG、傅里叶变换红外光谱(FTIR)和气相色谱-质谱联用(GC-MS)分析了这些分离馏分的物理和化学特性。热导分析仪(TG209 F3，德国)用于分析提取馏分的热解过程。将约 5mg 的测试样品从室温加热至 800℃，加热速度为 10℃/min。记录样品热解过程中的质量损失，同时用流量为 40mL/min 的高纯度(99.999%)氮气吹扫热解挥发分。为了深入了解 CT 及其六种族组分热解过程的变化，采用 Coats-Redfern 模型(CR)确定动力学参数。CR 模型只需一个加热速率，广泛应用于煤和生物质的热解和共热解。根据固体热解速率方程(式(3.8))和阿伦尼乌斯方程(式(3.9))，可得(式(3.10)：

$$\frac{\mathrm{d}\alpha}{\mathrm{d}t} = kf(\alpha) \tag{3.8}$$

$$k = A\exp\left(\frac{-E_\alpha}{RT}\right) \tag{3.9}$$

$$\frac{\mathrm{d}\alpha}{\mathrm{d}t} = A\exp\left(\frac{-E_\alpha}{RT}\right)f(\alpha) \tag{3.10}$$

式中，k 为反应速率常数；$f(\alpha)$ 为理想反应模型的微分形式，可写成 $f(\alpha)=(1-\alpha)^n$，$\alpha = (m_0-m_t)/(m_0-m_f)$ (m_0 是初始质量，m_t 是反应持续时间 t 时的质量，m_f 是最终质量)；A 为指前因子，min^{-1}；E_α 为活化能；R 为气体常数(8.314J/(K·mol))。在加热速率 $\beta = \frac{\mathrm{d}T}{\mathrm{d}t}$ 的恒定情况下，式(3.10)可以转化为式(3.11)：

$$\frac{\mathrm{d}\alpha}{\mathrm{d}T} = \frac{1}{\beta}A\exp\left(\frac{-E_\alpha}{RT}\right)(1-\alpha)^n \tag{3.11}$$

大多数反应中的 $\frac{2RT}{E_\alpha}$ 远小于 1，因此公式(3.11)可描述为

$$\ln\left[-\frac{\ln(1-\alpha)}{T^2}\right] = \ln\frac{AR}{\beta E_\alpha} - \frac{E_\alpha}{RT}(n=1) \tag{3.12}$$

$$\ln\left[-\frac{1-(1-\alpha)^{1-n}}{(1-n)T^2}\right] = \ln\frac{AR}{\beta E_\alpha} - \frac{E_\alpha}{RT}(n \neq 1) \tag{3.13}$$

根据回归线的范围和截距得出活化能和指前因子。

傅里叶变换红外光谱仪(Vertex 7.0，德国)的光谱扫描范围为 400～4000cm^{-1}，光谱分辨率为 4cm^{-1}。样品与 KBr 质量比为 1∶100。不同族组分采用气相色谱仪/质谱仪(QP2010plus，日本)进行分析，并通过 NIST17 和 NIST17S 数据库进行在线定性分析。

3.4.3　研究结果分析

1. 中低温煤焦油性质

图 3.35 显示了 CT 的 TG/DTG、FTIR 和 GC-MS 结果。如图 3.35(a)所示，CT 的起始失重温度和终止失重温度分别为 99℃和 400℃，主要失重温度范围在 300℃ 以内，最大失重速率温度和最大失重率分别为 281℃和 6.39%/℃。同时，CT 在 300℃时的失重率为 74.15%，这表明 CT 中的大部分成分都能在进样口有效气化 并进 GC-MS 进行检测和分析。300～400℃和 400～500℃时的失重率差值分别为 23.67%和 0.93%，500～800℃时的失重率差值为 0.23%，800℃时的失重率为 98.98%。CT 的傅里叶变换红外光谱结果(图 3.35(b))显示，2926cm^{-1}、2852cm^{-1}、1453cm^{-1} 和 1367cm^{-1} 处的透射率较大，分别属于—CH$_2$—桥键的非对称伸缩振动 和对称伸缩振动、非对称弯曲振动和对称弯曲振动，表明 CT 富含脂肪烃结构。 此外，1604cm^{-1} 是芳香环骨架的伸缩振动，表明同时存在多种芳香环结构。

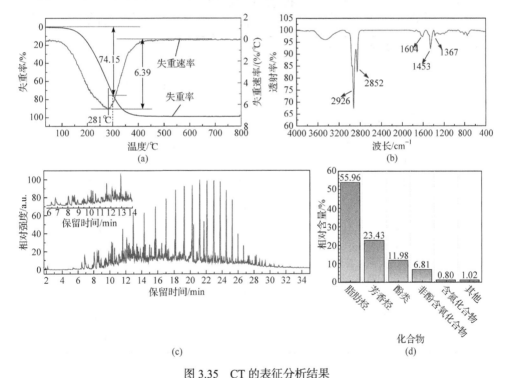

图 3.35　CT 的表征分析结果

(a) CT 的 TG/DTG 曲线；(b) FTIR 图谱；(c) GC-MS 总离子流色谱图；(d) GC-MS 组分相对含量

(d)中计算时去除了相对含量低于 0.5%的色谱柱流失的杂质

图 3.35(c)和图 3.35(d)分别显示了 CT 的 GC-MS 总离子流色谱图和相应的化 合物相对含量分布。对于 CT，其主要由脂肪烃(55.96%)和芳香烃(23.43%)组成，

此外还有一些酚类化合物(11.98%)、非酚含氧化合物(6.81%)、少量含氮化合物(0.80%)和其他杂原子化合物(1.02%)。这表明脂肪烃(正烷烃)是 CT 中的主要成分,其次是芳香烃,这与傅里叶变换红外光谱结果一致。

CT 中脂肪烃以正构烷烃为主,$C_{16}\sim C_{27}$ 的正构烷烃单化合物质量分数较高,达到 38.32%,占总脂肪烃质量分数的 71.33%。其中,二十三烷、二十五烷、二十四烷含量最高,质量分数分别为 4.31%、4.23%和 4.19%,见表 3.18。表 3.18 列出了 CT 中单化合物质量分数大于 2%的物质,除了正构烷烃,低级酚类物质单化合物含量也较高,如 3,4-二甲基苯酚和 3-甲基苯酚,对应的质量分数分别为 2.32%和 2.12%,二者总和占总酚类物质的 38.61%。尽管 CT 中芳香烃含量高于酚类物质含量,但并未出现质量分数高于 2%的单化合物,说明芳香烃的组成物质较为分散,单化合物的富集程度较低。这可能会对芳香烃的定性造成一定偏差,因此对 CT 进行洗脱十分有必要。

表 3.18   CT 中质量分数超过 2%的化合物

化合物	质量分数/%	保留时间/min
二十三烷	4.31	22.12
二十五烷	4.23	23.79
二十四烷	4.19	22.97
二十二烷	4.06	21.22
二十一烷	3.37	20.27
二十烷	3.15	19.25
十九烷	2.86	18.17
二十六烷	2.85	24.55
十八烷	2.60	16.99
十七烷	2.45	15.72
3,4-二甲基苯酚	2.32	8.40
十六烷	2.17	14.32
3-甲基苯酚	2.12	6.82
二十七烷	2.08	25.29

2. 中低温煤焦油六组分收率

图 3.36 和图 3.37 显示了收集到的各族组分(与相应溶剂)的收率和颜色。从图中可以看出,各组分的差异较大。CT-SA 的收率为 42.12%,呈无色,是各组分中

含量最大的组分。该组分为 CT 提供了充足的流动性。逐步洗脱分离得到的 CT-SA、CT-AR、CT-HE、CT-PH 和 CT-RE 的收率分别为 42.12%、10.43%、2.19%、9.50% 和 6.63%。CT-HE 的收率最低，因为含量低，颜色浅。柱层析洗脱率仅为 76.38%，组分损失主要在于低沸点组分的挥发，以及一些强极性物质及 Al_2O_3 填料的吸附而未被洗脱。

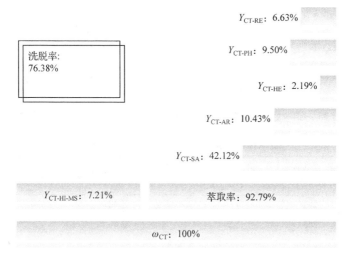

图 3.36　CT 六组分的收率(以质量分数计)

图 3.37　CT 六组分的洗脱溶液颜色(扫描前言二维码查看彩图)

3. 中低温煤焦油六组分性质

图 3.38 为 CT 各洗脱族组分的 TG 和 DTG 曲线，表 3.19 为 CT 柱层析各族组分的 TG 和 DTG 分析结果。从图 3.38 和表 3.19 可以看出，除 CT-HI-MS 外，其他族组分的热解只有一个阶段，最终失重率为 CT-SA > CT-PH > CT-AR > CT-HE > CT-RE > CT-HI-MS，但最大失重速率温度为 CT-HI-MS > CT-HE > CT-PH > CT-RE > CT-AR > CT-SA，最大失重速率为 CT-SA > CT-AR > CT-RE > CT-HE > CT-PH > CT-HI-MS。随着洗脱的进行，各洗脱组分的质量逐渐增加，热稳定性顺序为 CT-HI-MS > CT-HE > CT-PH > CT-RE > CT-AR > CT-SA。

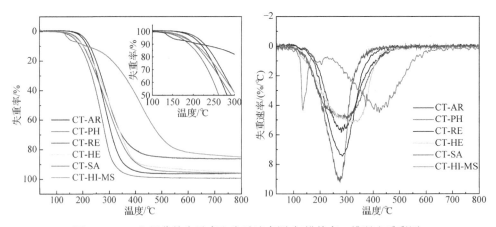

图 3.38　CT 六组分的失重率和失重速率图(扫描前言二维码查看彩图)

表 3.19　六组分的失重率和失重速率数据

组分	最大失重速率温度/℃	最大失重速率/(%/℃)	300℃时的失重率/%	800℃时的失重率/%
CT-SA	271	9.00	81.90	99.35
CT-AR	283	7.43	63.26	95.97
CT-HE	333	5.04	48.10	95.64
CT-PH	295	4.73	53.73	96.02
CT-RE	286	5.59	48.22	86.21
CT-HI-MS	424	4.49	18.05	84.88

图 3.39 显示了 CT 各洗脱组分在不同温度下的柱层析热解失重分析。从图 3.38 和图 3.39 中可以看出,CT-HI-MS 的主要失重温度范围在 200～500℃,CT 其他成分的失重主要集中在 200～400℃,CT-HE、CT-PH 和 CT-RE 在 400～500℃仍有少量失重。

通过 CR 模型,在加热速率为 10℃/min 时 CT 及其六个族组分的伪一阶动力学公式如图 3.40 所示。根据图 3.40 中的线性结果,可以得到 E_α、A 和 R^2,如表 3.20 所示。CT、CT-SA、CT-AR、CT-HE、CT-PH 和 CT-RE 的 R^2 均在 0.9 以上,CT-AR 和 CT-HE 的 R^2 分别为 0.9788 和 0.9940,表明该热解过程的一级反应是可行的。CT-HI-MS 的线性较差,说明一阶反应不适合沥青质的热解过程,这与其自身组成的复杂性有关。各馏分的 E_α 顺序为 CT > CT-AR > CT-RE > CT-SA > CT-PH > CT-HE > CT-HI-MS,且 A 与 E_α 呈正相关,说明 CT 经柱层析分离后,反应活化能降低,单个族组分热解更容易。此外,芳香分热解所需的活化能远高于其他四种族组分,这是因为存在大量的芳香环结构,开环反应需要较高的能量。

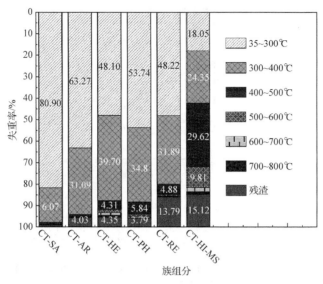

图 3.39　CT 六组分在不同温度段下的失重率

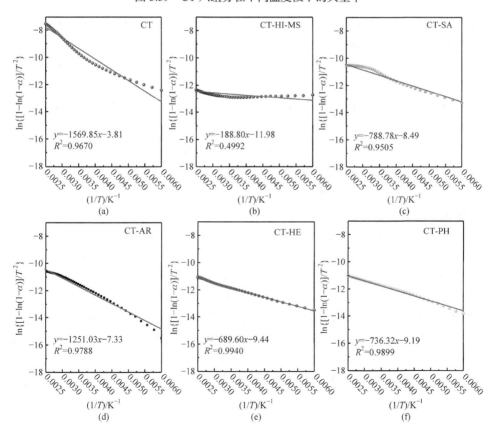

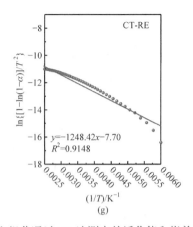

图 3.40　CT 六组分通过 CR 法测定的活化能和指前因子的曲线图

纵坐标已进行无量纲化处理；通过图中拟合曲线的斜率和截距可计算活化能和指前因子

表 3.20　六组分在 10℃/min 升温速率下的热解动力学参数

组分	截距	斜率	E_a/(J/mol)	A/min^{-1}	R^2
CT	−3.81	−1569.85	13051.73	347.69	0.9670
CT-HI-MS	−11.98	−188.80	1569.68	0.01	0.4992
CT-SA	−8.49	−788.78	6557.92	1.62	0.9505
CT-AR	−7.33	−1251.03	10401.06	8.20	0.9788
CT-HE	−9.44	−689.60	5733.33	0.55	0.9940
CT-PH	−9.19	−736.32	6121.76	0.75	0.9899
CT-RE	−7.70	−1248.42	10379.36	5.65	0.9148

　　图 3.41 是 CT 六组分的傅里叶变换红外光谱。从图 3.41 中可以看出，在 3160～3600cm^{-1} 处有游离态的—OH 伸缩振动，其中 CT-RE 和 CT-HI-MS 的透射峰很强，其他组分的透射峰很弱，这说明 CT-RE 和 CT-HI-MS 中含有丰富的酚类或醇类物质。在 2926cm^{-1} 和 2852cm^{-1} 处，有烷烃链—CH$_2$—的不对称伸缩振动和对称伸缩振动峰；在 2955cm^{-1} 和 1375cm^{-1} 处，有—CH$_3$ 的不对称弯曲振动和对称弯曲振动峰，CT-SA、CT-AR、CT-HE 和 CT-PH 的透射峰更为明显，表明它们含有一定的脂肪烃结构。在 1603cm^{-1} 处，有苯环的骨架伸缩振动峰，除 CT-SA 外，所有样品在这些位置都有透射峰，表明其都具有一定的芳环结构。1705cm^{-1} 处的 C＝O 伸缩振动表明，CT-HE 可能含有较多的芳香酮。在 650～900cm^{-1} 处，存在单取代和二取代芳香烃的弯曲振动峰。除 CT-SA 外，所有样品都有透射峰，表明它们均含有取代芳香烃。

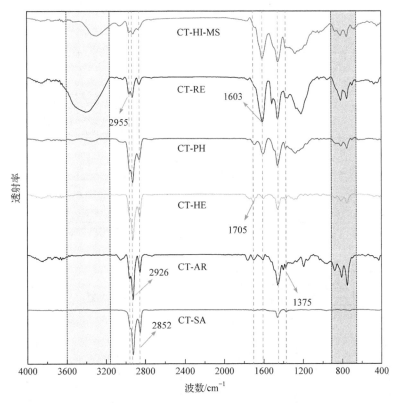

图 3.41 CT 六组分的傅里叶变换红外光谱图

图 3.42 是 CT 各洗脱组分的 GC-MS 总离子流色谱图和组分含量。在 CT-SA 中，脂肪烃的质量分数为 76.93%，主要是正构烷烃(从十四烷到二十八烷)，其中二十三烷、二十四烷和二十五烷的质量分数分别为 6.07%、5.85%和 5.79%，见表 3.21，这与傅里叶变换红外光谱的结果一致。芳香烃的质量分数为 15.39%，均为双环芳烃。其中，萘及其烷基侧链衍生物占 11.4%；非酚类含氧化合物质量分数为 5.83%，主要是烷基醇(2.20%)和酮(1.37%)，还有少量芳香醇和烷基醚。脂肪烃中烷烃的质量分数为 74.28%，对烷烃的碳数进行分析，如图 3.43 所示。烷烃分布主要集中在 $C_{21} \sim C_{25}$，质量分数为 34.14%，占脂肪烃的 44.38%；其次分布在 $C_{16} \sim C_{20}$，质量分数为 20.14%，占脂肪烃的 26.18%；低碳烷烃(碳数≤10)的质量分数最低，仅有 1.61%，说明 CT 可用作汽油的部分较少，更有利于柴油和石蜡油的生成。另外，CT-SA 中的芳香烃以双环芳烃为主，质量分数为 11.36%，占 CT-SA 中芳香烃质量分数的 73.8%，如图 3.43(b)所示。

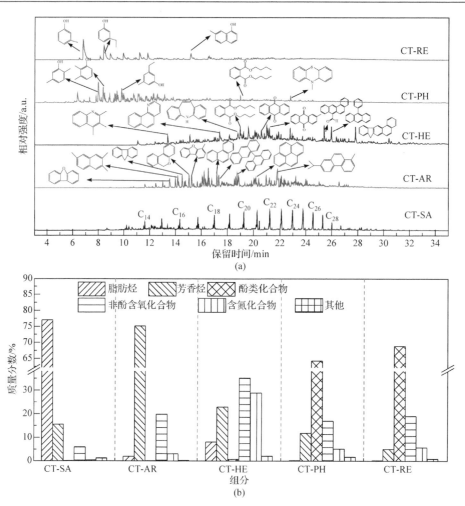

图 3.42　CT 六组分的总离子流色谱图及族组分质量分数

(a) 总离子流色谱图；(b) 族组分质量分数

表 3.21　六组分中质量分数大于 2% 的化合物

组分	化合物	质量分数 /%	组分	化合物	质量分数 /%
CT-SA	二十三烷	6.07	CT-AR	惹烯	4.23
	二十四烷	5.85		二苯并呋喃	3.98
	二十五烷	5.79		菲	3.90
	二十二烷	4.98		4-甲基二苯并呋喃	3.31
	二十一烷	4.72		蒽	3.08
	二十烷	4.34		芴	2.79

续表

组分	化合物	质量分数/%	组分	化合物	质量分数/%
CT-SA	二十六烷	4.01	CT-AR	6H-二苯并[b,d]-吡喃	2.55
	十九烷	3.84		2,3,6-三甲基萘	2.34
	十八烷	3.47		9-甲基蒽	2.28
	十七烷	3.24		1-甲基蒽	2.07
	二十七烷	2.96		芘	2.01
	十六烷	2.71		2,5-二甲基菲	1.90
	十五烷	2.23		2-甲基-9H 芴	1.82
CT-HE	邻苯二甲酸二丁酯	4.92	CT-PH	2,5-二甲基苯酚	8.11
	8 氢-茚并[2,1-b]菲	4.41		2,3-二甲基苯酚	5.10
	苯并[h]喹啉	4.08		3-乙基-5-甲基苯酚	4.44
	苯(a)蒽-7-甲醛	3.60		2-乙基-5-甲基苯酚	4.24
	9-苯基-蒽	3.52		2-甲基苯酚	3.57
	9,10-蒽醌	3.25		对二甲基苯酚	2.55
	2-甲基-9,10-蒽二酮	2.97		2,3-二甲基苯酚	2.23
	2,3,4-三甲基喹啉	2.84		1-甲氧基-4-丙基苯	2.21
	亚氨基芪	2.40		2,3,6-三甲基苯酚	2.18
CT-RE	3-乙基苯酚	20.67		4-异丙基苯酚	2.55
	3-甲基苯酚	18.53			
	3-丙基苯酚	6.64			
	3,4-二甲基苯酚	5.53			
	2,3-二氢-1 氢-茚-5-醇	5.51		—	
	7-甲基-1-萘酚	4.51			
	五甲基苯	4.36			
	苯酚	3.64			
	4-(1-甲基乙基)苯酚	2.10			

　　如图 3.42(b)所示，CT-AR 中芳香烃的质量分数为 75.06%，主要以双环芳烃和三环芳烃为主(质量分数分别为 31.22%和 33.18%)，部分四环芳烃(质量分数为8.94%)。单化合物中惹烯的质量分数最高，达到 4.23%，菲、蒽、芴和芘的质量分数分别为 3.90%、3.08%、2.79%和 2.01%，见表 3.21。从图 3.44 中的芳香烃环数

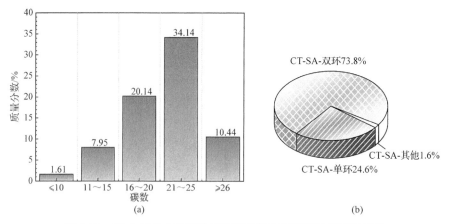

图 3.43　CT 六组分中饱和分脂肪烃碳数分布和芳香烃环数分布

(a) 脂肪烃碳数分布；(b) CT-SA 的环数分布(以质量分数计)

分析结果可知，该组分中双环芳烃、三环芳烃和四环芳烃的质量分数总和占 CT-AR 的 73.34%。单环芳烃、五环芳烃和六环芳烃总质量分数仅为 1.72%。图 3.44(b) 将 CT-AR 中的芳香烃按照苯、茚、联苯、萘、芴、苊烯、菲、蒽、荧蒽、芘和苝 11 种物质及其同系物进行分类，菲类和蒽类化合物质量分数较高，分别为 17.71% 和 15.83%，其次是芴类和萘类，质量分数分别为 11.61%和 10.51%。如图 3.42(b) 所示，CT-AR 中非酚含氧化合物的质量分数为 19.66%，主要为芳香烃呋喃 (12.57%)，集中分布在 13~16min，二苯并呋喃质量分数最高，达到 3.98%，其次 是部分芳香醇(1.40%)。其他组分的质量分数为 5.29%，主要是含氮化合物(2.97%)、 少量脂肪烃和卤代烃。结合傅里叶变换红外光谱，可以推断出它含有许多芳香环 结构，以及少量作为侧链或桥键的脂肪烃结构。

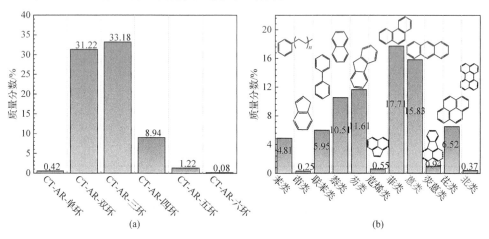

图 3.44　CT-AR 中芳香分中芳香烃环数和同系物分析

(a) 芳香烃环数分析；(b) 同系物分析

CT-HE 中，组分相对平均，芳香烃、非酚含氧化合物和含氮化合物的质量分数分别是 22.72%、35.06% 和 28.71%。芳香烃的主要组成为四环芳烃和五环芳烃(8 氢-茚并[2,1-b]菲和 9-苯基-蒽的质量分数分别为 4.41% 和 3.52%)；非酚含氧化合物主要为芳酮、芳醛和芳酸酯，较集中地分布在 18~25min，其中邻苯二甲酸二丁酯、苯(a)蒽-7-甲醛和 9,10-蒽醌的质量分数分别为 4.92%、3.60% 和 3.25%。含氮化合物除了少量亚胺(亚氨基芘，质量分数为 2.40%)，氮原子主要分布在芳环内，以喹啉居多，苯并[h]喹啉和 2,3,4-三甲基喹啉的质量分数分别为 4.08% 和 2.84%。

CT-PH 中，以酚类化合物为主(质量分数为 64.15%)，低级酚类质量分数为 22.38%(图 3.45(a))，其中甲基苯酚类和二甲基苯酚类质量分数分别为 4.67% 和 17.71%；高级酚以三甲基苯酚类和甲基乙基苯酚类为主，二者质量分数分别为 8.18% 和 14.08%，其中 3-乙基-5-甲基苯酚质量分数最高，可以达到 4.44%。萘酚的质量分数可以达到 2.16%。芳香烃质量分数为 11.66%，以 C_5 以上的烷基苯为主(6-甲基苯，质量分数为 1.79%)。含氮化合质量分数为 4.99%，吡啶、喹啉和噻嗪及其衍生物质量分数分别为 2.37%、0.90% 和 0.72%。非酚含氧化合物质量分数为 16.84%，分布的种类较多，如醚、醛、酯、酮等，多与芳环相连，其中 4-异丙基苯酚质量分数最高，达到 2.55%。

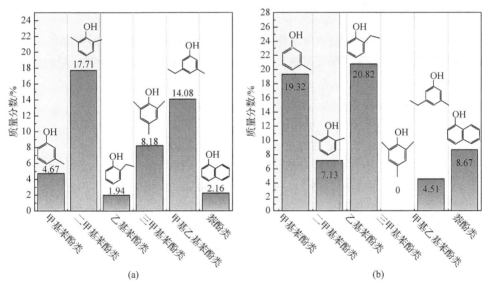

图 3.45　CT-PH 和 CT-RE 中一些低级和高级酚类及其同系物的质量分数
(a) CT-PH；(b) CT-RE

CT-RE 中，酚类化合物的质量分数为 68.74%(图 3.45(b))，比 CT-PH 高 4.59 个百分点。主要为高级酚，如乙基苯酚类、甲基乙基苯酚类及萘酚类等(3-乙基苯酚、3-丙基苯酚、苯酚、4-(1-甲基乙基)苯酚和 7-甲基-1-萘酚的质量分数分别为

20.67%、6.64%、3.64%、2.10%和4.51%)。CT-RE 中甲基苯酚类和乙基苯酚类的质量分数分别达到 19.32%和 20.82%，与 CT-PH 相比提高了 3.14 倍和 9.73 倍，说明该部分对甲基苯酚类和乙基苯酚类有着富集的作用。相反，二甲基苯酚类的富集程度降低，说明二甲基苯酚类在 CT-PH 中已大部分被富集。CT-RE 中未检测到三甲基苯酚类，说明三甲基苯酚类在 CT-PH 中已被完全富集。非酚含氧化合物质量分数为 18.82%，均为苯基酯、醛、酮、醚类化合物。含氮化合物质量分数为 5.62%，以氮杂芴为主。

CT-SA、CT-AR、CT-HE、CT-PH 和 CT-RE 的 GC-MS 结果表明，它们对脂肪烃、多环芳烃、含氮化合物和酚类化合物具有良好的富集效果。这些物质经富集和催化后可提高其附加值，如制备合成树脂、橡胶、医药的中间产品和其他原料(苯、甲苯、二甲苯和萘等)。

3.5 煤焦油各组分含量的测定——溶剂萃取-柱层析分离重量法构建

3.5.1 范围及规范性引用文件

本节测定煤焦油各组分(包括饱和分、芳香分、杂原子馏分、酚类馏分、胶质和沥青质)含量，包括试剂和材料、仪器和设备、取制样、实验步骤、结果计算、精密度等。

下列文件对于本节内容的研究是必不可少的：
(1) 《化学试剂 杂质测定用标准溶液的制备》(GB/T 602—2002)；
(2) 《石油产品水含量的测定 蒸馏法》(GB/T 260—2016)；
(3) 《焦化油类产品取样方法》(GB/T 1999—2008)；
(4) 《化工产品采样总则》(GB/T 6678—2003)。

3.5.2 试剂和材料

(1) 正庚烷：分析纯，脱芳(硫酸甲醛实验合格)。
(2) 苯：分析纯。
(3) 甲苯：分析纯。
(4) 乙酸乙酯：分析纯。
(5) 乙醇：分析纯。
(6) 定量滤纸：中速，直径 120mm，直径 150mm，直径 180mm。
(7) 氧化铝：中性，层析用，100～200 目，比表面积>150m^2/g，孔体积 0.23～

0.27cm³/g，使用前需要活化。

3.5.3　仪器和设备

(1) 沥青质测定器：包括磨口圆底烧瓶(容积 250mL，直径 24mm/29mm 标准磨口)、索式抽提器(高 185mm±5mm，筒径直径 48mm±1mm，回流管高 43mm±1mm，直径 6mm±1mm，上具直径 45mm/40mm 标准磨口，下具直径 24mm/29mm 标准磨口)及冷凝器(球形冷凝管，高 200mm±5mm，直径 42mm±2mm，下具直径 45mm/40mm 标准磨口)。

(2) 电热套：控温精度±5℃。

(3) 短颈漏斗：直径 75～90mm。

(4) 漏斗架。

(5) 层析柱：包括层析柱外管(直径为 11～12mm，长度为 700mm±10mm)、层析柱内管(直径为 40mm)，层析柱内管和外管顶部平齐，内管内设置有砂芯挡板，且下部带有控制滴液速度的旋钮。层析柱内管顶端设置有与内管连通的添加溶剂段(直径为 40mm，长度为 200mm)。

(6) 超级恒温水浴：控温精度±0.1℃。

(7) 马弗炉：可控温并能加热至 1000℃。

(8) 鼓风干燥箱：可控温并能加热至 200℃。

(9) 锥形瓶：250mL。

(10) 分析天平：精度为 0.0001g。

(11) 干燥器：带活塞，容积 3000mL，无干燥剂；容积为 3000～5000mL，有干燥剂。

(12) 分析天平：感量 0.0001g。

(13) 量筒：20mL、50mL、100mL。

(14) 玻璃棒：2 支。

(15) 旋转蒸发仪：转速一般为 50～80r/min，最高达 120r/min。

3.5.4　取制样

(1) 实验室样品制备：按照《焦化油类产品取样方法》(GB/T 1999—2008)规定取出有代表性样品。按照《石油产品水含量的测定　蒸馏法》(GB/T 260—2016)规定脱除样品中的水分，样品应贮存于密闭干燥的容器内。

(2) 氧化铝活化：将中性氧化铝放在瓷干锅内，置于马弗炉中在 500℃下活化 6h，取出后立即放入带活塞无干燥剂的干燥器中，冷却至室温。装入带塞且已称量过的细口瓶中，按氧化铝净重的 1%加入蒸馏水，盖紧塞子，剧烈摇动 5min，放置 24h 后备用，有效期 1 周。活化后未用完的氧化铝，可以重新活化处理后使用。

(3) 定量滤纸预处理: 使用正庚烷将定量滤纸浸泡 12h 后, 于 60℃烘箱中干燥 12h, 备用, 有效期 1 周。

(4) 溶剂的预处理: 按照《化学试剂　杂质测定用标准溶液的制备》(GB/T 602—2002)规定对使用的试剂进行预处理。

3.5.5　实验步骤

(1) 分析流程: 对于沥青质质量分数大于 10%的煤焦油样品(脱水), 用正庚烷沉淀法分离出沥青质, 用冲洗色谱法测定可溶分其余五组分质量分数; 对于沥青质质量分数小于 10%的样品, 可称取两份试样, 一份测定沥青质质量分数, 另一份直接测定饱和分、芳香分、杂原子和酚类的质量分数, 胶质质量分数由差减法得到。

(2) 沥青质量分数的测定: 将煤焦油试样用正庚烷沉淀出沥青质, 过滤后, 用正庚烷回流除去沉淀中夹杂的可溶分, 再用甲苯回流溶解沉淀, 得到沥青质。将脱沥青部分吸附于氧化铝色谱柱上, 根据煤焦油中饱和分、芳香分、杂原子、酚类和胶质在填料中的吸附能力不同, 依次对正庚烷、甲苯、苯、乙酸乙酯、甲苯-乙醇展开洗脱, 得到饱和分、芳香分、杂原子、酚类和胶质的质量分数。

3.5.6　结果计算

试样的沥青质质量分数 X_{AT} 按式(3.14)计算:

$$X_{AT} = \frac{m_1}{m} \times 100\% \tag{3.14}$$

式中, m_1 为试样中沥青质的质量, g; m 为煤焦油试样的质量, g。

试样的饱和分质量分数 X_S 按式(3.15)计算:

$$X_S = \frac{m_2}{m} \times 100\% \tag{3.15}$$

式中, m_2 为试样中饱和分的质量, g。

试样的芳香分质量分数 X_{AH} 按式(3.16)计算:

$$X_{AH} = \frac{m_3}{m} \times 100\% \tag{3.16}$$

式中, m_3 为试样中芳香分的质量, g。

试样的杂原子质量分数 X_H 按式(3.17)计算:

$$X_H = \frac{m_4}{m} \times 100\% \tag{3.17}$$

式中, m_4 为试样中杂原子的质量, g。

试样的酚类质量分数 X_P 按式(3.18)计算：

$$X_P = \frac{m_5}{m} \times 100\% \tag{3.18}$$

式中，m_5 为试样中酚类的质量，g。

试样的胶质质量分数由两种方式测定：

(1) 减差法。胶质质量分数 X_R 按式(3.19)计算：

$$X_R = 100\% - X_S - X_{AH} - X_{AT} - X_H - X_P \tag{3.19}$$

(2) 冲洗法。胶质质量分数 X_R 按式(3.20)或式(3.8)计算：

当试样的沥青质质量分数≥10%时按式(3.20)计算：

$$X_R = \frac{m_6}{m} \times 100\% \tag{3.20}$$

式中，m_6 为试样中胶质的质量，g。

当沥青质质量分数<10%时按式(3.21)计算：

$$X_R = \left(\frac{m_7 - m_1}{m}\right) \times 100\% \tag{3.21}$$

式中，m_7 为试样中胶质加沥青质的质量，g。

3.5.7　精密度

测量方法的精密度(以质量分数表示)如表 3.22 所示。

表 3.22　测量方法精密度

组分	精密度/%
沥青质	≤0.168
饱和分	≤0.224
芳香分	≤0.191
杂原子	≤0.137
酚类	≤0.213
胶质	≤0.214

注：本表中的精密度是在所选煤焦油样品的族组分，如沥青质、饱和分、芳香分、杂原子、酚类和胶质的质量分数测定范围内得到的数据统计结果。

参 考 文 献

[1] 孙鸣. 陕北中低温煤焦油中酚类化合物的分离与分析[D]. 西安: 西北大学, 2012.

[2] SUN M, MA X X, YAO Q X, et al. GC-MS and TG-FTIR study of petroleum ether extract and residue from low temperature coal tar[J]. Energy & Fuels, 2011, 25(3): 1140-1145.

[3] SUN M, ZHANG D, YAO Q X, et al. Separation and composition analysis of GC-MS analyzable and unanalyzable parts from coal tar[J]. Energy & Fuels, 2018, 32(7): 7404-7411.

[4] DAMACENO D S, JESUS E P, CERIANI R. Experimental data and prediction of normal boiling points of partial acylglycerols[J]. Fuel, 2018, 232: 470-475.

[5] PANDA S K, ALSHAMMQRI M M, Al-ZAHRANI A A, et al. Aromatic-selective size exclusion chromatography: A new dimension in petroleum characterization[J]. Fuel, 2022, 324: 124558.

[6] ANASTAS P, EGHBALI N. Green chemistry: Principles and practice[J]. Chemical Society Reviews, 2010, 39: 301-312.

[7] GIORDANO G F, VIEIRA L C S, GOMES A O, et al. Distilling small volumes of crude oil[J]. Fuel, 2021, 285: 119072.

[8] KIPKORIR D, NTURANABO F, TEWO R, et al. Properties of waste-distilled engine oil and biodiesel ternary blends[J]. Heliyon, 2021, 7(8): e07858.

[9] TURNER N R. Molten storage and carbonization characteristics of premium grade coal-tar pitch: Influence of crude tar type and distillation conditions[J]. Fuel, 1987, 66 (11): 1481-1486.

[10] LAUER J C, HERNANDEZ D H V, CAGNIANT D. Improved characterization of coal tar distillation cuts (200～500℃): 1. Preparative separation into hydrocarbons and polar aromatics and characterization of polycyclic aromatic hydrocarbons by capillary g. c. -m. s. of anthracene oil[J]. Fuel, 1988, 67 (9): 1273-1282.

[11] COUTINHO D M, FRANÇA D, VANINI G, et al. Understanding the molecular composition of petroleum and its distillation cuts[J]. Fuel, 2022, 311: 122594.

[12] SATOU M, YOKOYAMA S, SANADA Y. Distribution in coal-derived oil of aromatic hydrocarbon compound types grouped according to boiling point by high performance liquid chromatography-gas chromatography/mass spectrometry[J]. Fuel, 1989, 68(8): 1048-1051.

[13] LIU Q, YANG S S, LIU Z Y, et al. Comparison of TG-MS and GC-simulated distillation for determination of the boiling point distribution of various oils[J]. Fuel, 2021, 301: 121088.

[14] NI H, HSU C S, MA C, et al. Separation and characterization of olefin/paraffin in coal tar and petroleum coker oil[J]. Energy & Fuels, 2013, 27(9): 5069-5075.

[15] ASTM. Standard test method for boiling range distribution of petroleum fractions by gas chromatography: ASTM D2887—24[S]. ASTM, 2024.

[16] STADELHOFER J W, ZANDER M, GERHARDS R. ^{13}C n. m. r. study on the hydrogen transfer during the distillation of crude coal tar[J]. Fuel, 1980, 59(8): 604-605.

[17] LIU S T, HE L, YAO Q X, et al. Separation and analysis of six fractions in low temperature coal tar by column chromatography[J]. Chinese Journal Chemical Engineering, 2023, 58: 256-265.

[18] YAO Q X, LIU Y Q, TANG X, et al. Multistage gradient extractive separation and direct and indirect analysis of petroleum ether insoluble fractions from low temperature coal tar[J]. Journal of Analytical and Applied Pyrolysis, 2022, 168: 105733.

[19] WU J X, MA C, ZHANG W L, et al. Molecular characterization of non-polar sulfur compounds in the full boiling range crude oil fractions[J]. Fuel, 2023, 338: 127323.

[20] LIU J W, AHMAD F, ZHANG Q, et al. Interactive tools to assist convenient group-type identification and comparison of low-temperature coal tar using GC × GC-MS[J]. Fuel, 2020, 278: 118314.

[21] 国家市场监督管理总局, 国家标准化管理委员会. 煤焦油　组分含量的测定　气相色谱-质谱联用和热重分

析法: GB/T 38397—2019[S]. 北京: 中国标准出版社, 2019.

[22] DIAZ O C, YARRANTON H W. Applicability of simulated distillation for heavy oils[J]. Energy & Fuels, 2019, 33: 6083-6087.

[23] RANAVESKI R, OJA V. A new thermogravimetric application for determination of vapour pressure curve corresponding to average boiling points of oil fractions with narrow boiling ranges[J]. Thermochimica Acta, 2020, 683: 178468.

[24] RANAVESKI R, JARVIK O, OJA V. A new method for determining average boiling points of oils using a thermogravimetric analyzer[J]. Journal of Thermal Analysis and Calorimetry, 2016, 126: 1679-1688.

[25] GOODRUM J W, SIESEL E M. Thermogravimetric analysis for boiling points and vapour pressure[J]. Journal of Thermal Analysis and Calorimetry, 1996, 46: 1251-1258.

[26] ZHANG H R, WANG S, SHI C, et al. Evolution characteristics of products retorted from gonghe oil shale based on TG-FTIR and Py-GC-MS[J]. Thermochimica Acta, 2022, 716: 179325.

[27] MONDRAGON F, OUCHI K. New method for obtaining the distillation curves of petroleum products and coal-derived liquids using a small amount of sample[J]. Fuel, 1984, 63(1): 61-65.

[28] SHI L, CHENG X J, LIU Q Y, et al. Reaction of volatiles from a coal and various organic compounds during co-pyrolysis in a TG-MS system. Part 1. Reaction of volatiles in the void space between particles[J]. Fuel, 2018, 213: 37-47.

[29] SHI L, CHENG X J, LIU Q Y, et al. Reaction of volatiles from a coal and various organic compounds during co-pyrolysis in a TG-MS system. Part 2. Reaction of volatiles in the free gas phase in crucibles[J]. Fuel, 2018, 213: 22-36.

[30] 丁明洁. 煤及煤液化衍生物中有机组分的族组分分离与分析[D]. 徐州: 中国矿业大学, 2008.

[31] 马晓迅, 赵阳坤, 孙鸣, 等. 高温煤焦油利用技术研究进展[J]. 煤炭转化, 2020, 43(4): 1-11.

[32] SUN M, CHEN J, DAI X M, et al. Controlled separation of low temperature coal tar based on solvent extraction-column chromatography[J]. Fuel Processing Technology, 2015, 136: 41-49.

[33] 何磊, 么秋香, 孙鸣, 等. 二维(2D)沸石与三维(3D)沸石的制备及催化研究进展[J]. 化学学报, 2022, 80: 180-198.

[34] 谷小. 煤焦油分离方法及组分性质研究现状与展望[J]. 洁净煤技术, 2018, 24 (4): 1-6.

[35] SUN Z H, ZHANG W H. Chemical composition and structure characterization of distillation residues of middle-temperature coal tar[J]. Chinese Journal Chemical Engineering, 2017, 25: 815-820.

[36] 毛学锋, 李军芳, 钟金龙, 等. 中低温煤焦油化学组成及结构的分子水平表征[J]. 煤炭学报, 2019, 44 (3): 958-964.

[37] ZHU Y H, GUO Y T, ZHANG X, et al. Exploration of coal tar asphaltene molecules based on high resolution mass spectrometry and advanced extraction separation method[J]. Fuel Processing Technology, 2022, 233: 107309.

[38] YANG J F, YAO Q X, LIU Y Q, et al. Mechanism of catalytic conversion of kerosene co-refining heavy oil to BTEXN by Py-GC-MS based on "point-line-surface-body" step by step research strategy[J]. Fuel, 2023, 332: 125979.

[39] 孙鸣, 陈静, 代晓敏, 等. 陕北中低温煤焦油减压馏分的 GC-MS 分析[J]. 煤炭转化, 2015, 38(1): 58-63.

[40] LIU C Y, ZHAO S, GAI Q Q, et al. 煤焦油常渣 C7 沥青质的结构表征[J]. 煤炭科学技术, 2020, 48(S1): 194-198.

[41] MA Z H, WEI X Y, LIU G H, et al. Insight into the compositions of the soluble/insolube portions from the acid/base extraction of five fractions distilled from a high temperature coal tar[J]. Energy & Fuels, 2019, 33: 10099-10107.

[42] WANG Z J. The chemistry and physics of petroleum asphaltenes part Ⅲ. The study methods of chemical structure of asphaltenes[J]. Asphalt, 1996, 10: 39-50.

[43] ANCHEYTA J, CENTENO G, TREJO F, et al. Changes in asphaltene properties during hydrotreating of heavy crudes[J]. Energy & Fuels, 2003, 17: 1233-1238.

[44] MOSCHOPEDIS S E, PARKASH S, SPEIGHT J G. Thermal decomposition of asphaltenes[J]. Fuel, 1978, 57: 431-434.

[45] 国家能源局. 石油沥青四组分测定法: NB/SH/T 0509—2010 [S]. 北京: 国家标准化管理委员会, 2010.

[46] SUN M, MA X X, LV B, et al. Gradient separation of ≥300℃ distillate from low-temperature coal tar based on formaldehyde reactions[J]. Fuel, 2015, 160: 16-23.

[47] GRAY M R. Consistency of asphaltene chemical structures with pyrolysis and coking behavior[J]. Energy & Fuels, 2003, 17: 1566-1569.

[48] LI Y L, LUO H A, AI Q H, et al. Efficient separation of phenols from coal tar with aqueous solution of amines by liquid-liquid extraction[J]. Chinese Journal of Chemical Engineering, 2021, 35: 180-188.

[49] MA Z H, WEI X Y, GAO H L, et al. Selective and effective separation of five condensed arenes from a high-temperature coal tar by extraction combined with high pressure preparative chromatography[J]. Journal of Chromatography A, 2019, 1603: 160-164.

[50] YAO Q X, LI Y B, TANG X, et al. Separation of petroleum ether extracted residue of low temperature coal tar by chromatography column and structural feature of fractions by TG-FTIR and PY-GC-MS[J]. Fuel, 2019, 245: 122-130.

[51] SUN M, LI Y B, SHA S, et al. The composition and structure of n-hexane insoluble-hot benzene soluble fraction and hot benzene insoluble fraction from low temperature coal tar[J]. Fuel, 2020, 262: 116511.

[52] YAO Q X, MA M M, MA L, et al. The structural and pyrolysis characteristics of vitrinite and inertinite from Shendong coal and the gasification performance of chars[J]. Journal of Analytical and Applied Pyrolysis, 2022, 164: 105519.

[53] CARBOGNANI ORTEGA L A, CARBOGNANI J, ALMAO P P. Correlation of thermogravimetry and high temperature simulated distillation for oil analysis: Thermal cracking influence over both methodologies[M]//The Boduszynski Continuum: Contributions to the Understanding of the Molecular Composition of Petroleum. Washington, DC: American Chemical Society, 2018.

[54] SONG C S, LAI W C, REDDY K M, et al. Temperature-Programmed retention indices for GC and GC-MS of hydrocarbon fuels and simulated distillation GC of heavy oils[J]. Analytical Advances For Hydrocarbon Research, 2003: 147-210.

[55] 孙鸣, 曹锐, 何磊, 等. 基于热重分析仪的复杂有机混合物模拟蒸馏装置及方法: ZL202110791783X[P]. 2023-05-05.

[56] MONDELLO L, SALVATORE A, TRANCHIDA P Q, et al. Reliable identification of pesticides using linear retention indices as an active tool in gas chromatographic-mass spectrometric analysis[J]. Journal of Chromatography A, 2008, 1186(1-2): 430-433.

[57] MUNOZ D, DOUMENQ P, GUILIANO M, et al. New approach to study of spilled crude oils using high resolution GC-MS (SIM) and metastable reaction monitoring GC-MS-MS[J]. Talanta, 1997, 45(1): 1-12.

[58] GLIDEMANN D, MASKOW T, BROWARZIK D, et al. Role of azeotropy in characterization of complex hydrocarbon mixtures by true-boiling-point distillation[J]. Fluid Phase Equilibria, 1997, 135(2): 149-167.

[59] LI A, XIA Q Y, YAN J C, et al. Synergistic effect on co-hydrogenation of coal-petroleum co-processing oil and washing oil from coal tar distillate[J]. Journal of Analytical Applied Pyrolysis, 2023, 170: 105921.

第4章　中低温煤焦油中酚类化合物的提取

4.1　概　述

工业上主要采用酸碱法从煤焦油中提取粗酚[1]，该提酚方法设备复杂，造价较高，需要消耗大量的水，而且酸碱法提酚效率不高，一般需要两次及两次以上碱洗才能达到较好的萃取率。从煤焦油中提取粗酚的方法还有溶剂萃取法(甲醇)[2,3]和柱吸附法(甲醇-正己烷)，但是还处于研究阶段，没有工业化。以上所述主要是针对高温煤焦油而言的，对中低温煤焦油提酚不一定适用，因为中低温煤焦油中的组分分子量更小，并含有大量的直链烷烃[4-7]，势必会对提酚效果造成影响，因此中低温煤焦油的提酚方法和工艺还需要进一步研究[8]。

通过第3章中低温煤焦油全组分分析和柱层析分离研究，提出溶剂萃取-柱层析法提取粗酚。基于第3章的图3.24一元洗脱剂柱层析实验装置示意图，该装置的层析系统包括冷凝系统、层析柱、三口烧瓶、加热装置和抽真空系统。各个装置通过磨口相互配合形成一套相对封闭的层析系统。层析柱中的洗脱剂与少量洗脱下来的产品通过与上升管隔离的导引管进入三口烧瓶，产品在三口烧瓶中得到浓缩，洗脱剂则通过水浴不断加热蒸发进入上升管，洗脱剂蒸气通过上升管进入层析柱的上端口，与蛇形冷凝管换热冷凝，未及时冷凝的洗脱剂通过球形冷凝管进一步冷凝。蛇形冷凝管的另一个作用是使冷凝的洗脱剂液滴在下落至冷凝管底部时可以保持室温，球形冷凝管最上端塞一团脱脂棉，防止空气中的水蒸气和灰尘颗粒进入层析系统。这样，通过调节加热温度，层析柱中的洗脱剂液面可以一直保持在上升管口处，避免人工频繁补充洗脱剂。下端三口烧瓶也可以通过真空负压自动吸入损失的洗脱剂或者更换另外一种洗脱剂。

该装置的优点在于：集混合物分离、浓缩为一体。由于各连接处采用磨口连接，可以在一个相对封闭的管路中实现混合物的分离和浓缩，减少易氧化、易分解物质与空气的接触，减少溶剂损失的同时防止环境污染。另外，实现了洗脱剂的循环操作，避免了人工频繁地补充洗脱剂，有效防止干柱的发生。整套系统可以实现连续化操作，利于环保，简单实用。采用溶剂萃取的方法，除去中低温煤焦油的重质组分，得到的轻质组分再通过该柱层析分离装置进行分离，可以得到轻质组分中的中性组分和粗酚。

4.2 硅胶对中低温煤焦油中酚类化合物的吸附规律

4.2.1 基本原理及性质

以陕北神木地区某化工厂中低温煤焦油重油(M-LTCT)作为研究对象,主要实验内容包括以下几部分:①M-LTCT 的基本性质测定。由于尚无系统完整的煤焦油基本性质测定方法,因此本书将采用焦化和石油产品的基础性质测定方法,并对其进行改进,以适用于煤焦油的测定。②煤焦油脱沥青。采用正己烷作为萃取剂,通过不同的方法对煤焦油进行脱沥青处理,并对比各方法的正己烷萃取率。③酚类化合物质量分数测定。利用国标已有方法分别对煤焦油、煤焦油正己烷萃取物、正己烷萃余物中酚类化合物的质量分数进行测定。④计算硅胶对酚类化合物吸附量。在特定条件下,将煤焦油正己烷萃取物与不同粒径的硅胶混合,计算硅胶对酚类物质的吸附量。⑤煤焦油组分分离。通过自主设计并搭建的分离装置对脱沥青煤焦油进行组分分离,得到粗产品中性油与粗酚,通过实验寻找较优的分离工艺条件,优化工艺条件。⑥利用精馏设备对获得的粗产品进行浓缩,并回收溶剂以降低生产成本[9]。通过在 PRO Ⅱ 软件中使用精馏模块进行模拟实验,确定课题设计装置中各精馏塔的设计参数。中低温煤焦油重油柱层析分离分析技术路线如图 4.1 所示。

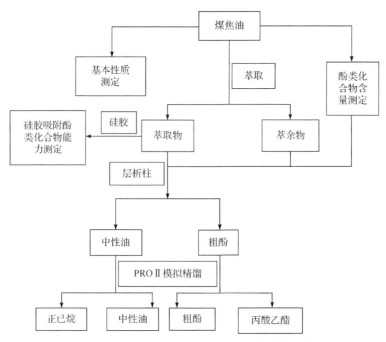

图 4.1 中低温煤焦油重油柱层析分离分析技术路线

分析表 4.1 可知，M-LTCT 中含水量为 2.1%，而煤焦油中水分对煤焦油的分离过程有很大的影响，因此在后续实验中需要先对煤焦油进行脱水处理。脱水后的煤焦油在蒸馏等过程中能降低能耗，从而提高设备的生产能力。由元素分析可知，M-LTCT 的组成元素中 C、H、O 三种元素质量分数较高，N、S 元素质量分数很低。

表 4.1　中低温煤焦油重油性质

| 原料 | 含水量/% | 灰分含量/% | 残炭率/% | 闪点/℃ | 甲苯不溶物含量/% | 元素质量分数/% | | | | | 氢碳比 |
						C	H	O	N	S	
重油	2.1	0.15	10.42	138	0.34	80.39	7.56	10.79	0.84	0.38	0.094

注：O 的质量分数通过差减法得到。

4.2.2　溶剂萃取研究

1. 溶剂萃取率

对从企业现场采集的煤焦油重油进行脱水脱渣处理后，分别开展超声-热抽提萃取(超声萃取+热萃取+索氏抽提)、直接超声萃取和直接热萃取实验，以获得重油的正己烷萃取率。重油正己烷萃取率结果见表 4.2。

表 4.2　中低温煤焦油重油正己烷萃取率　　　　　　(单位：%)

样品名称	超声-热抽提萃取	直接超声萃取	直接热萃取
中低温煤焦油重油	69.2	52.7	41.9

虽然超声-热抽提萃取和直接超声萃取的萃取率较高，但是其实验过程中需要多次超声处理和索氏抽提，操作较为繁琐且耗时，不利于工业化应用或放大实验效益。相比之下，直接热萃取过程更为简单，易于在工业中实现。因此，在后续实验中，将采用直接热萃取法对煤焦油进行脱沥青处理。

2. 中低温煤焦油重油及脱沥青重油中的酚及其同系物含量

采用国家标准《粗酚中酚及同系物含量的测定方法》(GB/T 24200—2009)[10] 中双球计量法测定中低温煤焦油重油及脱沥青重油的酚及其同系物质量分数，如表 4.3 所示。

表 4.3　中低温煤焦油重油及脱沥青重油的酚及其同系物质量分数

样品	中低温煤焦油重油	脱沥青重油	沥青质
酚及其同系物质量分数/%	24	17	7

根据相关文献报道，陕北地区的 M-LTCT 中酚类化合物(酚及其同系物)大多占煤焦油质量的 20%～30%，部分占 30%以上，采用国标方法对 M-LTCT 及脱沥青煤焦油重油中酚类物质含量进行测定，实验结果显示 M-LTCT 中酚类化合物质量分数为 24%。

实验结果表明，采用直接热萃取脱沥青重油所得萃取物中酚类化合物的质量分数为 17%，萃余物沥青质中还有部分酚类物质未被萃取出来，其占沥青质的质量分数为 7%，残留在萃余物沥青质中的部分酚类化合物可以用于沥青质的进一步改性。

3. 不同粒径硅胶对酚类化合物的吸附能力

实验过程中所有数据均采用 GC-MS 测定。每次实验时，将正己烷萃取物加入锥形瓶中，并将锥形瓶置于恒温水浴摇床中，待吸附达到稳定状态后(吸附后的残留物称为中性油)，再进行 GC-MS 检测。通过分析检测结果，确定样品最终加入量。实验中正己烷萃取物中酚类化合物的质量分数统一按 17%计算。由表 4.4 和图 4.2 可知，随着硅胶平均粒径的减小，单位质量硅胶对酚类物质的吸附量逐渐增大。将得到的中性油进行旋蒸，可回收利用中性油中的正己烷。

表 4.4 硅胶对酚类物质的吸附量

硅胶目数	平均粒径/μm	样品最终加入量/g	吸附量/(mg/g)
60～80	215	3.163	26.882
120～140	115	4.148	35.526
180～200	78	4.899	41.643

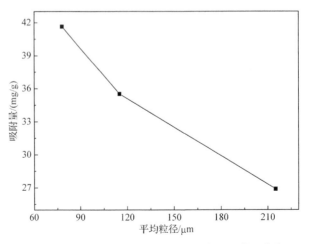

图 4.2 不同平均粒径硅胶对酚类化合物吸附量曲线

4.2.3 煤焦油重油正己烷萃取物及萃余物组分

1. 煤焦油重油正己烷萃取物组分

图 4.3 为煤焦油重油正己烷萃取物总离子流色谱图,正己烷萃取物的组分分析结果如图 4.4 所示。由图 4.4 可以看出,煤焦油重油正己烷萃取物主要由脂肪烃、芳香烃、酚类化合物组成;其中,脂肪烃主要是由脂肪族链状烷烃和脂肪族链状烯烃组成,芳香烃主要是多烷基芳香烃;在正己烷萃取物中,酚类化合物的质量分数为 15.94%,与利用国标《粗酚中酚及同系物含量的测定方法》(GB/T 24200—2009),通过双球计量法测得的煤焦油重油正己烷萃取物中酚的质量分数基本相近;煤焦油正己烷萃取物中还含有少量杂环化合物、杂原子化合物和极少的未知化合物。

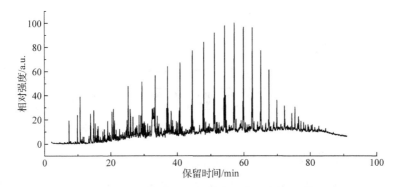

图 4.3 煤焦油重油正己烷萃取物总离子流色谱图

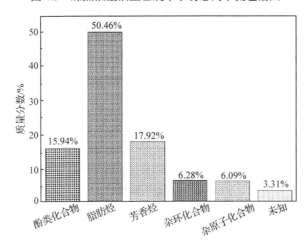

图 4.4 煤焦油重油正己烷萃取物组分分布图

由图 4.5 可知，煤焦油重油正己烷萃取物的热重分析(TG)曲线显示其热解过程仅有一个阶段，开始于 141℃，结束于 416℃，最大失重速率出现在 284℃。在热失重的初期阶段，质量的减少主要由轻质组分的挥发引起，而后期阶段的质量减少则主要由于物质的热解和热缩聚造成。正己烷萃取物在整个热解过程中总失重率达到 98.89%，表明所用煤焦油正己烷萃取物在 416℃之前基本完成热解，在 800℃时仍有极少量的萃取物未能完全热解[9]。

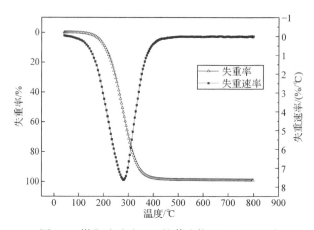

图 4.5　煤焦油重油正己烷萃取物 TG、DTG 图

2. 煤焦油重油正己烷萃余物组分

图 4.6 为煤焦油重油正己烷萃余物总离子流色谱图，正己烷萃余物组分的分析结果如图 4.7 所示。由 4.7 可以看出，正己烷萃余物(沥青质)主要是由芳香烃和脂肪烃构成的，分别占沥青质 GC-MS 可分析部分质量的 39.61% 和 29.91%，还含有质量分数均小于 10%的杂环化合物、酚类化合物和杂原子化合物，以及 5.33%的未知化合物。

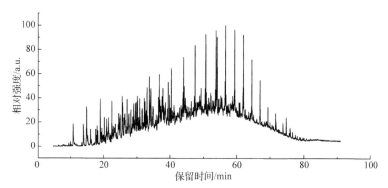

图 4.6　煤焦油重油正己烷萃余物总离子流色谱图

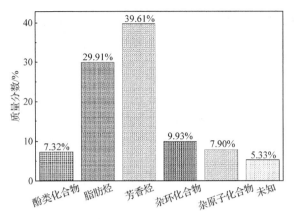

图 4.7　煤焦油重油正己烷萃余物组分分布图

4.3　煤焦油溶剂萃取——柱层析分离工艺优化

4.3.1　压力与硅胶粒径对层析柱流量的影响

在进行柱层析实验之前，通过改变压力与粒径，对层析柱下端出样口流量进行测定，实验装置如图 4.8 所示，压力分别为 0.03MPa、0.05MPa、0.07MPa 条件下，选用粒径分别为 60~80 目、120~140 目、180~200 目的硅胶进行实验流速测定实验，实验结果分别如表 4.5、表 4.6、表 4.7 所示。

图 4.8　层析柱分离装置实物图

表 4.5　60～80 目硅胶为填料时不同压力下的流速测定结果

压力/MPa	体积/mL	时间/s	流速/(mL/s)	平均流速/(mL/s)
0.03	14.0	31.81	0.440	0.423
	13.5	31.27	0.432	
	12.5	31.38	0.398	
0.05	12	9.48	1.266	1.162
	12	9.43	1.273	
	10	10.55	0.948	
0.07	20	10.17	1.967	1.825
	17	10.18	1.768	
	17	10.83	1.739	

表 4.6　120～140 目硅胶为填料时不同压力下的流速测定结果

压力/MPa	体积/mL	时间/s	流速/(mL/s)	平均流速/(mL/s)
0.03	5.7	17.81	0.320	0.326
	5.0	15.15	0.330	
	5.5	16.72	0.329	
0.05	10.2	11.43	0.892	0.892
	10.5	11.74	0.894	
	9.8	11.01	0.890	
0.07	14.9	9.42	1.582	1.583
	15.5	9.76	1.588	
	15.7	9.94	1.580	

表 4.7　180～200 目硅胶为填料时不同压力下的流速测定结果

压力/MPa	体积/mL	时间/s	流速/(mL/s)	平均流速/(mL/s)
0.03	4.8	17.20	0.279	0.274
	5.2	19.19	0.271	
	5.1	18.75	0.272	
0.05	12.7	17.91	0.709	0.708
	12.0	17.02	0.705	
	12.3	17.32	0.710	
0.07	16.0	11.77	1.359	1.356
	15.4	11.35	1.357	
	15.5	11.46	1.352	

　　在实验过程中,每种压力和硅胶粒径条件下均测量三组数据,并取平均值以减少实验误差。由图 4.9 可见,在相同压力下,随着硅胶目数增大(粒径减小),层析柱中

流动相的平均流速降低。这可能是因为硅胶粒径越小，其间隙越小，流动相通过间隙时的阻力越大。在粒径相同的条件下，随着操作压力的增加，层析柱中流动相的平均流速增大，且在层析柱下端出口处测得的平均流速呈线性增加[9]。这些不同粒径硅胶填料在不同压力下的平均流速测量结果，为后续实验提供了参考依据和实验基础。

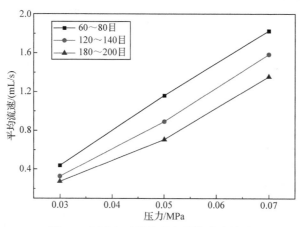

图 4.9　压力与硅胶粒径与平均流速关系

4.3.2　洗脱工艺条件优化

不同粒径硅胶吸附、溶剂切换及洗脱稳定时间见表 4.8～表 4.10。不同粒径硅胶吸附稳定时间随压力的变化如图 4.10 所示。当硅胶粒径为 60～80 目(180～250μm)时，随着压力从 0.03MPa 增加到 0.07MPa，硅胶吸附酚类化合物的稳定时间由 2.82h 缩短至 1.51h，吸附稳定时间显著降低。类似地，当硅胶粒径为 120～140 目和 180～200 目时，随着压力从 0.03MPa 增加到 0.07MPa，吸附稳定时间也大幅减少。因此，增加压力和使用较大粒径的硅胶能够显著提高利用层析柱提取煤焦油中酚类化合物的效率。

表 4.8　60～80 目硅胶吸附、溶剂切换及洗脱稳定时间

压力/MPa	平均流速/(mL/s)	吸附稳定时间/h	溶剂切换稳定时间/h	洗脱稳定时间/h
0.03	0.423	2.82	1.61	2.95
0.05	1.162	1.90	0.61	2.02
0.07	1.825	1.51	0.39	1.64

表 4.9　120～140 目硅胶吸附、溶剂切换及洗脱稳定时间

压力/MPa	平均流速/(mL/s)	吸附稳定时间/h	溶剂切换稳定时间/h	洗脱稳定时间/h
0.03	0.326	3.30	2.17	3.53
0.05	0.892	2.01	0.79	2.14
0.07	1.583	1.59	0.45	1.76

表 4.10　180～200 目硅胶吸附、溶剂切换及洗脱稳定时间

压力/MPa	平均流速/(mL/s)	吸附稳定时间/h	溶剂切换稳定时间/h	洗脱稳定时间/h
0.03	0.274	3.73	2.59	3.94
0.05	0.708	2.22	1.02	2.47
0.07	1.356	1.74	0.55	1.90

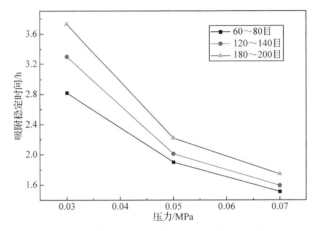

图 4.10　不同粒径硅胶吸附稳定时间随压力的变化

　　不同粒径硅胶溶剂切换稳定时间随压力的变化如图 4.11 所示。在提酚过程中，正己烷与丙酸乙酯的溶剂切换稳定时间随着压力的增加而显著缩短。当硅胶粒径为 60～80 目，操作压力为 0.07MPa 时，溶剂切换稳定时间最短，仅为 0.39h。实验中溶剂切换稳定时间的缩短显著提升了煤焦油提酚工艺的效率。

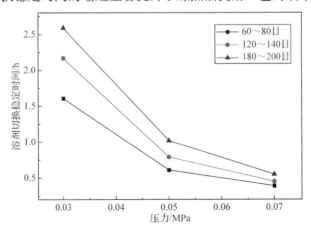

图 4.11　不同粒径硅胶溶剂切换稳定时间随压力的变化

　　图 4.12 展示了利用加压层析柱提取煤焦油中酚类化合物工艺的洗脱阶段，考

察了不同粒径硅胶作为吸附剂在不同压力下，用洗脱剂丙酸乙酯洗脱酚类化合物的洗脱稳定时间。由图可见，在相同压力下，随着硅胶粒径的减小，洗脱稳定时间变长；在相同硅胶粒径下，随着操作压力的增加，洗脱稳定时间缩短。因此，在该过程中，选择粒径为 60～80 目的硅胶作为填料，并在 0.07MPa 操作压力下进行洗脱，有助于提高洗脱效率。

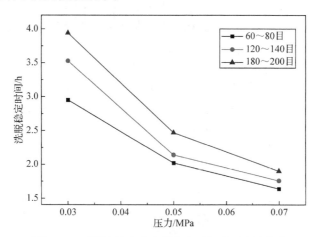

图 4.12　不同粒径硅胶洗脱稳定时间随压力的变化

　　综上所述，在不同粒径硅胶作为填料，不同压力条件下的加压层析柱煤焦油提酚工艺中，选择粒径为 60～80 目的硅胶作为吸附剂，并在 0.07MPa 操作压力下进行操作，无论是在吸附、溶剂切换还是洗脱过程中，均能显著缩短稳定时间，从而有效提高提酚工艺的效率，达到优化提酚工艺的目的。

4.3.3　各洗脱组分分析

1. 中性油组分

　　图 4.13 为中性油组分的总离子流色谱图，图 4.14 为中性油中化合物的分布情况。由图可见，中性油中脂肪烃类化合物质量分数最高，质量分数达 65.54%，主要集中在十九烷至二十四烷、三十二烷至三十六烷。芳香烃类化合物的质量分数为 24.98%，主要包括菲和蒽。此外，中性油中还含有少量的杂环化合物、杂原子化合物及未知化合物。检测结果显示，中性油中存在极少量的酚类化合物，质量分数为 0.79%，主要为高级酚，如甲基萘酚，由于其极性较小，因此在洗脱过程中最先被正己烷洗脱出来[9]。

2. 粗酚组分

　　粗酚组分的总离子流色谱图及化合物分布如图 4.15 和图 4.16 所示，酚类化

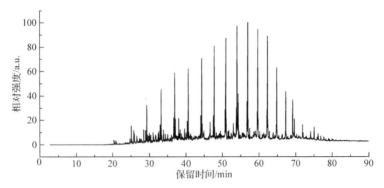

图 4.13 中性油组分总离子流色谱图

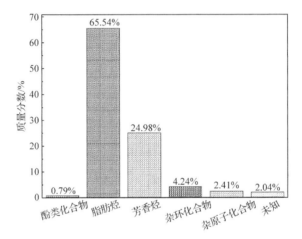

图 4.14 中性油中化合物分布图

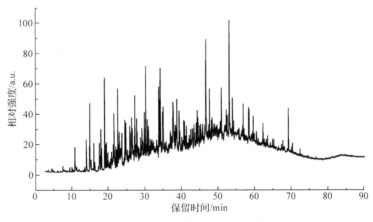

图 4.15 粗酚组分总离子流色谱图

合物占比最高，质量分数为 51.92%，主要包括苯酚、甲基苯酚、乙基苯酚、甲基萘酚和乙基萘酚。芳香烃质量分数为 16.94%，以甲基苯和萘为主。此外，粗酚中还含有少量的杂环化合物、杂原子化合物、脂肪烃类化合物(质量分数为 5.77%，主要为二十二烷至二十四烷)及一些未知化合物。

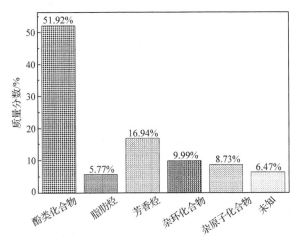

图 4.16　粗酚中化合物分布图

3. 硅胶未洗脱组分

从图 4.17 中洗脱硅胶与原始硅胶的 FTIR 对比可见，经过丙酸乙酯洗脱后，硅胶上仍有煤焦油的残留组分。与原始硅胶相比，洗脱后的硅胶在 2924cm^{-1} 和 2847cm^{-1} 处出现饱和脂肪烃的吸收峰，1680~1720cm^{-1} 处出现含氧官能团杂环化合物的吸收峰[11]，1540~1580cm^{-1} 处出现脂肪族化合物的吸收峰。结合表 4.11 中 Py-GC-MS 组分信息可知，洗脱后硅胶上残留部分烷烃、饱和脂肪烃和少量醇类化合物，但未发现酚类化合物。因此，洗脱后的硅胶可重复用于吸附酚类化合物。

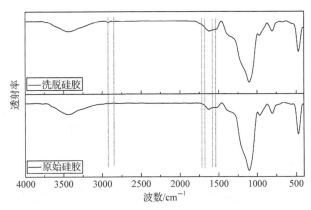

图 4.17　洗脱硅胶与原始硅胶的 FTIR

表 4.11　洗脱硅胶 Py-GC-MS 组分信息

序号	名称	质量分数/%	保留时间/min	序号	名称	质量分数/%	保留时间/min
1	十七烷	0.81	37.01	24	1-甲基-7-异丙基菲	10.06	54.41
2	二十一烷	1.74	40.70	25	苯并芴	2.10	54.77
3	羟基二苯并呋喃	2.56	43.45	26	芘甲醇	1.14	54.92
4	二十一烷	2.87	44.36	27	二十七烷醇	1.08	56.79
5	2-羟基芴	2.17	45.33	28	二十一烷	7.98	56.96
6	邻苯基苯甲酸	2.11	45.86	29	二十七烷醇	0.43	57.09
7	十六酸	1.32	46.76	30	2-苯乙烯基萘	0.39	57.20
8	十九烯	0.57	47.57	31	异丙基二甲基菲	0.58	57.33
9	二十一烷	5.05	47.79	32	二十七烷醇	0.25	57.53
10	乙基联苯	1.14	48.67	33	吩噻嗪	4.45	58.59
11	1-苯基萘	0.33	48.79	34	二十七烷醇	0.89	59.57
12	2,5-二甲基菲	0.56	48.81	35	三氟醋酸盐	0.83	59.57
13	二十四醇	0.79	50.81	36	十九酮	0.34	60.02
14	二十一烷	6.12	51.01	37	苯并菲	2.76	60.96
15	芘	2.89	51.14	38	二十四烷醇	0.27	61.77
16	吡唑	1.16	51.99	39	四十烷	6.44	62.37
17	菲醇	4.80	52.36	40	二十七烷醇	0.05	62.93
18	十八酸	0.71	53.09	41	三十六烷	3.38	64.90
19	甲基芘	1.46	53.37	42	三十六烷	1.82	67.35
20	十六碳酰胺	0.80	53.59	43	十九酮	0.53	67.73
21	二十四醇	0.77	53.88	44	芥酸酰胺	1.36	69.26
22	二十一烷	7.51	54.06	45	四十烷	0.65	69.70
23	十七烷	0.81	37.01	—	—	—	—

4.4　产品浓缩过程工艺模拟分析与设计

4.4.1　各精馏塔模拟组分的确定

PRO Ⅱ 软件中的 SIMSCI 和 PROCESS 数据库包含 2000 多种组分，几乎适用于各种模拟类型。根据第 3 章对中性油和粗酚的组分分析，在 PRO Ⅱ 软件中从

SIMSCI 和 PROCESS 数据库中找到相应组分并添加至组分列表。由于部分组分数据不完整，无法找到全部组分，因此根据第 3 章的分析结果，对可输入的组分含量进行重新归一化，以尽可能包含更多组分，使模拟的物流信息更接近实际情况。表 4.12、表 4.13 和表 4.14 分别列出了中性油、粗酚和混合份的定义组分。

表 4.12　中性油组分信息

名称	分子量	标准液体密度/(kg/m³)	沸点/℃	临界温度/℃	临界压力/kPa	临界摩尔体积/(L/mol)	临界压缩系数	偏心因子
正己烷	86.177	664.45	68.73	234.45	3025.0	0.371	0.266	0.30126
2-甲基萘	142.202	1009.00	241.05	488.00	3505.8	0.445	0.247	0.36600
十二烷	170.341	751.86	216.30	385.10	1813.7	0.718	0.238	0.57270
1-甲基萘	142.202	1023.60	244.69	499.00	3566.6	0.445	0.247	0.34000
十三烷	184.368	759.35	235.43	402.60	1722.5	0.770	0.236	0.62300
2-乙基萘	156.227	995.15	257.90	497.85	3170.0	0.520	0.257	0.42130
1-乙基萘	156.227	1010.50	258.33	502.85	3000.0	0.520	0.242	0.36262
2,6-二甲基萘	156.227	1006.60	262.00	503.85	3170.0	0.520	0.255	0.41768
2,7-二甲基萘	156.227	1006.30	263.00	504.85	3170.0	0.520	0.255	0.41958
正十四烷	198.392	765.73	253.58	419.85	1570.0	0.830	0.226	0.64302
2,6-二乙基萘	184.281	1022.50	302.85	533.85	2580.0	0.630	0.242	0.51184
1-丙基萘	170.254	993.31	272.78	508.85	2970.0	0.520	0.238	0.45544
正十五烷	212.419	770.99	270.69	434.85	1480.0	0.889	0.224	0.68632
联苯	182.221	1107.50	306.09	556.85	3352.0	0.568	0.276	0.50194
正十六烷	226.446	775.86	286.86	449.85	1400.0	0.944	0.220	0.71740
十一烷	268.531	788.42	330.60	483.00	1166.0	1.100	0.204	0.81600
顺式-苯乙烯	180.249	1017.40	280.85	510.85	2740.0	0.596	0.251	0.47580
1-苯基萘	184.281	979.53	289.39	518.85	2680.0	0.631	0.257	0.49514
苯甲酸苯酯	212.248	1123.60	323.50	546.85	2580.0	0.694	0.263	0.62250
蒽	178.233	1107.00	342.03	599.85	2900.0	0.554	0.221	0.48567
正十七烷	240.472	779.42	302.15	462.85	1340.0	1.000	0.219	0.76969
菲	178.233	1120.30	336.88	596.10	2900.0	0.554	0.222	0.46947
正十八烷	254.499	783.36	316.71	473.85	1270.0	1.060	0.217	0.81136
正二十烷	282.553	789.98	343.78	494.85	1160.0	1.170	0.213	0.90688
正二十一烷	296.579	794.62	356.50	505.00	1050.0	1.221	0.198	0.94600

名称	分子量	标准液体密度/(kg/m³)	沸点/℃	临界温度/℃	临界压力/kPa	临界摩尔体积/(L/mol)	临界压缩系数	偏心因子
二氢萘	268.441	934.47	378.85	585.85	1580.0	1.070	0.237	0.64149
二十二烷	310.605	797.31	368.61	514.00	993.0	1.278	0.194	0.97600
二十三烷	324.630	799.81	380.20	524.00	960.0	1.331	0.193	1.02900
正二十四烷	338.660	801.91	391.30	533.00	920.0	1.388	0.191	1.06600
正二十五烷	352.687	802.52	401.90	538.85	950.0	1.460	0.205	1.10526
正二十六烷	366.714	804.21	412.20	545.85	910.0	1.520	0.203	1.15444
正二十七烷	380.741	805.70	422.10	552.85	883.0	1.576	0.203	1.21357
正二十八烷	394.768	807.26	431.60	558.85	850.0	1.630	0.200	1.23752

表 4.13　粗酚组分信息

名称	分子量	标准液体密度/(kg/m³)	沸点/℃	临界温度/℃	临界压力/kPa	临界摩尔体积/(L/mol)	临界压缩系数	偏心因子
乙酸丙酯	102.133	893.56	99.10	272.85	3362.0	0.345	0.256	0.3944
苯酚	94.113	1080.00	181.84	421.10	6130.0	0.229	0.243	0.4435
间甲基苯酚	108.141	1037.00	202.23	432.60	4559.6	0.310	0.241	0.4530
对甲基苯酚	108.141	1036.00	201.94	431.40	5147.3	0.277	0.243	0.5110
苯乙酚	122.167	1013.90	217.99	443.30	4290.0	0.387	0.279	0.5240
1-苯基-1-丙醇	136.194	999.40	219.00	403.85	3490.0	0.440	0.273	0.7464
1-苯基-2-丙醇	136.194	995.96	220.00	404.85	3490.0	0.440	0.272	0.7496
苯甲醚	136.194	952.42	185.00	388.85	3110.0	0.442	0.250	0.4332

表 4.14　混合份组分信息

名称	分子量	标准液体密度/(kg/m³)	沸点/℃	临界温度/℃	临界压力/kPa	临界摩尔体积/(L/mol)	临界压缩系数	偏心因子
正己烷	86.177	664.45	68.73	234.45	3025.0	0.371	0.266	0.30126
乙酸丙酯	102.133	893.56	99.10	272.85	3362.0	0.345	0.256	0.39437
2-甲基萘	142.202	1009.00	241.05	488.00	3505.8	0.445	0.247	0.36600
十二烷	170.341	751.86	216.30	385.10	1813.7	0.718	0.238	0.57270
1-甲基萘	142.202	1023.60	244.69	499.00	3566.6	0.445	0.247	0.34000
十三烷	184.368	759.35	235.43	402.60	1722.5	0.770	0.236	0.62300
2-乙基萘	156.227	995.15	257.90	497.85	3170.0	0.520	0.257	0.42130

续表

名称	分子量	标准液体密度/(kg/m³)	沸点/℃	临界温度/℃	临界压力/kPa	临界摩尔体积/(L/mol)	临界压缩系数	偏心因子
1-乙基萘	156.227	1010.50	258.33	502.85	3000.0	0.520	0.242	0.36262
2,6-二甲基萘	156.227	1006.60	262.00	503.85	3170.0	0.520	0.255	0.41768
2,7-二甲基萘	156.227	1006.30	263.00	504.85	3170.0	0.520	0.255	0.41958
正十四烷	198.392	765.73	253.58	419.85	1570.0	0.830	0.226	0.64302
2,6-二乙基萘	184.281	1022.50	302.85	533.85	2580.0	0.630	0.242	0.51184
1-丙基萘	170.254	993.31	272.78	508.85	2970.0	0.520	0.238	0.45544
正十五烷	212.419	770.99	270.69	434.85	1480.0	0.889	0.224	0.68632
联苯	182.222	1107.50	306.09	556.85	3352.0	0.568	0.276	0.50194
正十六烷	226.446	775.86	286.86	449.85	1400.0	0.944	0.22	0.71740
十一烷	268.531	788.42	330.60	483.00	1166.0	1.100	0.204	0.81600
顺式-苯乙烯	180.249	1017.40	280.85	510.85	2740.0	0.596	0.251	0.47580
1-苯基萘	184.281	979.53	289.39	518.85	2680.0	0.631	0.257	0.49514
苯甲酸苯酯	212.248	1123.60	323.50	546.85	2580.0	0.694	0.263	0.62250
蒽	178.233	1107.00	342.03	599.85	2900.0	0.554	0.221	0.48567
正十七烷	240.473	779.42	302.15	462.85	1340.0	1.000	0.219	0.76969
菲	178.233	1120.30	336.88	596.10	2900.0	0.554	0.222	0.46947
正十八烷	254.500	783.36	316.71	473.85	1270.0	1.060	0.217	0.81136
正二十烷	282.554	789.98	343.78	494.85	1160.0	1.170	0.213	0.90688
正二十一烷	296.580	794.62	356.50	505.00	1050.0	1.221	0.198	0.94600
二氢萘	268.441	934.47	378.85	585.85	1580.0	1.070	0.237	0.64149
二十二烷	310.605	797.31	368.61	514.00	993.0	1.278	0.194	0.97600
二十三烷	324.630	799.81	380.20	524.00	960.0	1.330	0.193	1.02900
正二十四烷	338.660	801.91	391.30	533.00	920.0	1.388	0.191	1.06600
正二十五烷	352.688	802.52	401.90	538.85	950.0	1.460	0.205	1.10526
正二十六烷	366.715	804.21	412.20	545.85	910.0	1.520	0.203	1.15444
正二十七烷	380.742	805.70	422.10	552.85	883.0	1.576	0.203	1.21357
正二十八烷	394.769	807.26	431.60	558.85	850.0	1.630	0.200	1.23752
苯酚	94.113	1080.00	181.84	421.10	6130.0	0.229	0.243	0.44346
间甲基苯酚	108.140	1037.00	202.27	432.70	4560.0	0.312	0.242	0.44803

续表

名称	分子量	标准液体密度/(kg/m³)	沸点/℃	临界温度/℃	临界压力/kPa	临界摩尔体积/(L/mol)	临界压缩系数	偏心因子
对甲基苯酚	108.140	1036.20	201.98	431.50	5150.0	0.277	0.244	0.50721
苯乙酚	122.167	1013.90	217.99	443.30	4290.0	0.387	0.279	0.52401
1-苯基-1-丙醇	136.194	999.40	219.00	403.85	3490.0	0.440	0.273	0.74643
1-苯基-2-丙醇	136.194	995.96	220.00	404.85	3490.0	0.440	0.272	0.74962
苯甲醚	136.194	952.42	185.00	388.85	3110.0	0.442	0.250	0.43324

4.4.2　精馏塔的模拟流程建立

1. 中性油塔

为了对混有溶剂正己烷的中性油进行脱溶剂处理, 以便实现溶剂的循环利用并达到中性油组分浓缩的目的, 设计了如图 4.18 所示的中性油塔精馏模拟流程进行操作。在该流程中, S1 和 S4 分别表示正己烷和中性油组分, 两者在混合器 M1 中混合, 模拟实际实验条件下获得的中性油混合物。混合后的组分被引入精馏塔 T1 进行溶剂分离, 塔顶的轻组分正己烷经过冷凝器冷却后, 循环回分离装置进行再次利用。塔底得到的中性油产品则为已脱除正己烷的中性油。

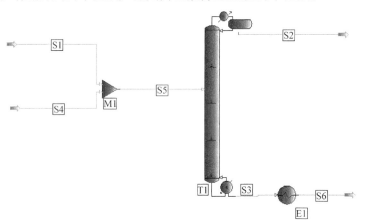

图 4.18　中性油塔精馏模拟流程图

S1-正己烷；S2-正己烷；S3-已脱除正己烷的中性油；S4-中性油；S5-正己烷与中性油混合物；S6-中性油产品；M1-混合器；T1-精馏塔；E1-换热器

2. 粗酚塔

为了对混有溶剂丙酸乙酯的粗酚进行脱溶剂处理, 实现溶剂的循环利用并达到粗酚组分浓缩的目的, 设计了如图 4.19 所示的粗酚塔精馏模拟流程进行操作。在该流程中，S1 和 S2 分别表示丙酸乙酯和粗酚组分，两者在混合器 M1 中混合，以模拟实际实验条件下获得的粗酚混合物。混合后的组分进入精馏塔 T1 进行溶剂分离，塔顶采出的轻组分丙酸乙酯经过塔顶冷凝器冷却后，循环回分离装置进行再利用。塔底得到的粗酚即为脱除溶剂后的粗酚产品，符合装置对酚类化合物分离的要求。

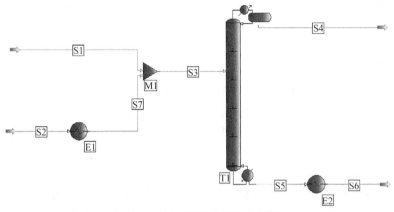

图 4.19　粗酚塔精馏模拟流程图

S1-丙酸乙酯；S2-粗酚；S3-丙酸乙酯和粗酚混合物；S4-丙酸乙酯；S5-脱除丙酸乙酯后的粗酚；S6-粗酚产品；
S7-加热后的粗酚；M1-混合器；T1-精馏塔；E1-换热器；E2-换热器

3. 混合份塔

在层析柱吸附稳定之前或洗脱稳定之前，将含有正己烷、丙酸乙酯和煤焦油正己烷萃取物的混合物通过混合精馏塔进行处理，以分离出其中的正己烷，并将剩余混合物循环用于洗脱过程，混合份塔精馏模拟流程如图 4.20 所示。S1 和 S4 分别表示正己烷和中性油组分，经过混合器 M1 混合，模拟实验过程中吸附后剩

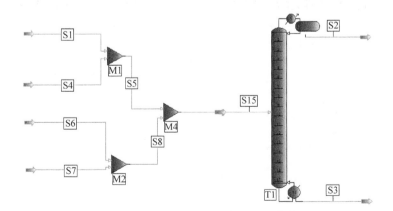

图 4.20　混合份塔精馏模拟流程图

S1-正己烷；S2-正己烷和丙酸乙酯；S3-中性油与粗酚混合物；S4-中性油；S5-正己烷与中性油混合物；S6-丙酸乙酯；
S7-粗酚；S8-丙酸乙酯与粗酚混合物；S15-混合物；Mi-混合器(i=1,2,4)；T1-精馏塔

余的中性油部分；S6 和 S7 分别表示丙酸乙酯和粗酚组分，经过混合器 M2 混合，模拟实验过程中洗脱后的粗酚部分。将来自混合器 M1 和 M2 的混合物通过混合器 M4 混合，得到的混合物用于模拟层析柱吸附或洗脱稳定之前的混合状态。将该混合物通过精馏塔进行分离，塔顶得到的轻组分为正己烷，可循环回系统中重复利用；塔底得到的丙酸乙酯和煤焦油正己烷萃取物的混合物则可循环回柱层析阶段，用于洗脱过程中的循环利用。

4.4.3　精馏塔设计参数设定

在中性油塔中，由于正己烷的沸点较其他组分低，分离较为容易，因此将正己烷定义为轻组分，从塔顶采出。为了尽可能回收全部正己烷，并使得在塔底得到的中性油产品中正己烷含量尽量低，将分离要求设定如下：塔顶采出的轻组分正己烷的质量分数为 99%，塔底采出的中性油中正己烷的质量分数为 0.1%。同样地，在粗酚塔中，将丙酸乙酯定义为轻组分，从塔顶采出，并设定分离要求如下：塔顶采出的丙酸乙酯的质量分数为 99%，塔底粗酚中丙酸乙酯的质量分数为 0.1%。在混合份塔中，轻组分为正己烷，分离要求为塔顶和塔底采出的产品中正己烷的质量分数分别为 99% 和 0.1%。

1. 中性油塔模拟结果

由图 4.21 所示的塔板数与再沸器、冷凝器热负荷关系图可以看出，随着精馏塔塔板数的增加，塔顶冷凝器和塔釜再沸器的热负荷先降低，然后趋于稳定。当塔板数达到6块时，再沸器和冷凝器的热负荷基本达到最小值，分别为2000W 和2100W。考虑到增加塔板数会导致塔高增加，从而提高投资成本，不利于降低工业生产成本。因此，将该精馏塔的理论塔板数设定为 6 块，以达到经济性与性能的平衡。

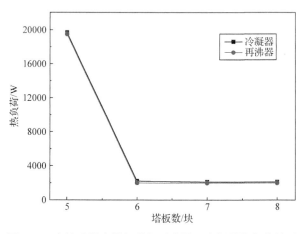

图 4.21　中性油塔中塔板数与再沸器、冷凝器热负荷关系

在确定了理论塔板数的情况下，需要选择最佳的进料板位置。从图 4.22 中进料板位置与再沸器、冷凝器热负荷的曲线可以看出，随着进料板位置的降低，当进料板位置从第 2 块变到第 5 块时，塔顶冷凝器和塔釜再沸器的热负荷先降低后增加。其中，当进料板为第 3 块时，塔顶冷凝器和塔底再沸器的热负荷最低，分别为 2200W 和 2000W。因此，为了提高工业生产的经济性，降低生产成本，该中性油塔的最佳进料板位置选择第 3 块塔板。

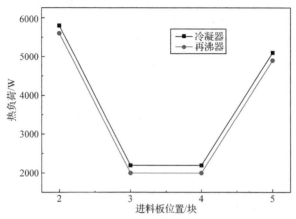

图 4.22　中性油塔中进料板位置与再沸器、冷凝器热负荷曲线

从图 4.23 中可以看出，中性油塔中正己烷的质量分数随塔板数的变化情况如下：在精馏段，随着塔板数的增加，轻组分正己烷的质量分数逐渐上升，并在精馏塔的第 1 块塔板(塔顶冷凝器)处达到 99%，满足分离要求。在提馏段，随着塔板位置的降低(塔板数增加)，正己烷的质量分数呈现出先急剧下降后逐渐趋于平缓的趋势。在第 6 块塔板(塔釜再沸器)处，正己烷的质量分数降至 0.1%，达到分离要求。

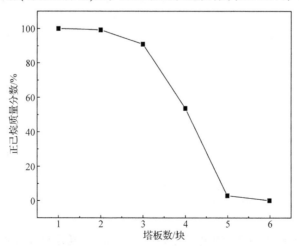

图 4.23　中性油塔中正己烷质量分数随塔板数变化图

2. 粗酚塔模拟结果

根据前面建立的模拟过程和分离要求,对粗酚塔进行了模拟实验,结果如图 4.24 所示。从粗酚塔塔板数与再沸器、冷凝器热负荷关系图可以看出,在满足分离要求的前提下,随着塔板数的增加,塔顶冷凝器和塔釜再沸器的热负荷先迅速下降,然后逐渐趋于平稳。考虑到增加塔板数会导致塔高增加,从而提高投资成本,不利于工业生产成本的经济性优化,分析图 4.24 的可知,当粗酚塔的塔板数为 7 块时,塔顶冷凝器和塔釜再沸器的热负荷基本达到最小值,分别为 3300W 和 3500W。因此,粗酚塔的最终理论塔板数选定为 7 块。

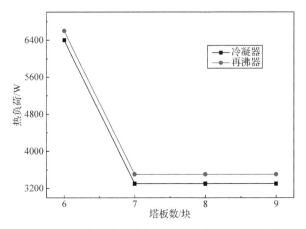

图 4.24　粗酚塔中塔板数与再沸器、冷凝器热负荷关系

在确定了粗酚塔的理论塔板数,并满足分离要求的前提下,从图 4.25 可以看出,随着进料板位置的降低,塔顶冷凝器和塔釜再沸器的热负荷逐渐增加。因此,

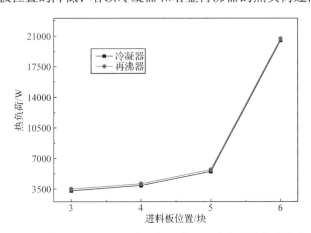

图 4.25　粗酚塔中进料板位置与再沸器、冷凝器热负荷曲线

当进料板位置为第 3 块塔板时，冷凝器和再沸器的热负荷达到最小值，分别为 3300W 和 3500W。为了减少投资费用，降低操作成本，并提高工业经济性，最终确定粗酚塔的最佳进料板位置为第 3 块塔板。

在确定了粗酚塔的理论塔板数和最佳进料板位置后，从图 4.26 可以看出，轻组分丙酸乙酯在粗酚塔各塔板上的质量分数分布情况如下：在精馏段，丙酸乙酯的质量分数随着塔板数的增加逐渐升高，并在第 1 块塔板(塔顶冷凝器)达到分离要求，即 99%。在提馏段，随着塔板位置的降低，丙酸乙酯的质量分数先迅速下降，随后趋于缓慢降低，在第 7 块塔板(塔底再沸器)时达到 0.1%的分离要求。

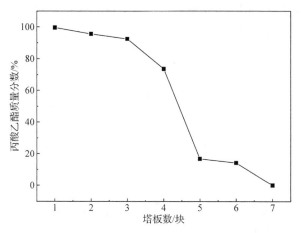

图 4.26　粗酚塔中丙酸乙酯质量分数随塔板数变化图

3. 混合份塔模拟结果

从图 4.27 可以看出，在达到分离要求的前提下，混合份塔的塔板数增加时，

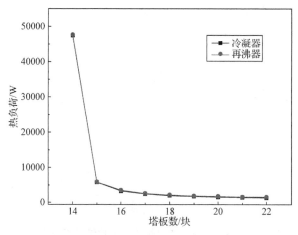

图 4.27　混合份塔中塔板数与再沸器、冷凝器热负荷关系

塔顶冷凝器和塔釜再沸器的热负荷先急剧下降，随后逐渐趋于平缓减少。考虑到塔板数的增加会导致塔高增加，进而提高投资成本，不利于工业生产成本的经济性优化，结合图 4.27 的分析可知，当混合份塔的塔板数为 18 块时，塔顶冷凝器和塔釜再沸器的热负荷基本达到最小值，分别为 2000W 和 2200W。因此，混合份塔最终设计的理论塔板数定为 18 块。

从图 4.28 可以看出，随着进料板位置的降低，混合份塔的塔顶冷凝器和塔釜再沸器的热负荷先减少，然后在降低到一定程度后开始增加。因此，当进料板位置为第 10 块塔板时，冷凝器和再沸器的热负荷达到最小值，分别为 2000W 和 2200W。为减少投资费用、降低操作成本并提高工业经济性，最终确定混合份塔的最佳进料板位置为第 10 块塔板。

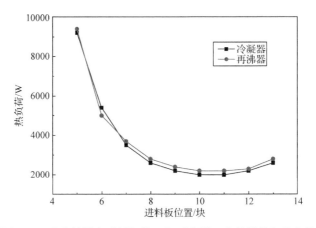

图 4.28　混合份塔中进料板位置与再沸器、冷凝器热负荷曲线

在图 4.29 中展示了混合份塔内轻组分正己烷的质量分数随塔板数的变化关

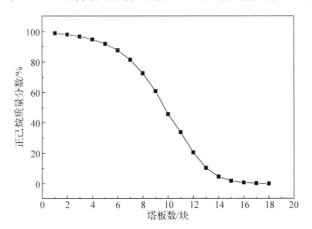

图 4.29　混合份塔中正己烷质量分数随塔板数变化图

系。在精馏段，随着塔板数逐渐增大，正己烷的质量分数不断增加，并在第 1 块塔板(塔顶冷凝器)时达到 99%，满足分离要求。提馏段的情况则有所不同，随着塔板位置下降，正己烷的质量分数先迅速下降，然后在第 14 块塔板后逐渐趋于平缓，最终在第 18 块塔板(塔釜再沸器)处达到 0.1%的分离标准。

4.5　煤焦油组分分离工艺设计与优化

4.5.1　煤焦油组分分离工艺设计

该工艺设计旨在将煤焦油组分的梯级分离进行连续化操作，所以在工艺设计过程中主要涉及煤焦油脱沥青、利用柱层析进行的提酚工艺、粗产品浓缩与溶剂回收三部分。设计煤焦油组分分离工艺装置如图 4.30 所示。

如图 4.30 所示，第 I 部分为煤焦油脱沥青部分，通过将正己烷与煤焦油在机械搅拌釜 4 中进行溶剂萃取，然后通过固液分离器 5 将煤焦油正己烷萃取物与煤沥青进行分离，最终达到脱沥青的目的。

第 II 部分为提酚工艺部分，利用柱层析以硅胶作为固定相，将脱沥青煤焦油中酚类化合物分离，分别得到粗产品中性油和粗酚。通过泵 7 和 8 将煤焦油正己烷萃取物、正己烷、洗脱剂丙酸乙酯分别泵入层析柱 10 和 11 中，图中设计两根并联的层析柱能够使煤焦油组分中的酚类化合物在层析柱中吸附和洗脱交替进行，使分离能够连续，提高分离效率。在吸附或者洗脱稳定之前会产生混合份(正己烷、丙酸乙酯、脱沥青煤焦油的混合物)。经过层析柱的分离可将脱沥青煤焦油分为中性油、粗酚、混合份三部分。

第 III 部分为粗产品浓缩与溶剂回收部分，通过精馏设备将第 II 部分得到的粗产品中性油与粗酚和混合份进行浓缩，并将溶剂正己烷与丙酸乙酯进行回收循环利用，提高工业生产成本的经济性。其中，利用中性油精馏塔 14 将第 II 部分所得中性油中的溶剂正己烷进行分离，在正己烷回收罐 16 中得到正己烷并将其循环至第 I 部分利用，在塔釜中得到中性油作为产品储存在中性油储罐 21 中。在粗酚精馏塔 24 中将第 II 部分得到的粗产品粗酚进行溶剂丙酸乙酯分离，使其在丙酸乙酯回收罐 26 中收集并循环至第 II 部分作为洗脱剂循环利用，降低生产成本，提高工业经济性。在第 II 部分中产生的混合份经过混合份精馏塔 34 将其中的正己烷从正己烷回收罐 36 中回收并返回至第 I 部分循环利用，在塔釜得到的丙酸乙酯与煤焦油混合物循环至第 II 部分洗脱过程[9]。

4.5.2　煤焦油组分分离工艺装置优化

根据设计煤焦油组分分离工艺(图 4.30)进行装置搭建，如图 4.31 所示。

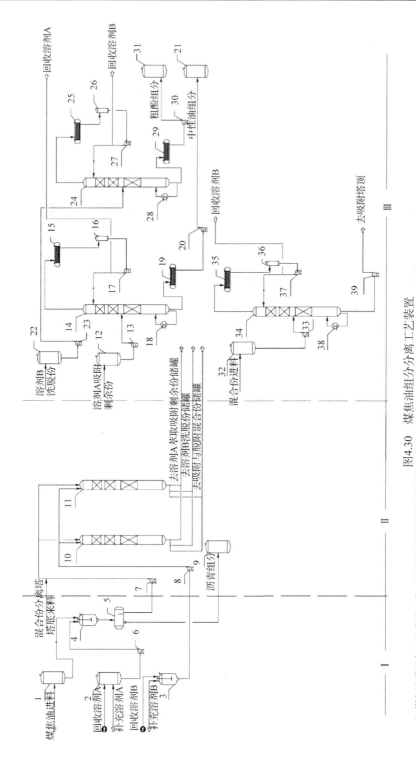

图4.30 煤焦油组分分离工艺装置

I-煤焦油脱沥青; II-提酚工艺; III-粗产品浓缩与溶剂回收; 1-煤焦油储罐; 2-正己烷储罐; 3-沥青质储罐; 10、11-层析柱; 12-中性油储罐; 18、20、23、27、28、30、33、37、38、39-泵; 9-丙酸乙酯储罐; 29-塔釜冷凝器; 25-塔顶冷凝器; 26-丙酸乙酯回收罐; 31-粗酚储罐; 32-混合份储罐; 34-混合份精馏塔; 35-塔顶精馏塔; 4-机械搅拌釜; 5-固液分离器; 6、7、8、13、17、19-塔釜冷凝器; 15-塔顶冷凝器; 14-中性油精馏塔; 21-中性油储罐; 16、36-正己烷回收罐; 22-粗酚储罐; 24-粗酚精馏塔

图 4.31　煤焦油组分分离工艺装置

1-煤焦油储罐；2-正己烷储罐；3-机械搅拌釜；4-固液分离器；5-丙酸乙酯储罐
6-脱沥青煤焦油储罐；7-沥青质储罐；8-泵；9-层析柱

在图 4.31 装置图中，该煤焦油组分分离装置包括分离工艺第Ⅰ、Ⅱ部分，分离工艺第Ⅲ部分采用 PRO Ⅱ软件进行模拟实验并完成搭建。

1. 煤焦油脱沥青

该煤焦油组分分离装置的第Ⅰ部分为煤焦油脱沥青实验，使煤焦油与正己烷在可加热的机械搅拌釜中进行萃取，然后通过自然沉降将煤焦油正己烷萃取物与萃余物沥青质分离。在 4.2.2 小节中，对煤焦油的脱沥青实验采用了三种不同方法，分别是超声-热抽提萃取、直接超声萃取及直接热萃取，比较这些方法对煤焦油脱沥青效果的影响。结果显示，超声-热抽提萃取和直接超声萃取的萃取率较高，最高达到了 69.2%。然而，这些方法需要多次超声和索氏抽提过程，操作复杂且耗时，不利于工业化应用。相比之下，直接热萃取方法操作简单，萃取率为41.9%，实验过程更易于在工业化生产中实现，并且该方法与装置中的脱沥青部分相似，更具实际应用价值。

2. 提酚工艺

作为该装置的第Ⅱ部分，也是该分离装置的核心，该部分主要通过利用可加压层析柱对脱沥青煤焦油中酚类化合物进行提取分离。

装置中所用的层析柱规格为 57mm×1000mm，在 4.3 节中对层析柱的操作条件进行了考察。以不同粒径的硅胶作为填料，考察不同操作压力下对提酚工艺的影响，实验过程分别对 60~80 目、120~140 目、180~200 目硅胶在 0.03MPa、0.05MPa、0.07MPa 下对层析柱中流动相的流速进行测定，最终得出在提酚过程中的吸附稳定时间、溶剂切换时间、洗脱稳定时间。在吸附稳定时间、溶剂切换时间、洗脱稳定时间中均是在压力相同条件下，随着硅胶粒径增大流动相流速越快，所需稳定时间越短，在硅胶粒径相同的条件下，随着压力增大，层析柱中流动相流速越大，操作需要稳定时间越短，所以最终选定提酚工艺过程中填料硅胶粒径为 60～80 目，操作压力为 0.07MPa。

3. 粗产品浓缩与溶剂回收

粗产品浓缩与溶剂回收作为煤焦油分离装置第Ⅲ部分，也是该装置最后一部分，该部分对第Ⅱ部分所得到粗产品中性油与粗酚通过利用精馏设备进行浓缩回收溶剂，实现溶剂循环利用，降低操作成本，提高生产的经济性；对实验过程中产生的混合份也进行溶剂循环利用[9]。本部分通过利用 PRO Ⅱ 模拟实验过程，在 PRO Ⅱ 建立模拟流程，分别确定各精馏塔的理论塔板数，最佳进料板位置。在满足分离要求的前提下分别得出中性油塔的理论塔板数为 6 块，最佳进料板位置为第 3 块；粗酚塔的理论塔板数为 7 块，最佳进料板位置为第 3 块；混合份塔理论塔板数为 18 块，最佳进料板位置为第 10 块。

参 考 文 献

[1] GAO J J, DAI Y F, MA W Y, et al. Efficient separation of phenol from oil by acid-base complexing adsorption[J]. Chemical Engineering Journal, 2015, 281: 749-758.

[2] 刘双泰. 陕西煤业攻克煤焦油提酚新技术 [J]. 中国石油和化工产业观察, 2022(5): 48.

[3] 王春, 乔林, 陈硕, 等. 煤焦油中酚类和萘类化合物绿色提取工艺概念化流程分析 [J]. 煤化工, 2021, 49(4): 23-26, 75.

[4] WANG R C, SUN M, LIU Q X, et al. Study on extraction of phenols in low temperature coal tar from Shanbei[J]. Coal Conversion, 2011, 34(1): 34-38.

[5] LV J P, CAO Z B, LI J H, et al. Phenol extraction from fraction of medium and low temperature coal tar and phenol refining[J]. Coal Chemical Industry, 2007(1): 55-57.

[6] ZHENG Z, YU Y M, HU R, et al. Separation and utilization of phenolic compounds in Shenmu low-temperature coal tar[J]. Coal Conversion, 2016, 39(1): 67-70, 75.

[7] ZHANG X B, SUN B P, FU J. Modification of crude phenol production plant based on fuzzy control[J]. Coal Chemical Industry, 2022, 50(5): 98-100.

[8] 曹巍. 溶剂萃取—柱层析法提取煤焦油中粗酚的研究[D]. 西安: 西北大学, 2012.

[9] 杨叶伟. 煤焦油组分梯级分离工艺优化[D]. 西安: 西北大学, 2018.

[10] 中华人民共和国国家质量监督检验检疫总局, 中国国家标准化管理委员会. 粗酚中酚及同系物含量的测定方法: GB/T 24200—2009[S]. 北京: 中国标准出版社, 2009.

[11] SUN M, MA X X, YAO Q X, et al. GC-MS and TG-FTIR study of petroleum ether extract and residue from low temperature coal tar[J]. Energy & Fuels, 2011, 25: 1140-1145.

第5章 煤焦油催化加氢

5.1 概　述

5.1.1 研究背景及意义

煤焦油是宝贵的有机化工原料，煤焦油中的主要组分，如萘、苊、芴、蒽、菲、荧蒽、芘等是医药、农药、染料、合成纤维等领域的重要化工原料或中间体，具有不可替代性。然而，我国煤焦油加工技术相对落后，需要高价进口国外提炼的煤焦油产品，出现严重的返销现象。这一现象不仅造成经济上的损失，也制约了国内相关产业的技术进步。

国外煤焦油加工技术先进，产品类型多样且划分细致，但相关技术对外封锁严格。其加工模式主要分为三类：全面分离和提纯，多规格产品的配制；深加工，延伸至精细化工、染料和医药领域；重点加工沥青类产品。相比之下，我国煤焦油的利用途径主要包括常规蒸馏生产化工原料、作为重油替代燃料，以及通过催化加氢生产燃料油。前两种方式较为传统，产品用途单一；催化加氢技术虽较先进，但高温煤焦油的沥青处理较困难，因此我国主要采用中低温煤焦油及蒽油加氢装置。

本章主要探讨煤焦油中富多环芳烃脱烷基、煤焦油催化加氢制轻质芳烃以及煤焦油催化加氢与烷基化制备高值化学品的技术。具体包括以下三个方面：

(1) 富多环芳烃脱烷基：通过催化脱烷基反应，将煤焦油中的多环芳烃转化为更高附加值的化学品。

(2) 煤焦油催化加氢制轻质芳烃：研究不同催化剂和工艺条件对煤焦油加氢反应的影响，优化轻质芳烃的制备过程。

(3) 煤焦油催化加氢与烷基化制备高值化学品：探索菲等重芳烃的加氢饱和及弗里德-克拉夫茨反应，开发高效催化剂，提高烷基化产品的收率和选择性。

通过以上三方面的系统研究，旨在提升煤焦油中多环芳烃的利用价值，为煤焦油高效转化为高附加值产品提供理论依据和技术支持。这不仅有助于推动煤焦油深加工技术的发展，也为相关产业带来显著的经济效益。

5.1.2　研究思路和总体方案

在深入分析煤焦油现有加工利用技术问题的基础上，结合多年煤焦油研究与技术开发的实践经验和理论认识，提出了一种"梯级分离-逐级转化"的新型工艺路线。该路线尤其强调对煤焦油中多环芳烃馏分进行催化转化和脱烷基处理，随后通过精馏与催化转化生产精细化学品(如多环芳烃的氢化产物)[1]。相关的煤焦油分离与转化装置如图 5.1 所示。

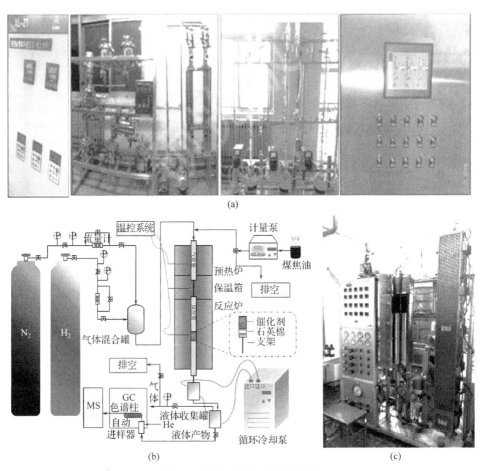

图 5.1　煤焦油分离与转化装置

(a) 煤焦油分离装置；(b) 煤焦油转化流程示意图；(c) 煤焦油转化装置

以下是该研究的思路和总体方案的详细介绍。本工艺路线针对煤焦油的族组分组成特点，采用蒸馏的方法将其全组分切割分离得到 210～360℃馏分。针对 210～360℃馏分，开发多环芳烃的高效分离和深度催化转化的新工艺。具体研究内容如下：

(1) 煤焦油 210～360℃馏分的催化加氢转化/裂化研究。

根据煤焦油的沸点进行馏分段切割，获得 210～360℃馏分和>360℃馏分。对富多环芳烃馏分进行加氢催化裂化脱烷基，考察酸性载体和活性组分(非贵金属、贵金属)之间的配伍关系对脱烷基的催化作用机制。揭示催化剂和工艺参数对加氢程度调控的作用机制。

(2) 煤焦油 210～360℃馏分的催化加氢转化/裂化产物的组分分离。

采用"柱层析-精馏/结晶"的方法对加氢催化转化/裂化产物进行分离。分离出链烷烃/环烷烃，富集/提纯多环芳烃化合物(如萘、菲、蒽、芘、芴等)。探索"柱层析-精馏/结晶"的匹配规律与调控方法。

(3) 煤焦油 210～360℃馏分催化加氢转化/裂化-富集/提纯组分的催化加氢转化。

以分离得到的萘、菲、芘、芴、蒽等为原料，进行选择性催化加氢，制取四氢萘、八氢菲、四氢芘、全氢芴、全氢蒽等高端产品(如高值化学品、高密度燃料、医药中间体等)。开发选择性加氢反应的催化剂，探索选择性催化加氢反应机理，建立多环芳烃选择性催化加氢转化的基础理论。

(4) 催化反应体系的理论优化。

基于人工神经网络方法，以催化剂特性(载体、活性组分、助剂、物理结构等)与反应工艺参数作为输入，以脱除率或转化率、寿命作为输出，分别建立煤焦油 210～360℃馏分催化加氢裂化脱烷基反应及多环芳烃选择性催化加氢反应的预测模型。筛选催化剂及优化工艺参数。

(5) 210～360℃馏分催化加氢转化/裂化、产物的组分分离提纯、选择性催化加氢转化工艺过程模拟与优化。

探明工艺设备数量、结构参数与操作条件之间的关系，以及各转化/分离单元之间的相关性与匹配关系。建立该工艺系统的过程模型，以先进性、经济性为目标，通过敏感性分析，进行系统的模拟与优化，获得最优的工艺匹配与最佳的操作条件。

本章提出的煤焦油多环芳烃催化重整后分离与逐级深度催化转化利用的新工艺，旨在充分利用煤焦油的特性，发挥其利用潜质，体现科学性、合理性、先进性和环保性。该工艺可实现煤焦油的全部分离、提纯和转化利用，提高综合利用水平和程度。根据不同的地方和企业需求，新工艺可进一步延长产品链，灵活调变下游产品种类，实现产品多元化。煤焦油"梯级分离-逐级转化"工艺技术路线如图 5.2 所示。

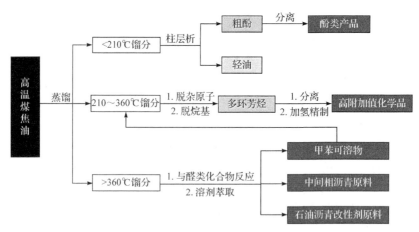

图 5.2　煤焦油"梯级分离-逐级转化"工艺技术路线

5.2　富多环芳烃馏分催化加氢脱烷基

　　煤焦油是一种复杂的有机混合物，含有多种多环芳烃(PAHs)，其中许多具有较高的经济价值和应用前景。然而，煤焦油中 PAHs 的复杂结构和多种官能团的存在使其直接利用变得困难。为了提高其利用率，需要对其进行精细化处理和改性。其中，催化加氢脱烷基是一个重要的研究方向，能够有效改善其化学性质，降低其分子量，提高其稳定性和利用价值。

　　本节主要针对富多环芳烃的煤焦油馏分，探索其催化加氢脱烷基反应。通过选择适当的催化剂和反应条件，研究多环芳烃化合物脱烷基反应，揭示反应路径及其影响因素。研究结果将为煤焦油的深度加工和高值化利用提供理论依据和技术支持。富多环芳烃催化加氢脱烷基的研究引起了广泛的关注，富多环芳烃催化加氢脱烷基所用的催化剂多为双功能催化剂，这是因为芳香烃脱烷基反应由金属中心及酸性中心协同催化完成[1]。首先，本节以煤焦油中的 2-甲基萘为模型化合物，研究其脱除甲基转化为萘的过程。研究了不同催化剂载体(SiO$_2$、Al$_2$O$_3$、ZSM-5 型分子筛(简称"ZSM-5")、Beta 型分子筛(简称"Beta")、HY 型分子筛(简称"HY"))及其负载金属钨(W)对 2-甲基萘加氢脱烷基的催化性能。其次，以 HY 为载体探究了温度、压力、时间，以及活性组分 W、镍(Ni)、钼(Mo)和钴(Co)对 2-甲基萘催化加氢反应性能,同时采用稀土助剂铈(Ce)和镧(La)对负载单金属催化剂 W/HY 进行改性，探究助剂对催化剂催化性能的影响。最后，对 W/HY、Ni/HY、Ce-6W/HY 及 La-6W/HY 进行 X 射线衍射(XRD)、吸附比表面测试(BET)、氨气程序升温脱附(NH$_3$-TPD)、氢气程序升温还原(H$_2$-TPR)进行表征分析，探究其催化效果不同的原因。

5.2.1　加氢工艺条件对 W/HY 催化性能的影响

本小节以 W 负载量(以质量分数计)为 6%的 W/HY 型分子筛为催化剂 (6W/HY)，研究了反应温度、氢气初压和反应时间对 2-甲基萘加氢脱烷基反应的影响，以期确定最佳工艺条件。实验在高压反应釜中进行，先用氮气置换空气，再用氢气置换残余氮气，最后充入一定压力的氢气开始实验。反应物为 1g 2-甲基萘与 15g 正己烷的混合溶液，催化剂用量为 1.5g。

图 5.3 显示了反应温度对 2-甲基萘的转化率和萘的选择性的影响。随着温度升高，2-甲基萘的转化率逐渐增加，而萘的选择性先升后降。400℃时，催化剂未充分活化，2-甲基萘吸附不佳，其转化率和萘的选择性最低。温度升至 480℃时，催化剂活化充分，主反应速率增加，2-甲基萘的转化率和萘的选择性分别达到 81.23%和 64.22%。当温度升至 520℃，加氢裂解等副反应速率增快，导致 2-甲基萘的转化率升高而萘的选择性下降。因此，最佳反应温度为 480℃。

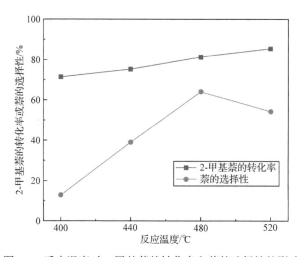

图 5.3　反应温度对 2-甲基萘的转化率和萘的选择性的影响

图 5.4 显示了氢气初压对 2-甲基萘的转化率和萘的选择性的影响。随着氢气初压的增加，2-甲基萘的转化率由 77.34%升高至 88.44%，而萘的选择性随着氢气初压的升高呈现先增加后降低的趋势，在 2MPa 时达到最大(64.22%)。这可能是因为氢气初压过低使反应物分子发生缩合形成积碳，氢气初压过高发生加氢饱和等副反应[1]。因此，2-甲基萘加氢脱烷基的最佳反应氢气初压为 2MPa。

图 5.5 显示了反应时间对 2-甲基萘的转化率和萘的选择性的影响。随着反应时间从 2h 延长到 8h，2-甲基萘的转化率从 60.9%增加至 91.22%。萘的选择性在反应时间为 4h 达到最大(64.22%)，当反应时间继续增加，萘的选择性降低。这可能是因为在间歇反应釜中,反应时间延长使得目标产物萘发生催化加氢等副反应。

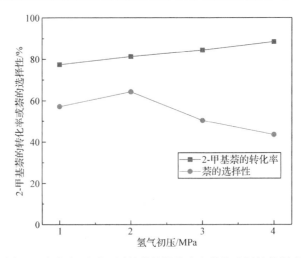

图 5.4　氢气初压对 2-甲基萘的转化率和萘的选择性的影响

因此，2-甲基萘催化加氢脱烷基的最佳反应时间为 4h。

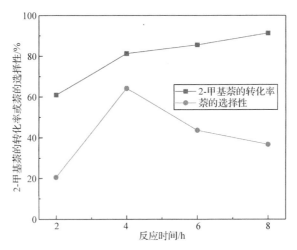

图 5.5　反应时间对 2-甲基萘的转化率和萘的选择性的影响

　　通过研究反应温度、氢气初压和反应时间对 2-甲基萘加氢脱烷基反应的影响，确定了最佳反应条件为温度 480℃、氢气初压 2MPa 和反应时间 4h。在这些条件下，2-甲基萘的转化率和萘的选择性均达到较高水平。通过对反应温度、氢气初压和反应时间的综合优化，可以最大化主反应的效率，同时最小化副反应的干扰。这些结果为在实际生产中制订最优的工艺参数组合提供了科学依据，同时强调了合理控制反应条件以避免副产物生成的重要性，从而实现高效和稳定的生产。

5.2.2　不同载体催化剂的反应性能

1. 不同载体催化剂催化性能比较

本小节选择 SiO$_2$、Al$_2$O$_3$、ZSM-5、Beta、HY 作为催化剂载体探究 2-甲基萘加氢脱烷基反应，结果如图 5.6 所示。从图 5.6 可以看出，在催化剂作用下，2-甲基萘加氢脱烷基性能明显提高。未添加催化剂时，2-甲基萘的转化率为 8.23%，萘的选择性仅为 2.36%。其中，ZSM-5 作为催化剂载体时 2-甲基萘表现出最高的转化率，可达 60.73%。2-甲基萘的转化率由小到大排序为空白<SiO$_2$<Al$_2$O$_3$<Beta<HY<ZSM-5。HY 表现出最高的萘选择性(27.88%)，此时 2-甲基萘的转化率为 58.29%。萘的选择性由小到大排序为空白<SiO$_2$<Al$_2$O$_3$<Beta<ZSM-5<HY。

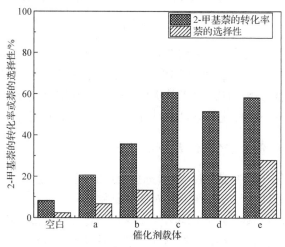

图 5.6　不同载体催化剂催化性能比较

a-SiO$_2$；b-Al$_2$O$_3$；c-ZSM-5；d-Beta；e-HY

利用等体积浸渍法对上述 5 种催化剂载体分别负载质量分数为 6%的活性金属 W 并探究其催化性能，结果如图 5.7 所示。从图中可以看出，活性金属 W 明显促进了 2-甲基萘加氢脱烷基反应。W/SiO$_2$ 表现出最低的 2-甲基萘转化率(30.2%)和萘的选择性(10.63%)。W/ZSM-5 具有最高的 2-甲基萘转化率，可达 92.85%，但萘的选择性仅为 42.52%。相比之下，W/HY 具有最高的萘选择性，为 64.22%，而 2-甲基萘的转化率为 81.23%。尽管 W/HY 降低了 2-甲基萘的转化率，但大幅提高了萘的选择性，因此选择 HY 型分子筛为 2-甲基萘加氢脱烷基反应的催化剂载体。

通过比较不同催化剂载体对 2-甲基萘加氢脱烷基反应的性能，为选择和优化催化剂载体提供了宝贵的启示。研究结果显示，不同载体对反应的转化率和选择性有显著影响，ZSM-5 载体表现出最高的 2-甲基萘转化率，而 HY 载体则表现出最高的萘选择性。添加活性金属 W 后，各载体的性能均显著提升，其中 W/ZSM-5

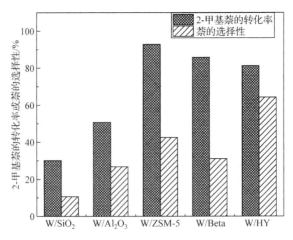

图 5.7　金属 W 对不同载体催化性能的影响

和 W/HY 的表现尤为突出。尽管 W/ZSM-5 具有最高的 2-甲基萘转化率,但 W/HY 的萘选择性更高,表明在实际应用中需要在 2-甲基萘的转化率和萘的选择性之间找到平衡点。综合考虑,HY 由于其优异的选择性和综合性能,被选为最佳的催化剂载体。这为进一步优化催化剂设计提供了科学依据和指导。

2. 不同活性组分对 HY 催化反应性能的影响

在煤焦油催化加氢脱烷基过程中,选择合适的催化剂是实现高效转化的关键。不同活性金属与载体的相互作用及其对载体结构的影响,会显著影响催化剂的催化性能。因此,通过系统研究不同活性金属对催化反应性能的影响,可以为催化剂的优化和选择提供科学依据。本书选择了芳香烃加氢脱烷基中较常用的活性金属 Ni、Mo、W、Co,制备了相应的 HY 型催化剂,并在最佳反应工艺条件下进行了对比实验。

如图 5.8 所示,不同活性金属与载体的相互作用及其对载体结构的影响使催化剂的催化性能各不相同。Ni/HY、Mo/HY、Co/HY 及 W/HY 的 2-甲基萘转化率分别为 73.67%、83.74%、79.85%及 81.23%,萘选择性分别为 53.59%、30.23%、51.82%及 64.22%。综上所述,Ni、Mo、W 对 2-甲基萘加氢脱烷基的促进作用较大。这些结果表明,通过选择和优化适当的活性组分,可以显著提升催化剂的性能,从而优化加氢脱烷基反应的工艺条件,实现高效、高选择性的反应过程。

3. 负载量对 HY 催化性能的影响

在煤焦油催化加氢脱烷基反应中,催化剂的性能直接决定了反应的效率和产物选择性。通过调整活性金属的负载量(以质量分数计),可以优化催化剂的性能,从而提高反应的转化率和产物选择性。采用等体积浸渍法制备不同负载量的 W/HY

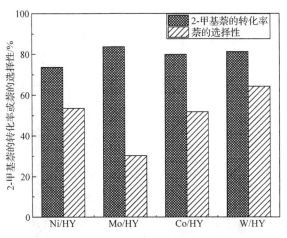

图 5.8　HY 负载不同金属催化剂的催化效果

和 Ni/HY 催化剂，系统研究不同负载量对催化性能的影响，有助于确定最佳负载量，为催化剂制备提供科学依据。

　　采用等体积浸渍法制备了不同负载量的 W/HY 催化剂，在最佳条件下进行反应，结果如图 5.9 所示。由图可知，随着 W 负载量的增加，2-甲基萘的转化率和萘的选择性均呈现出先增大后减小的趋势。当活性组分金属 W 的负载量增加至 6%时，2-甲基萘的转化率由 58.29%增加至 81.23%，萘的选择性由 28.74%增加至 64.22%。然而，当 W 负载量增加至质量分数 9%时，萘的选择性反而降低至 57.19%。因此，质量分数 6%被确定为活性金属 W 的最佳负载量。

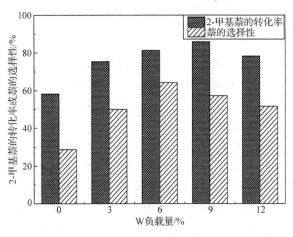

图 5.9　W 负载量对 HY 催化性能的影响

　　采用等体积浸渍法制备了负载量不同(质量分数分别为 3%、6%、9%、12%)的 Ni/HY 型分子筛催化剂用于 2-甲基萘的加氢脱烷基，结果如图 5.10 所示。由

图 5.10 可以看出，当 Ni 负载量为 6%时，萘的选择性由 Ni 负载量为 0%时的 28.74%增加至 55.48%，此时 2-甲基萘的转化率为 79.88%。继续增加负载量至 9%，2-甲基萘的转化率增加至 83.64%，但萘的选择性降低至 41.29%。

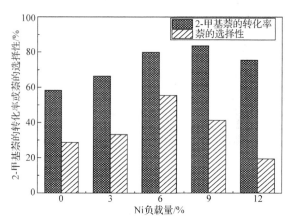

图 5.10　Ni 负载量对 HY 催化性能的影响

通过研究不同负载量对 HY 催化性能的影响，得出了以下结论：①适当的活性金属负载量对提高催化剂性能至关重要。W 和 Ni 在 6%负载量时均表现出最佳的萘的选择性，进一步增加金属负载量反而导致产物选择性下降。这表明在负载量达到一定程度后，过多的活性金属可能会导致催化剂表面活性位点的饱和或阻塞，影响催化反应的产物选择性。②不同金属的最佳负载量可能不同，但在某一范围内，负载量对催化剂性能的影响趋势具有相似性。

4. 助剂对 W/HY 催化性能的影响

助剂在催化剂中的作用通常表现为改善催化剂的物理化学性质，增强其催化活性和选择性。稀土元素助剂因其特殊的电子结构和化学性质，常被用于催化剂改性研究。本节选用稀土元素 La 和 Ce 作为助剂，探讨其对 W/HY 催化剂在 2-甲基萘加氢脱烷基反应中的影响。

图 5.11 展示了稀土助剂(Ce 和 La)对 W/HY 型分子筛对 2-甲基萘催化性能的影响。结果表明，助剂 La 将 2-甲基萘的转化率由 81.23%增加至 87.48%，萘的选择性由 64.22%增加至 68.52%，而 Ce 的添加则导致 2-甲基萘的转化率及萘选择性均有所降低。因此，选择 La 作为稀土助剂进一步研究稀土助剂添加量(以质量分数计)对 W/HY 催化剂在 2-甲基萘催化加氢脱烷基反应中催化性能的影响。

图 5.12 展示了助剂添加量分别为 0%、0.4%、0.8%、1.2%及 1.6%的 La 助剂改性 6W/HY 型分子筛催化剂的催化性能。结果显示，随着 La 助剂添加量的增加，2-甲基萘的转化率呈现减小趋势。当 La 的添加量为 0.8%时，萘的选择性

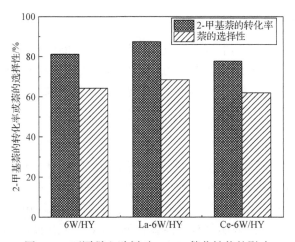

图 5.11 不同稀土助剂对 W/HY 催化性能的影响

达到最大，为 68.52%。然而，当 La 的添加量继续增加时，萘的选择性降低。

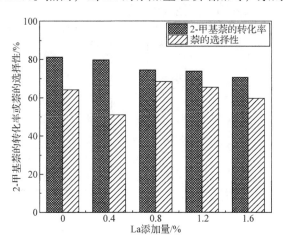

图 5.12 La 添加量对 6W/HY 催化性能的影响

本部分研究揭示了稀土助剂对 6W/HY 催化性能的重要影响，La 助剂的添加能够显著提高 2-甲基萘的转化率和萘的选择性。适量的 La 助剂(质量分数 0.8%)能够优化催化剂性能，这是因为适量的助剂能够提高活性金属组分 W 在分子筛表面的分散度，增加催化剂的比表面积和酸性，增强催化剂酸性中心与金属中心的协同作用，从而促进 2-甲基萘的加氢脱烷基反应。然而，过量的助剂可能会导致催化剂表面的过度覆盖，反而降低其活性。因此，在催化剂设计中，合理控制助剂的添加量是提升催化剂性能的关键。通过精确调整稀土助剂的添加量，可以实现对催化反应性能的优化。

5.2.3 不同催化剂物理化学性质表征

在前面的研究中，评估了四组不同金属负载量的催化剂在 2-甲基萘加氢脱烷基反应中的表现，发现 La 添加量为 0.8%的 6W/HY 催化剂表现出最优异的性能。为了进一步提升催化剂的设计和优化，需要对这些催化剂进行系统的表征分析，了解其物理化学性质。

1. XRD 分析

图 5.13 显示了不同金属负载量及助剂添加量 HY 型分子筛催化剂(HY 催化剂)的 XRD 图。可以看出，各个 XRD 图在 2θ 为 10.1°、11.8°、15.6°、19.0°、20.7°、24.1°、27.5°、32.0°均出现了具有三维六角柱孔道结构(FAU 拓扑结构)的 HY 分子筛特有的衍射峰[2-4]。这表明负载活性金属 W、Ni 及稀土助剂 La 并没有改变 HY 分子筛的骨架结构。同时表明，不同金属负载及不同负载量对 HY 型分子筛的晶相结构影响较小，但金属分散度有所不同。这些变化可能会对催化剂的活性和选择性产生重要影响，需要结合其他表征手段进一步探讨。

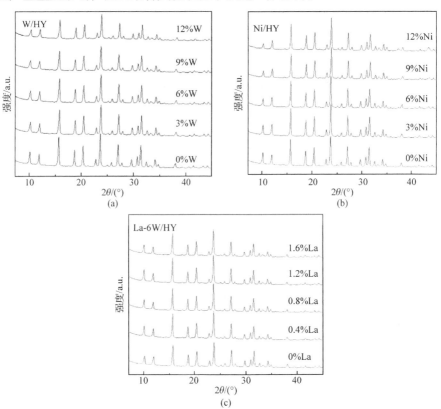

图 5.13　不同金属负载量及助剂添加量下 HY 型分子筛催化剂 XRD 图
(a) 不同 W 负载量的 W/HY；(b) 不同 Ni 负载量的 Ni/HY；(c) 不同 La 添加量的 La-6W/HY

2. N$_2$-物理吸脱附分析

本小节通过该表征探究不同金属负载、不同负载量及助剂添加量对催化剂孔道结构等性质的影响。表 5.1 展示了不同金属负载量及助剂添加量下 HY 型分子筛催化剂的比表面积、孔体积及平均孔径等物理结构特性。由表 5.1 可知，随着金属 Ni 及 W 负载量的增加，无论是比表面积还是孔体积均有所降低[5]。当 W 负载量为 12% 时，HY 催化剂总比表面积及总孔体积降至 654.94m^2/g 及 0.29cm^3/g，但其平均孔径却增加到 5.36nm，这可能是因为引入过多的活性金属组分 W 使得 HY 载体的孔道结构发生坍塌，形成了堆积孔[6]。此外，当 Ni 负载量达到 12% 时，其总比表面积和总孔体积降至 756.97m^2/g 和 0.33cm^3/g，而平均孔径随负载量的增加几乎没有改变。

表 5.1　不同金属负载量及助剂添加量下 HY 型分子筛催化剂结构特性

催化剂		比表面积		孔体积		平均孔径/nm
		总比表面积/(m^2/g)	微孔比表面积/(m^2/g)	总孔体积/(cm^3/g)	微孔体积/(cm^3/g)	
W/HY	0W/HY	868.82	848.75	0.37	0.33	5.04
	3W/HY	848.94	829.72	0.36	0.32	5.05
	6W/HY	801.72	780.96	0.34	0.30	5.06
	9W/HY	755.61	734.52	0.32	0.28	5.22
	12W/HY	654.94	629.85	0.29	0.24	5.36
Ni/HY	0Ni/HY	868.82	848.75	0.37	0.33	5.04
	3Ni/HY	855.22	826.43	0.37	0.31	4.95
	6Ni/HY	826.24	804.78	0.35	0.31	4.85
	9Ni/HY	776.82	756.61	0.34	0.29	4.96
	12Ni/HY	756.97	735.43	0.33	0.28	5.03
La-6W/HY	0La-6W/HY	801.72	780.96	0.35	0.30	5.04
	0.4La-6W/HY	797.24	774.16	0.34	0.30	5.09
	0.8La-6W/HY	812.92	771.10	0.36	0.31	5.19
	1.2La-6W/HY	800.34	768.49	0.37	0.32	5.12
	1.6La-6W/HY	794.45	761.21	0.36	0.31	4.95

注：xW/HY 表示 W 负载量为 x% 的 W/HY；yNi/HY 表示 Ni 负载量为 y% 的 W/HY；zLa-6W/HY 表示 La 添加量为 z% 的 La-6W/HY。

采用金属 La 作为助剂，随着 La 助剂添加量的增加，催化剂的总比表面积呈现先减小后增大再减小的趋势，而孔体积和平均孔径随着 La 助剂添加量的增加变化并不明显。当 La 的添加量为 0.8% 时，催化剂的总比表面积达到最大，为 812.92m^2/g。这说明添加一定量的 La 助剂可以提高活性金属 W 在 HY 型分子筛载体上的分散性，减少 W 氧化物对 HY 型分子筛载体孔道的堵塞[1]。N$_2$-物理吸脱附分析表明，不同金属负载量及助剂添加量对 HY 型分子筛的孔结构有显著影响，特别是在高负载量条件下，总比表面积和孔体积明显减少。通过精确控制金属负载量及助剂添加量，可以优化催化剂的孔结构，从而提升其催化性能。

3. NH₃-TPR 和 H₂-TPD 分析

为探究酸性对 2-甲基萘加氢脱烷基反应性能的影响，采用 NH₃-TPD 对不同金属负载量、不同助剂添加量的 HY 催化剂酸性及酸量进行测定，结果如图 5.14 及表 5.2 所示。

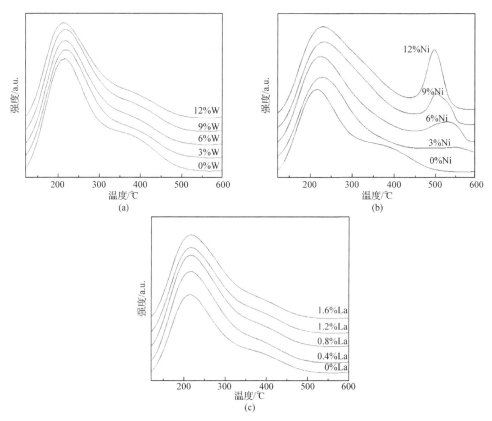

图 5.14　不同金属负载量及助剂添加量下 HY 催化剂 NH₃-TPD 谱图

(a) W/HY；(b) Ni/HY；(c) La-6W/HY

表 5.2　不同金属负载量及助剂添加量下 W/HY 催化剂的酸量

催化剂		酸量/(mmol/g)			
		弱酸	中强酸	强酸	总酸量
W/HY	0W/HY	0.561	0.595	0.146	1.302
	3W/HY	0.566	0.568	0.132	1.266

续表

催化剂		酸量/(mmol/g)			
		弱酸	中强酸	强酸	总酸量
W/HY	6W/HY	0.579	0.545	0.117	1.241
	9W/HY	0.591	0.559	0.101	1.251
	12W/HY	0.597	0.484	0.081	1.162
Ni/HY	0Ni/HY	0.561	0.595	0.146	1.302
	3Ni/HY	0.591	0.659	0.182	1.432
	6Ni/HY	0.627	0.718	0.246	1.591
	9Ni/HY	0.673	0.817	0.344	1.834
	12Ni/HY	0.655	0.898	0.463	2.016
La-6W/HY	0La-6W/HY	0.579	0.545	0.117	1.241
	0.4La-6W/HY	0.704	0.643	0.125	1.472
	0.8La-6W/HY	0.743	0.628	0.153	1.524
	1.2La-6W/HY	0.609	0.659	0.123	1.391
	1.6La-6W/HY	0.628	0.631	0.109	1.368

注：酸量表示单位质量催化剂中酸的物质的量。

W/HY 催化剂的酸性位根据峰温可分为弱酸(<220℃)、中强酸(220~450℃)及强酸(>450℃)。随着 W 负载量的增大，弱酸脱附峰向高温区偏移，而强酸脱附峰向低温区偏移，表明弱酸的酸性及酸量均逐渐增大，而强酸的酸性减弱且酸量逐渐减小。一方面，这可能是因为催化剂在等体积浸渍过程中部分—OH 基团损失，另一方面，活性组分金属 W 覆盖了 HY 催化剂上的部分酸性位点[7]。采用 La 作为助剂，6W/HY 催化剂的酸性明显增加，这可能是因为 La 提高了活性组分 W 在 HY 型分子筛载体上的分散度，促进了 W 和 HY 催化剂之间的相互作用。对于 Ni/HY 催化剂，酸性位同样分为弱酸(<220℃)、中强酸(220~450℃)及强酸(>450℃)。随着 Ni 负载量的增大，强酸的酸性有所减弱，部分强酸转化为中强酸。由于金属 Ni 的特性影响，强酸酸量随着负载量增加而不断增加，总酸量也不断增大。La-6W/HY 型分子筛的弱酸脱附峰向高温区偏移，而强酸脱附峰向低温区偏移，这表明部分弱酸及强酸转化为中强酸。通过 NH$_3$-TPD 分析可以看出，适量的助剂添加能够优化催化剂的酸性分布，提高催化性能。

采用 H$_2$-TPR 技术对不同金属负载量及不同助剂负载量的 HY 催化剂进行表征，以探究其还原性。图 5.15 展示了不同金属负载量及助剂添加量下 HY 型分子筛催化剂的 H$_2$-TPR 谱图。如图 5.15(a)所示，当 W 负载量为 6%时，在 801℃出现了 W 与型催化剂相互作用较强的还原峰，随着 W 负载量的继续增大，还原峰逐渐增强[8,9]。W/HY 的 H$_2$-TPR 曲线仅存在与载体作用较强的四面体或二聚态 W

物种[10]的还原峰，这可能是因为 W 在 HY 催化剂上分散较好。

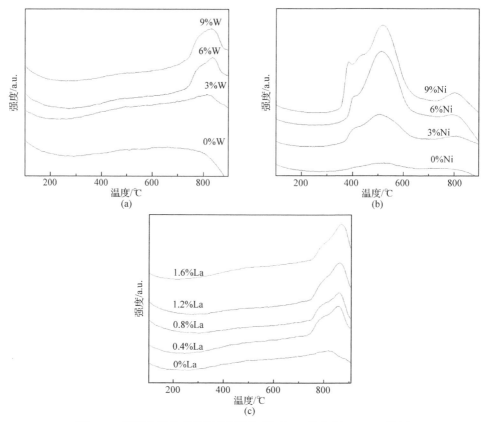

图 5.15　不同金属负载量及助剂添加量下 HY 催化剂 H₂-TPR 谱图

(a) W/HY；(b) Ni/HY；(c) La-6W/HY

对于 Ni/HY 催化剂，当 Ni 负载量为 3%时，H₂-TPR 仅在 508℃出现一个归属于氧化镍(NiO)与载体 HY 型分子筛强相互作用的还原峰。当 Ni 负载量继续增加，H₂-TPR 出现了分别归属于 NiO 晶相与 HY 型分子筛弱相互作用的还原峰(402℃)及归属于 Ni^{2+} 在钠石笼中交换时的还原峰(790℃)[11]。随着负载量的增大，NiO 晶相与 HY 型分子筛弱相互作用的还原峰向低温区偏移，表明等体积浸渍过程中生成了更多的 NiO 晶粒。对于 La-6W/HY 催化剂，H₂-TPR 仅出现了活性组分金属 W 的还原峰[12]。随着 La 添加量的增加，H₂-TPR 的还原峰向高温区偏移，这与 La 助剂提高了活性金属组分 W 在 HY 型分子筛载体上的分散度，增强了活性金属 W 与载体之间的相互作用有关。

4. SEM 分析

图 5.16 为不同 W 负载量的 W/HY 型分子筛催化剂的扫描电镜(SEM)图。从

图中可以看出，SEM 图均出现了 HY 分子筛独特的形貌，表明等体积浸渍过程并不会破坏催化剂的结构。W/HY 催化剂的 SEM 图均出现了絮状斑点，表明活性金属 W 颗粒附着于载体的表面。图 5.17 显示了不同 Ni 负载量的 Ni/HY 型分子筛

图 5.16　不同 W 负载量的 W/HY 催化剂的 SEM 图

(a) 负载量 0%；(b) 负载量 3%；(c) 负载量 6%；(d) 负载量 9%；(e) 负载量 12%

图 5.17　不同 Ni 负载量的 Ni/HY 催化剂的 SEM 图

(a) 负载量 0%；(b) 负载量 3%；(c) 负载量 6%；(d) 负载量 9%；(e) 负载量 12%

催化剂的 SEM 图, 结果表明, 等体积浸渍并没有破坏 HY 催化剂的结构。金属盐焙烧后的氧化物小颗粒附着于载体表面, 这些小颗粒均匀分布, 表明金属颗粒在载体上的良好分散性。

5.3 煤焦油催化加氢制轻质芳烃

本节选取了煤焦油中的典型化合物, 包括萘、正二十二烷(C_{22})和萘酚, 分别代表煤焦油中的芳香族化合物、脂肪族化合物和含氧化合物, 以选取的典型化合物作为模型化合物进行催化加氢实验。通过选择适宜的催化剂并优化反应条件, 探讨这些模型化合物在催化加氢过程中的转化路径和产物分布, 旨在揭示催化剂活性和选择性的关键影响因素, 为煤焦油高效转化提供理论基础和技术支持。

通过系统的实验研究, 本节将详细阐述不同催化剂在萘、正二十二烷和萘酚加氢反应中的表现, 重点考察其对轻质芳烃产物的选择性和反应物的转化率。研究结果将为煤焦油催化加氢制备轻质芳烃的工业应用提供重要参考和指导。

5.3.1 煤焦油模型化合物催化加氢制轻质芳烃

本小节采用模型化合物(萘、C_{22} 及萘酚)模拟煤焦油的馏分油, 利用加压固定床反应装置, 探究工艺条件和金属活性组分对 HZSM-5 催化剂催化性能的影响, 并提出了煤焦油馏出油可能存在的反应机理。

1. 固定床反应装置

在加压固定床反应器中进行了煤焦油单组分模型化合物(S-CMCs)和多组分模型混合物(M-CMCs)加氢裂化的催化活性研究, 催化加氢实验装置如图 5.18 所示。

室温下烧杯的 S-CMCs 或 M-CMCs 溶液通过计量泵(流速 0.45mL/min)注入预热炉(300℃), 并在加压固定床反应器之前与 H_2(流速 450mL/min)混合。加压固定床反应器配备了约 10g 催化剂, 空速(WHSV)为 $2h^{-1}$, 气液比(V_g/V_l)为 1000。反应产物经收集罐冷却, 以获得气体产物和液体产物。此外, 气体产物和液体产物分别通过 GC(SP-3420A)和 GC-MS(QP2010plus, Rxi-5ms 毛细管柱, 30m×0.25mm×0.25μm)进行分析和鉴定。

2. 产物分析及计算方法

固定床反应的析碳产率($Y_{析碳}$)、积碳产率($Y_{积碳}$)、液体产率($Y_{液体}$)和气体产率($Y_{气体}$)计算方法分别如式(5.1)~式(5.4)所示。

$$Y_{析碳} = [(m_4 - m_3) / m_1] \times 100\% \tag{5.1}$$

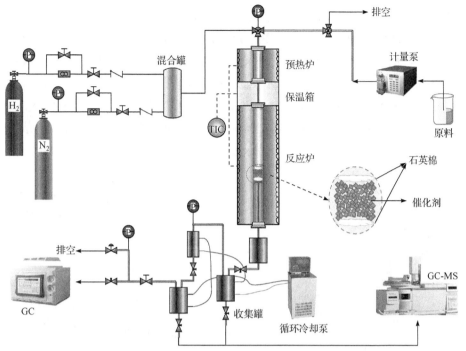

图 5.18　催化加氢实验装置示意图

TIC-温度指示、控制装置

$$Y_{积碳} = [(m_6 - m_5)/m_5] \times 100\% \tag{5.2}$$

$$Y_{液体} = (m_2/m_1) \times 100\% \tag{5.3}$$

$$Y_{气体} = 1 - Y_{析碳} - Y_{液体} \tag{5.4}$$

式中，m_1 为原料质量；m_2 为液体产物质量；m_3 为反应管反应前的质量；m_4 为反应管反应后的质量；m_5 为新鲜催化剂的质量；m_6 为反应后催化剂的质量。

此外，化合物 i 的选择性(S_i)计算如式(5.5)所示。其中，R_i 基于面积归一化方法(化合物 i 的峰面积与所有产物的总峰面积的比)进行分析，并表示化合物 i 在所有可检测产物中的质量分数。

$$S_i = R_i/(1 - R_{环己烷}) \tag{5.5}$$

此外，样品中化合物 i 的准确含量(AC_i)的计算如式(5.6)所示，其中 W_i 表示化合物 i 在与 GC-MS 相同的色谱温度程序下最终的失重率(通过 TG 测量)[13]。

$$AC_i = W_i \times S_i \tag{5.6}$$

5.3.2　催化剂催化性能评价

1. S-CMCs 的工艺优化

如图 5.19 所示，反应温度和系统压力是影响 $Y_{气体}$、$Y_{液体}$ 和 $Y_{析碳}$ 的主要因素。

可以看出，在 700℃/6MPa 条件下，萘、C_{22} 和 1-萘酚的 $Y_{析碳}$ 分别为 3.76%、6.27% 和 6.90%，而在 300℃/4MPa 条件下，$Y_{液体}$ 分别为 48.39%、93.83%和 84.16%。对于三种 S-CMCs，随着热解温度的升高，更多的碳碳单键、碳碳双键和碳氧双键逐渐断裂，产生更多的小分子。同时，缩聚反应的程度也加剧，导致 $Y_{气体}$ 和 $Y_{析碳}$ 逐渐增加，而 $Y_{液体}$ 则呈下降趋势。此外，在 300℃/2MPa 下，萘、C_{22} 的 $S_{BTEXN} \times Y_{液体}$ 的最大值分别为 48.23%、45.33%和 6.90%，而在 500℃/2MPa 下，1-萘酚的最大值为 77.93%。此外，三相产率并没有随压力的变化而呈现规律性的趋势。

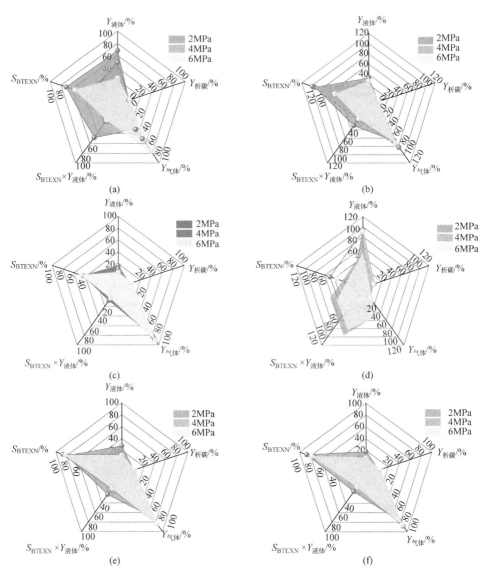

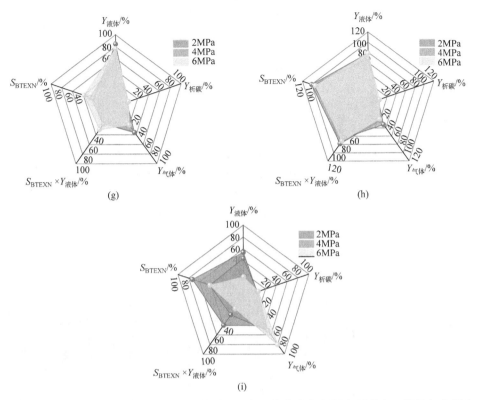

图 5.19　HZSM-5 在不同条件下催化加氢产物选择性与收率分布图(扫描前言二维码查看彩图)
(a) 萘-300℃；(b) 萘-500℃；(c) 萘-700℃；(d) C₂₂-300℃；(e) C₂₂-500℃；(f) C₂₂-700℃；(g) 1-萘酚-300℃；
(h) 1-萘酚-500℃；(i) 1-萘酚-700℃

　　不同条件下，TEXN(T-甲苯，E-乙苯，X-二甲苯，N-萘)和气体产物的组成和分布如图 5.20 和图 5.21 所示。由图可知，在相同的热解温度下，随着系统压力的增加，TEX 的选择性通常呈现先增加后减少的趋势。此外，在相同的系统压力下，随着温度逐渐升高，产物以 T 和 E 为主，X 可以进一步转化为具有更强热稳定性的 T。对于 S-CMCs 萘和 C₂₂，在 500℃/4MPa 下，TEXN 的总选择性分别约为 97% 和 87%，而在 500℃/2MPa 下对 1-萘酚的总选择性为 100%。气体产品主要由甲烷、乙烷、丙烷、丁烯、丁烷和 CO 组成，主要是 C₁ 和 C₃ 产品。此外，在相同的系统压力下，随着温度逐渐升高，气体产物逐渐从 C₃ 和 C₄ 变为 C₁ 和 C₂，主要是甲烷。在 700℃/2MPa 的条件下，S-CMCs C₂₂ 催化加氢气体产物中甲烷的产率为 19.55ppm(1ppm=1×10⁻⁶)。

　　表 5.3 为不同条件下的其他液体产物分类。由表 5.3 可以发现，300～700℃，随着温度的升高，无论是萘、C₂₂ 还是 1-萘酚，催化加氢后其他液体产物的种类和复杂度均增加。在 300℃下，产物主要包括烷基环己烷、奠和烷基苯等简单的

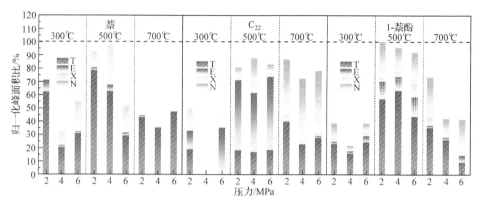

图 5.20　不同条件催化加氢 TEXN 的组成和分布

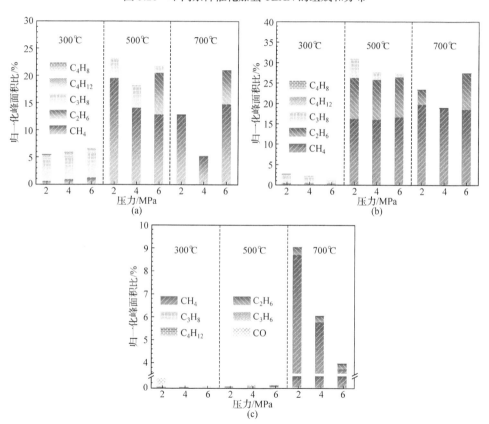

图 5.21　不同模型化合物在不同条件催化加氢后气体产物的组成和分布

(a) 萘；(b) C$_{22}$；(c) 1-萘酚

烃类化合物。在 500℃和 700℃下，产物变得更加复杂，出现了更多的多环芳烃(如菲、联苯)和其他复杂的有机化合物(如三环芳烃)。在每个温度下，压力的增加似乎并没有显著改变主要产物的种类，但可能影响了某些特定产物的物质的量或相对比例。例如，在700℃下，4MPa 和 6MPa 时会出现一些新的复杂化合物，如菲等。

表 5.3　不同条件下的其他液体产物分类

温度/℃	压力/MPa	萘	C22	1-萘酚
300	2	烷基环己烷	烷基苯、烷基环己烷	1-萘酚、烷基苯
	4	烷基环己烷、奠	烷基环己烷、烷基苯	1-萘酚、烷基苯
	6	奠、烷基环己烷	烷基环己烷、烷基苯	1-萘酚、二苯基甲烷
500	2	烷基萘	烷基萘、烷基苯、奠	—
	4	烷基萘	烷基萘、烷基苯	—
	6	烷基萘、烷基苯	烷基萘、烷基苯	烷基萘、烷基苯、烷基芴
700	2	奠、烷基萘	烷基萘、奠、烷基苯	联苯、烷基萘、三环芳烃
	4	奠、烷基萘	烷基萘、奠、菲	奠、联苯、三环芳烃
	6	奠、烷基萘	烷基萘、烷基芘、烷基菲	联苯、三环芳烃、烷基萘

综上所述，反应条件对每个 S-CMCs 的反应类型均具有较大影响。随着温度的升高，萘的副反应主要由溶剂烷基化转变为反应物烷基化，并伴随反应物的异构化。C_{22}副反应主要是原料的芳构化，随着反应温度的升高，芳构化程度逐渐增加，由烷基苯转化为烷基萘甚至烷基菲。1-萘酚在较低的反应温度下难以有效转化。随着反应温度逐渐升高，副反应主要是产物的烷基化和芳构化(缩聚)。

使用催化剂的碳沉积可分为热源碳沉积(TOC，又称"软碳沉积")和催化源碳沉积(COC，又称"硬碳沉积")。图 5.22 为萘、C_{22} 和 1-萘酚在不同条件下催化加氢后催化剂程序升温氧化(O_2-TPO)表征，显示了在温度 100~800℃，不同压力条件下催化剂的失重率变化情况。可以看出，随着温度的升高，催化剂失重率逐渐增大。在 300℃和 2MPa 条件下，失重率增大较缓慢，而在 700℃和 6MPa 条件下，失重率增大幅度最大，表明温度和压力的增加显著影响碳沉积量。不同温度区间的碳沉积类型有所不同：300℃以下主要是水分和吸附物的挥发，300~600℃主要是热源碳沉积(TOC)，600℃以上则主要是催化源碳沉积(COC)。这些结果显示，萘、C_{22} 和 1-萘酚在相同温度和压力条件下表现出不同的碳沉积行为，反映了它们各自不同的化学性质和反应机制。通过 O_2-TPO 分析，可以有效地表征催化剂在不同反应条件下的碳沉积行为，为优化催化剂性能和使用寿命提供科学依据。分析结果不仅揭示了温度和压力对碳沉积量和类型的影响，还展示了不同反应物在相同条件下的碳沉积特性。

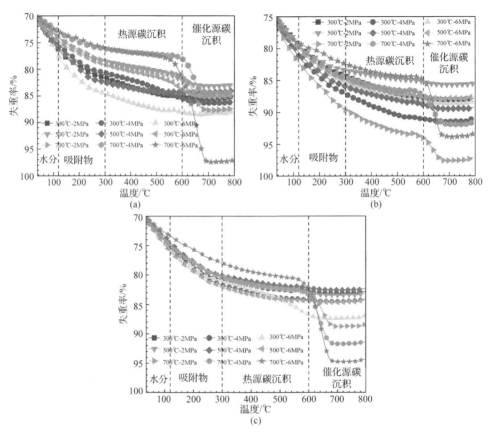

图 5.22　不同条件下萘、C$_{22}$ 和 1-萘酚催化加氢后催化剂的 O$_2$-TPO 分析(热重法)
(a) 萘；(b) C$_{22}$；(c) 1-萘酚

表 5.4 为 S-CMCs 的总碳沉积(TC)、TOC 和 COC 质量分数分布。从图 5.22 和表 5.4 可以看出，在相同的反应压力下，随着温度的升高，缩聚反应的程度加剧并且 COC 呈现增加的趋势。在相同温度下，总碳沉积速率随着反应压力的增加而增加。对于萘、C$_{22}$ 和 1-萘酚，在 700℃/6MPa 下，w_{TC} 分别约为 21.16%、11.49% 和 16.41%。这些数据表明，随着反应温度和压力的增加，各种碳沉积类型的质量分数均有所增加，尤其是在高温高压条件下，w_{TC} 显著增高。

表 5.4　所用催化剂上碳沉积的质量分数分布

温度/℃	压力/MPa	萘			C$_{22}$			1-萘酚		
		w_{TC}/%	w_{TOC}/%	w_{COC}/%	w_{TC}/%	w_{TOC}/%	w_{COC}/%	w_{TC}/%	w_{TOC}/%	w_{COC}/%
	2	3.89	3.63	0.26	3.58	3.5	0.08	2.38	2.11	0.27
300	4	5.61	4.8	0.81	4.41	4.04	0.37	2.87	2.6	0.27
	6	3.87	3.57	0.30	3.43	3.13	0.30	6.41	5.8	0.61

续表

温度/℃	压力/MPa	萘			C₂₂			1-萘酚		
		w_{TC}/%	w_{TOC}/%	w_{COC}/%	w_{TC}/%	w_{TOC}/%	w_{COC}/%	w_{TC}/%	w_{TOC}/%	w_{COC}/%
500	2	4.61	3.56	1.05	2.66	2.21	0.45	3.31	2.68	0.63
	4	1.98	1.94	0.04	3.62	2.90	0.72	2.44	2.10	0.34
	6	6.02	4.60	1.42	3.19	2.80	0.39	2.69	2.44	0.25
700	2	8.77	2.95	5.82	8.08	4.46	3.62	8.08	2.84	5.24
	4	8.27	1.86	6.41	7.36	2.73	4.63	11.12	3.08	8.04
	6	21.16	5.75	15.41	11.49	2.47	9.02	16.41	4.37	12.04

$W_{溶液} \times S_{BTEXN} \times Y_{液体}$ 代表每克 S-CMCs 中 BTEXN 的真实含量，其中 $W_{溶液}$ 表示溶液的失重率，在 300℃(GC 的进样口温度)时基本为 100%。因此，$W_{溶液} \times S_{BTEXN} \times Y_{液体}$ 可简化为 $S_{BTEXN} \times Y_{液体}$。基于上述分析，以温度和压力条件为输入，以 $S_{BTEXN} \times Y_{液体}$ 为目标优化值，构建了基于支持向量机(SVR)的回归模型，并分别优化不同 S-CMCs 的反应条件以获得最佳目标值。三种 S-CMCs(萘、C₂₂ 和 1-萘酚)的优化模型的响应面如图 5.23 所示。结果表明，萘、C₂₂ 和 1-萘酚的最佳反应条件分别为 395℃/2.7MPa、300℃/2MPa 和 500℃/2MPa。

2. S-CMCs 催化剂性能评估

在最优条件下，进一步探究了 HZSM-5(Z5)、Mo-HZSM-5(Mo-Z5)、Ni-HZSM-5(Ni-Z5)、La-HZSM-5(La-Z5)和 W-HZSM-5(W-Z5)的催化性能和工艺机理。图 5.24 为萘、C₂₂ 和 1-萘酚催化加氢产物的 $Y_{液体}$、$Y_{析碳}$、$Y_{气体}$、S_{BTEXN} 和 $S_{BTEXN} \times Y_{液体}$。与 Z-5($S_{BTEXN} \times Y_{液体}$=13.01%)相比，Mo-Z5($S_{BTEXN} \times Y_{液体}$=28.31%)、La-Z5($S_{BTEXN} \times Y_{液体}$=20.22%)和 W-Z5($S_{BTEXN} \times Y_{液体}$=22.02%)的 $S_{BTEXN} \times Y_{液体}$ 显

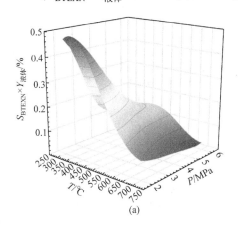
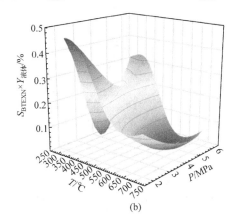
(a)　　　　　　　　　　　　　(b)

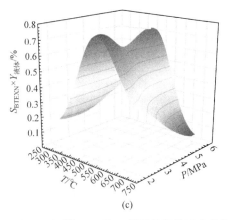

(c)

图 5.23　S-CMCs 萘、C$_{22}$ 和 1-萘酚的最佳反应条件模型

(a) 萘；(b) C$_{22}$；(c) 1-萘酚

著提高，而 Ni-Z5($Y_{气体}$ = 92.1%)则主要将原料转化为气体。图 5.24(b)表明，除 W-Z5($Y_{液体}$ = 34.9%)外其他催化剂条件均具有更高的 $Y_{液体}$。图 5.24(c)表明，除 La-Z5(S_{BTEXN} = 55.75%)之外，所有催化剂均明显提高了反应 S_{BTEXN}。

3. M-CMCs 催化剂性能评估

将 3 个 S-CMCs 模型与 $0.25w_{萘} + 0.6w_{1\text{-}萘酚} + 0.08w_{C_{22}}$ 线性组合，以获得 M-CMCs 最高 $S_{BTEXN} \times Y_{液体}$ 对应的最佳反应条件。优化模型如图 5.25 所示，M-CMCs 最优反应条件为 510℃/2.2MPa。

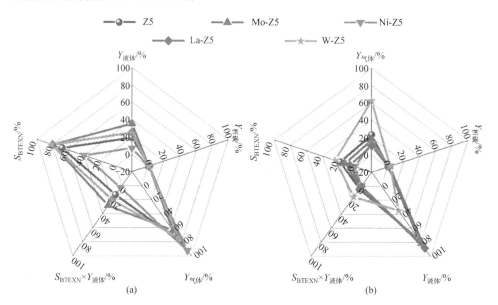

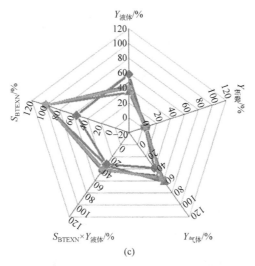

图 5.24 不同模型化合物基于不同金属活性组分改性 Z5 催化加氢产物产率分布

(a) 萘；(b) C₂₂；(c) 1-萘酚

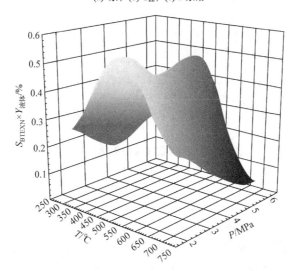

图 5.25 M-CMCs 催化加氢工艺的最佳模型

M-CMCs 基于 Mm-Z5(单金属负载 Z5)、Bm-Z5(双金属负载 Z5)和 Tm-Z5(三金属负载 Z5)催化加氢产物 TEXN 产率如图 5.26 所示。由图 5.26(a)可知，5Ni-Z5 和 5W-Z5 具有更高目标产物产率，分别为 230.67mg/g 和 193.31mg/g。基于此，进一步采用不同质量比的 Ni 和 W 双金属活性物种对 Z5 进行改性，并探究其催化加氢性能(图 5.26(b))。结果表明，1Ni-5W-Z5 具有最高 TEXN 产率(385.1mg/g)。此外，采用不同比例 La 对 1Ni-5W-Z5 进行改性。结果表明，La 负载量为 0.2% 时，即催化剂为 1Ni-5W-0.2La-Z5，Y_{TEXN} 最大可达 468.5mg/g。

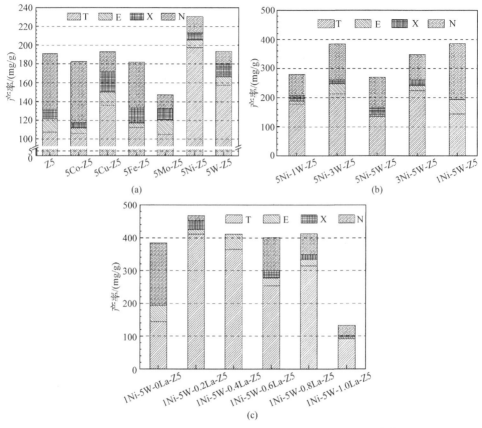

图 5.26　M-CMCs 基于不同金属改性催化加氢产物 TEXN 产率
(a) 单金属负载；(b) 双金属负载；(c) 三金属负载

4. 最佳条件下馏分油验证实验

基于 M-CMCs 的催化转化结果，在最佳反应条件下(510℃/2.2MPa，1Ni-5W-0.2La-Z5)催化加氢煤焦油/馏分油，结果如图 5.27 所示。结果表明，当原料为轻油、酚油和洗油时，Y_{BTEXN} 分别为 89.36mg/g、267.12mg/g 和 131.76mg/g。尤其酚油催化加氢产物萘(N)的产率可达 83.26mg/g。与酚油相比，轻油馏分(沸点<170℃)更容易热解成较轻的不凝气体产物，而洗油馏分(230~300℃)则相对较多发生缩聚反应。因此，当两者用作原料时，产物的理论 Y_{BTEXN} 低于苯酚。

5. 催化剂稳定性评价

基于上述研究，本部分对最佳催化剂 1Ni-5W-0.2La-Z5 的稳定性进行评估。M-CMCs 催化加氢产物 BTEXN 的选择性分布如图 5.28 所示。由图 5.28 可知，BTEXN 归一化峰面积比为 73.36%~100%。相关研究表明，HZSM-5 催化剂的优

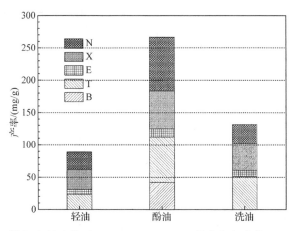

图 5.27 煤焦油/馏出物基于 1Ni-5W-0.2La-Z5 催化加氢产物 BTEXN 产率

异催化性能(包括稳定性)主要归功于其合适的酸度和分级孔隙率。此外，本节中双功能 M-HZSM-5(M-Z5)还具有适当的反应强度及有效传质程度。综上所述，M-Z5 由于上述特性之间的有机协同作用而具有优异催化加氢性能。

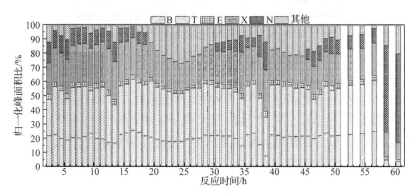

图 5.28 1Ni-5W-0.2La-Z5 催化剂在 M-CMCs 催化加氢反应中稳定性评估

反应条件：催化剂 10g，T=510℃，P=2.2MPa，WHSV=2h^{-1}，气液比=1000

5.3.3 催化剂物理化学性质表征

1. 催化剂骨架及孔隙结构表征

图 5.29 为 M-HZSM-5 催化剂 XRD 图谱。由图 5.29(a)和(b)可知，金属负载并未改变催化剂的 MFI 沸石拓扑结构，且催化剂特征衍射峰(2θ 约 7°、8°、23°和 24°)强度没有显著变化，表明金属改性并未影响 MFI 沸石拓扑结构的结晶度。此外，M-HZSM-5 催化剂 XRD 图谱并未出现任何明显的金属物种的特征衍射峰，这表明金属物种均匀地分散在沸石表面。

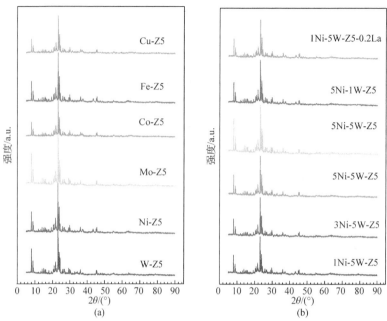

图 5.29 双功能 M-HZSM-5 催化剂样品的 XRD 图谱
(a) 单金属负载；(b) 双金属负载

图 5.30(a)为 HZSM-5 催化剂 N_2 吸附-脱附等温线及图 5.30(b)孔径分布率。由图 5.30 可知，HZSM-5 催化剂在相对压力 P/P_0 为 0.5~0.9 均具有明显滞后回线，这归属于 H4 型吸附-脱附等温线，表明催化剂存在不规则的介孔结构。表 5.5 为改性 HZSM-5 样品的孔结构特性。与 HZSM-5 相比，引入金属离子使催化剂比表面积(S_{BET})、总孔体积(V_{total})和吸附平均孔径(D_{aver})均不同程度地减少，这与金属物种堵塞沸石孔道有关。

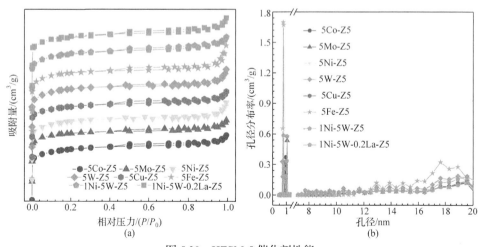

图 5.30 HZSM-5 催化剂性能
(a) 标准温度、压力下 N_2 吸附-脱附等温线；(b) 孔径分布率

表 5.5　催化剂的孔结构特性

催化剂	S_{BET} /(m²/g)	S_{micro} /(m²/g)	S_{exter} /(m²/g)	V_{total} /(cm³/g)	V_{micro} /(cm³/g)	V_{meso} /(cm³/g)	D_{aver} /nm	HF	HF′	DM
Z5	376.637	238.057	138.580	0.208	0.095	0.013	2.212	0.168	0.050	1
5Co-Z5	268.925	215.294	53.631	0.130	0.084	0.045	1.934	0.129	0.107	1.340
5Mo-Z5	263.379	219.261	44.118	0.125	0.085	0.039	1.899	0.114	0.077	0.955
5Ni-Z5	296.850	236.316	60.534	0.149	0.094	0.055	2.001	0.129	0.119	1.848
5W-Z5	297.063	236.091	60.971	0.150	0.093	0.057	2.020	0.127	0.126	1.929
5Fe-Z5	301.146	250.507	50.639	0.163	0.098	0.065	2.158	0.101	0.112	1.827
5Cu-Z5	268.552	217.013	51.539	0.131	0.085	0.046	1.948	0.125	0.104	1.316
1Ni-5W-Z5	280.300	218.377	61.924	0.139	0.087	0.052	1.988	0.138	0.132	1.787
1Ni-5W-0.2La-Z5	260.744	204.611	56.133	0.134	0.081	0.053	2.055	0.130	0.141	1.651

注：S_{micro} 为微孔比表面积；S_{exter} 为外表面积；V_{meso} 为介孔体积，$V_{meso}=V_{total}-V_{micro}$，$V_{micro}$ 为微孔体积；HF 为相对微孔比率；HF′为相对中孔比率；DM 为介孔度。

　　虽然改性 HZSM-5 总孔体积均显著减少，但微孔体积减少程度较低，这表明只有少量金属物种进入 HZSM-5 载体的微孔通道。大多数金属物种分散在 HZSM-5 的外表面。这导致改性 HZSM-5 催化剂 V_{meso} 显著增加。活性金属 Fe 使 HZSM-5 介孔体积由 0.013cm³/g 增加至 0.065cm³/g，这表明通过化学浸渍引入金属纳米颗粒导致了 MFI 沸石骨架的结构缺陷，且金属纳米颗粒的有效堆积形成了晶间介孔。

　　HF[14]和 HF′[15]的计算方法分别如式(5.7)和式(5.8)所示。如表 5.5 所示，金属改性 HZSM-5 的 HF 降低而 HF′增加，表明金属物种的引入减少了样品的相对微孔比率，同时增加了相对中孔比率，这更有利于反应物、中间体或产物及时有效扩散，也减少了碳沉积(缩合、聚合)。

$$HF = (V_{micro}/V_{total}) \times (S_{exter}/S_{BET}) \tag{5.7}$$

$$HF' = (V_{meso}/V_{total}) \times (S_{exter}/S_{BET}) \tag{5.8}$$

　　本小节提出了一个新的结构参数，即介孔度(DM，如式(5.9)所示)，用于表征不同金属改性 Z5 催化剂的介孔结构变化程度[16]。V_{IS} 和 S_{IS} 分别为 HZSM-5 初始样品的 V_{meso} 和 S_{exter}。

$$DM = (V_{meso}/V_{IS}) \times (S_{exter}/S_{IS}) \tag{5.9}$$

　　由表 5.5 可知，改性 HZSM-5 催化剂(5Mo-Z5 除外)的 DM 均有不同程度的增加，这意味着催化剂中孔结构的富集。此外，金属改性 HZSM-5 催化剂相对结晶度(RC)并未显著降低，这表明金属物种可在不破坏 HZSM-5 结构的情况下丰富其介孔结构。

2. 酸性表征分析

不同活性金属组分改性催化剂 NH$_3$-TPD 曲线如图 5.31 所示,弱酸含量(C_{WA})、中强酸含量(C_{MSA})和总酸含量(C_{TA})如表 5.6 所示。此外,催化剂酸密度(DA$_{x-y}$)为单位面积的酸量分布,其计算方法如式(5.10)所示。结果表明 Ni-Z5 具有最高 C_{TA}(1987μmol/g)和 C_{WA}(1607μmol/g),其 DA$_{x-y}$ 也显示出较高水平,这可以归因于 Ni 活性物种的引入使得与强路易斯(Lewis)酸位点有关 NiO 及 Ni^{2+}的生成[17]。同时,其他活性金属组分也不同程度地影响催化剂酸性特征的组成和分布。脱氢芳构化反应主要发生在催化剂路易斯酸中心,而氢转移、裂化和低聚反应主要发生于布朗斯特(Brønsted)酸中心。

$$DA_{x-y} = C_x / S_y \tag{5.10}$$

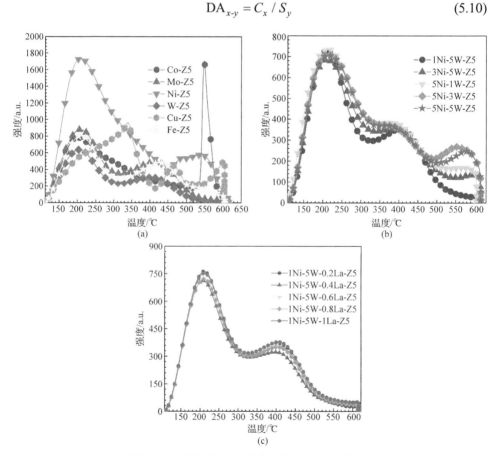

图 5.31　不同金属负载催化剂的 NH$_3$-TPD 曲线

(a) 单金属负载; (b) 双金属负载; (c) 三金属负载

表 5.6　催化剂的酸性特征

催化剂	5Co-Z5	5Cu-Z5	5Fe-Z5	5Mo-Z5	5Ni-Z5	5W-Z5	1Ni-5W-Z5	1Ni-5W-0.2La-Z5
C_{TA}/(μmol/g)	931	1165	913	516	1987	627	734	762
C_{MSA}/(μmol/g)	142	435	433	75	380	244	283	281
C_{WA}/(μmol/g)	789	730	480	441	1607	383	451	481
$DA_{TA\text{-}BET}$/(μmol/m²)	3.46	4.34	3.03	1.96	6.69	2.11	2.62	2.92
$DA_{MSA\text{-}BET}$/(μmol/m²)	0.53	1.62	1.44	0.28	1.28	0.82	1.01	1.08
$DA_{WA\text{-}BET}$/(μmol/m²)	2.93	2.72	1.59	1.67	5.41	1.29	1.61	1.84
$DA_{TA\text{-}meso}$/(μmol/m²)	17.36	22.60	18.03	11.70	32.82	10.28	11.85	13.57
$DA_{MSA\text{-}meso}$/(μmol/m²)	2.65	8.44	8.55	1.70	6.28	4.00	4.57	5.01
$DA_{WA\text{-}meso}$/(μmol/m²)	14.71	14.16	9.48	10.00	26.55	6.28	7.28	8.57
$DA_{TA\text{-}micro}$/(μmol/m²)	4.32	5.37	3.64	2.35	8.41	2.66	3.36	3.72
$DA_{MSA\text{-}micro}$/(μmol/m²)	0.66	2.00	1.73	0.34	1.61	1.03	1.30	1.37
$DA_{WA\text{-}micro}$/(μmol/m²)	3.66	3.36	1.92	2.01	6.80	1.62	2.07	2.35

5.3.4　催化剂的物理化学性质与产物产率之间的结构-活性关系

催化剂的孔结构(物理特性)和酸度(化学特性)是通过调节反应物分子的扩散效率和失活速率来影响其催化性能的两个主要因素。

1. 酸性特征的影响

催化剂的酸性特征(酸类型、酸强度、酸密度等)与催化反应的类型(裂化、脱烷基化、氢转移、脱氢、聚合等)密切相关。C_{TA}、C_{MSA}、C_{WA}、$DA_{TA\text{-}meso}$、$DA_{MSA\text{-}micro}$、$DA_{WA\text{-}meso}$ 和 Y_{TEXN} 之间相关性如图 5.32 所示。由图 5.32(a)～(c)可知，Co-Z5、Mo-Z5、Ni-Z5、W-Z5、Fe-Z5、Cu-Z5、1Ni-5W-Z5 和 1Ni-5W-0.2La-Z5 的 Y_{TEXN} 基本上与其 C_{TA} 和 C_{WA} 呈负线性相关，而与 C_{MSA} 呈正线性相关。C_{MSA} 由 0.05mmol/g 增加至 0.45mmol/g，Y_{TEXN} 随之逐渐增加。图 5.32(d)～(f)分别为 Mm-Z5、Bm-Z5 和 Tm-Z5 酸性与 Y_{TEXN} 之间的构效关系。Mm-Z5 的 Y_{TEXN} 随 C_{TA} 增加而增加，而 Bm-Z5 和 Tm-Z5 的 Y_{TEXN} 随 C_{TA} 和 C_{MSA} 的增加呈现下降趋势。图 5.32(g)～(i)分别为 $DA_{TA\text{-}meso}$、$DA_{MSA\text{-}micro}$、$DA_{WA\text{-}meso}$ 和 Y_{TEXN} 之间的构效关系。由图可知，当 $DA_{MSA\text{-}micro}$ 由 0.0004mmol/m² 增加至 0.002mmol/m² 时可提高 Y_{TEXN}。

2. 物理结构特征的影响

物理结构特征(HF′、HF、S_{exter}、S_{micro}、V_{meso} 和 D_{aver})与目标产物产率(如 Y_{TEXN}、Y_{TEX}、Y_T 和 Y_E)之间的相关性如图 5.33 所示。由图可知，目标产物 TEXN 的产率

与 HF′、HF、S_{exter}、V_{meso}、D_{aver} 和 DM 呈正线性相关，而与 V_{micro} 和 S_{micro} 呈负线性相关。这表明催化剂的中孔体积、表面积和平均孔径越大，越有利于反应物分子在其活性位点的有效吸附或扩散，从而促进目标产物 TEXN 的形成。与其他活性金属改性催化剂相比，1Ni-5W-0.2La-Z5 具有较高 HF′(0.141)、HF(0.130)、S_{exter}(56.133m^2/g)、V_{meso}(0.053cm^3/g)和 D_{aver}(2.055nm)，这有利于提高 M-CMCs 分子的传质效率，使目标产物 TEXN 产率高达 468.5mg/g。

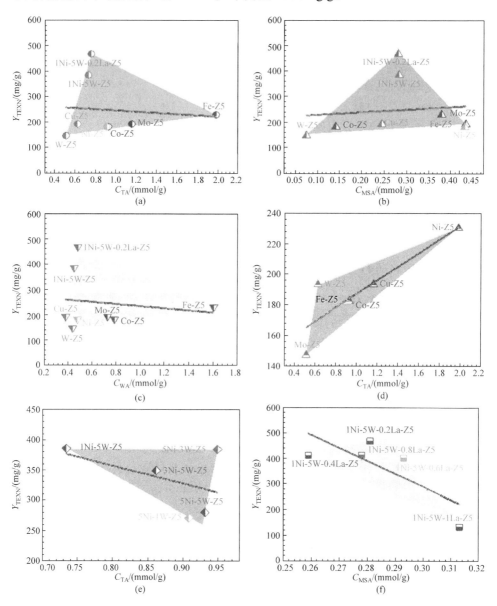

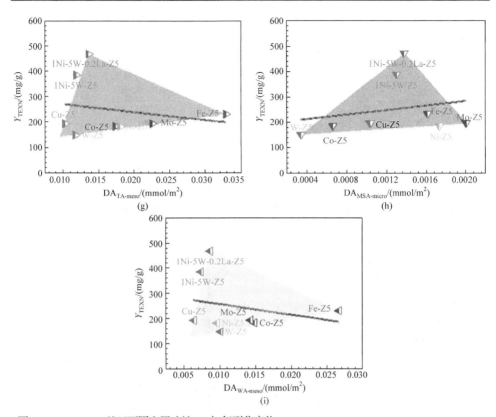

图 5.32　M-CMCs 基于不同金属改性 Z5 加氢裂化产物 C_{TA}、C_{MSA}、C_{WA}、$DA_{TA\text{-}meso}$、$DA_{MSA\text{-}micro}$、

$DA_{WA\text{-}meso}$ 和 Y_{TEXN} 之间的相关性(扫描前言二维码查看彩图)

(a) C_{TA} 和 Y_{TEXN}；(b) C_{MSA} 和 Y_{TEXN}；(c) C_{WA} 和 Y_{TEXN}；(d) Mm-Z5 的 C_{TA} 和 Y_{TEXN}；(e) Bm-Z5 的 C_{TA} 和 Y_{TEXN}；
(f) Tm-Z5 的 C_{MSA} 和 Y_{TEXN}；(g) $DA_{TA\text{-}meso}$ 和 Y_{TEXN}；(h) $DA_{MSA\text{-}micro}$ 和 Y_{TEXN}；(i) $DA_{WA\text{-}meso}$ 和 Y_{TEXN}

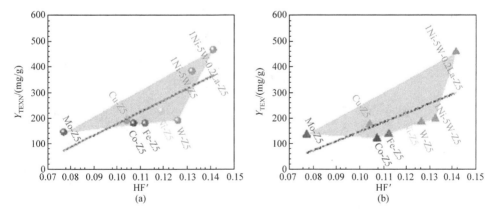

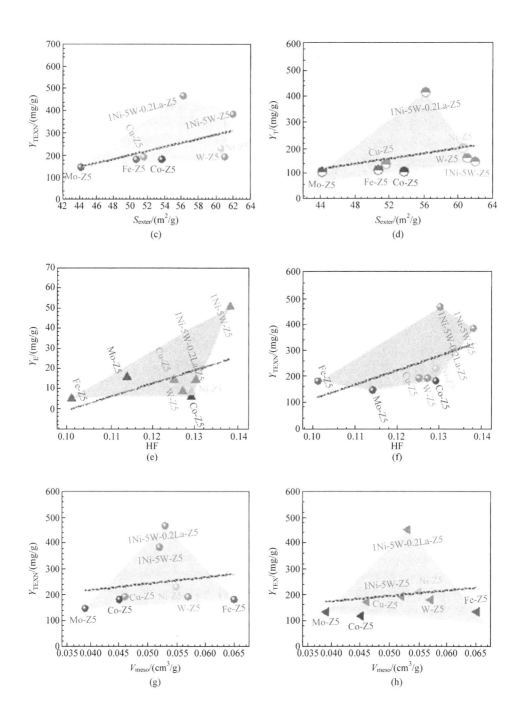

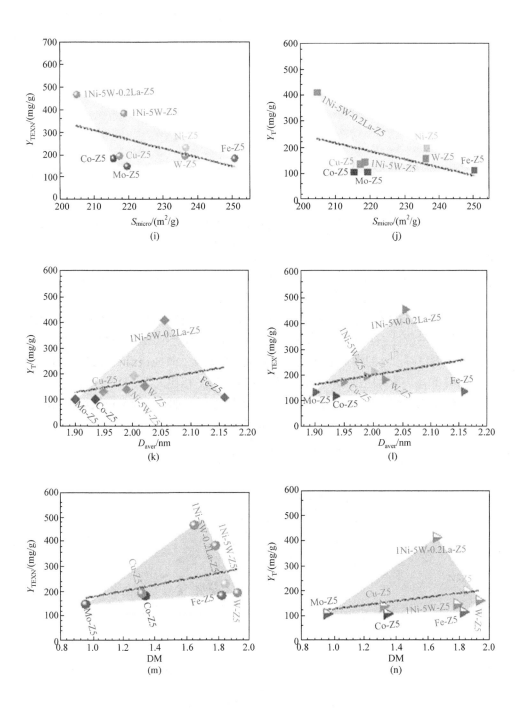

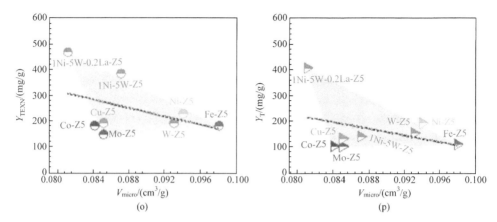

图 5.33　M-CMCs 基于不通过金属改性 Z5 加氢裂化产物的物理结构特征和目标产物产率之间
的相关性(扫描前言二维码查看彩图)

(a) HF 和 Y_{TEXN}；(b) HF 和 Y_{TEX}；(c) S_{exter} 和 Y_{TEXN}；(d) S_{exter} 和 Y_T；(e) HF 和 Y_E；(f) HF 和 Y_{TEXN}；(g) V_{meso} 和
Y_{TEXN}；(h) V_{meso} 和 Y_{TEX}；(i) S_{micro} 和 Y_{TEXN}；(j) S_{micro} 和 Y_T；(k) D_{aver} 和 Y_T；(l) D_{aver} 和 Y_{TEX}；(m) DM 和 Y_{TEXN}；
(n) DM 和 Y_T；(o) V_{micro} 和 Y_{TEXN}；(o) V_{micro} 和 Y_T

图 5.34 为 $DM \times V_{micro}$、$DM \times V_{meso}$ 和 Y_{TEX}、Y_N 之间的相关性。由图 5.34 可知，活性金属物种改性 HZSM-5 的 $DM \times V_{micro}$ 和 Y_{TEX} 具有近似二次函数非线性关系，Y_{TEX} 随着 $DM \times V_{micro}$ 的增加呈现先增加后减小的趋势，曲线顶部 1Ni-5W-0.2La-Z5 具有最高 Y_{TEX}，其对应的 $DM \times V_{micro}$ 为 0.134cm³/g。相比之下，$DM \times V_{meso}$ 和 Y_N 具有较弱的正线性相关性，Y_N 随 $DM \times V_{micro}$ 的增加而增加，Fe-Z5 在线性拟合范围内具有较高 Y_N，其对应的 $DM \times V_{meso}$ 为 0.119cm³/g。

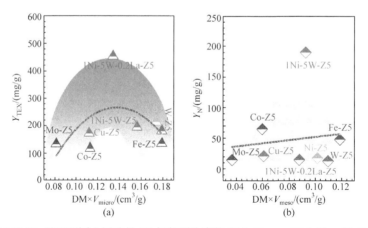

图 5.34　M-CMCs 基于不同金属改性 Z5 加氢裂化产物 $DM \times V_{micro}$、$DM \times V_{meso}$ 和 Y_{TEX}、Y_N 之
间的相关性(扫描前言二维码查看彩图)

(a) $DM \times V_{micro}$ 和 Y_{TEX}；(b) $DM \times V_{meso}$ 和 Y_N

5.3.5 S-CMCs/M-CMCs 可能的催化转化途径

S-CMCs/M-CMCs 的催化加氢路径如图 5.35 所示。其中,萘酚可通过芳环氢化生成 3,4-二氢萘-1(2H)-酮(路线 1)或 5,6,7,8-四氢萘-1-醇(路线 2),也可直接加氢脱氧生成萘。萘可在催化剂的路易斯酸位点脱氢生成四氢萘,少量四氢萘可进一步脱氢生成十氢萘[18]。一方面,四氢萘可在强布朗斯特酸位点通过开环反应生成 1-丁烯,然后加氢裂化生成 BTX;另一方面,四氢萘也可在弱布朗斯特酸位或路易斯酸位通过缩环反应生成 1-甲基-1H-茚或 1H 茚,然后加氢裂化生成 BTX[19]。一般来说,烷烃芳构化的基本路径如下:烷烃先经质子化热解(碳碳单键相较于碳氢键具有更快的热解速度)或脱氢生成烯烃(决定性步骤),然后经热解、异构化、低聚、环化及连续氢转移产生轻质芳烃。C_{22} 先热解产生低链烷烃(如正辛烷),低链烷烃的 C—H 基于催化剂表面活性金属物种提供的活性位点生成小分子烯烃,小分子烯烃可进一步在催化剂内部通道中金属物种提供的活性位点上环化、脱氢生成 BTX。

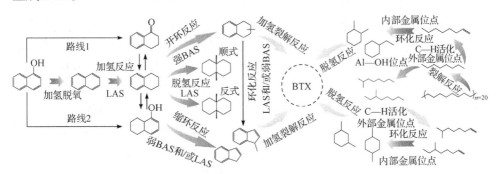

图 5.35 S-CMCs/M-CMCs 催化加氢路径

LAS-路易斯酸;BAS-布朗斯特酸

5.4 煤焦油中芳香族化合物催化加氢和烷基化

催化加氢是一种重要的精细化工过程,通过氢气和催化剂的作用,使芳香族化合物中的双键饱和,生成更为稳定的饱和化合物。煤焦油中含有大量萘、菲、芘等高价值的化工产品,这些产品通过催化加氢可以进一步转化为价值更高的产品,如四氢萘、八氢菲和四氢芘等。通过研究开发出能够高效转化这些化合物的催化剂,不仅可以提升其附加值,还能带来巨大的经济效益[20]。因此,开发高效的催化加氢技术和催化剂,对提升煤焦油的利用价值具有重要意义。

本节以分离得到的萘、菲等为原料,进行选择性催化加氢,以制取四氢萘、八氢菲等高端产品,这些高端产品可应用于高值化学品、高密度燃料、医药中间体等领域。为煤焦油中芳香族化合物的高效转化提供了新的思路和方法，不仅提升了煤焦油的利用价值，也为相关产业的发展提供了重要的技术支持。

5.4.1　萘催化加氢制四氢萘

本小节采用不同的催化剂制备方法得到了氧化态、还原态与硫化态三种形态催化剂，并研究了其对萘加氢制备四氢萘的催化性能。首先，对负载单金属的催化剂 Ni/γ-Al$_2$O$_3$、Mo/γ-Al$_2$O$_3$ 和双金属 NiMo/γ-Al$_2$O$_3$ 催化剂的三种形态进行比较。其次，对其分别进行了磷改性，探究磷改性对催化剂性能的影响。最后，以 NiMo/γ-Al$_2$O$_3$ 催化剂的三种形态为例进行催化剂的 XRD、BET、NH$_3$-TPD、SEM 表征分析，探究其催化效果不同的原因。

1. 不同形态单双金属催化剂及其磷改性

1) 不同形态 Ni/γ-Al$_2$O$_3$ 催化剂的比较

图 5.36 为不同形态 Ni/γ-Al$_2$O$_3$ 催化剂催化萘加氢的评价结果，从图中可以看出，金属 Ni 对萘具有很高的催化活性，当 Ni 为氧化态和还原态时，萘的转化率均为 100%，只有当 Ni 为硫化态时，萘的转化率才不算很高，为 61.32%。但是，当催化剂中心为氧化态和还原态时，反应产物中四氢萘的选择性分别只有 0.39% 和 0%，而含硫化态 Ni 催化剂的四氢萘选择性却高达 99.80%，反之，含氧化态 Ni 和十氢萘选择性几乎均为 100%。因此，含氧化态 Ni 和还原态 Ni 的 Ni/γ-Al$_2$O$_3$ 催化剂化态和还原态具有良好的萘加氢活性，特别是用于萘的深度加氢制备十氢萘，而含硫化态 Ni 的催化剂对产物中的四氢萘有着高选择性，但萘的转化率不是很高[20]。

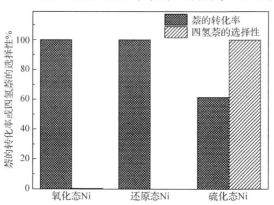

图 5.36　不同形态 Ni/γ-Al$_2$O$_3$ 催化剂的评价结果

2) 不同形态 Ni/γ-Al$_2$O$_3$ 催化剂的磷改性

图 5.37 为不同形态的 Ni/γ-Al$_2$O$_3$ 催化剂经磷改性后对萘加氢的评价结果，从图中可以得知，经磷改性的 Ni/γ-Al$_2$O$_3$ 催化剂同样对萘的加氢具有优异的催化效

果，特别是含氧化态 Ni 和还原态 Ni 的 Ni/γ-Al₂O₃ 催化剂经磷改性后可以使萘的转化率和十氢萘的选择性同时达到 100%，磷改性后的硫化态 Ni/γ-Al₂O₃ 催化剂可以使萘转化率达到 83.87%。与图 5.36 未改性前的催化剂进行比较，三种催化剂的加氢效果都不同程度得到了提高，因此磷改性对 Ni/γ-Al₂O₃ 催化剂的活性有一定的促进作用。

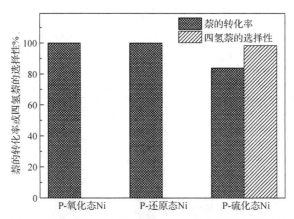

图 5.37　磷改性不同形态 Ni/γ-Al₂O₃ 催化剂的评价结果

3) 不同形态 Mo/γ-Al₂O₃ 催化剂的比较

图 5.38 为不同形态 Mo/γ-Al₂O₃ 催化剂催化萘加氢的评价结果，从图中可以看出，相对于单金属 Ni 催化剂而言，虽然单金属 Mo 催化剂的催化活性不高，但是其产物中的四氢萘选择性却几乎都为 100%。对氧化态、还原态、硫化态 Mo/γ-Al₂O₃ 催化剂的评价结果进行比较发现，这三种 Mo/γ-Al₂O₃ 催化剂的催化活性由高到低依次为硫化态、还原态、氧化态。由此可以得出，活性金属钼对萘加氢转化制备四氢萘有良好的效果，其中硫化态 Mo/γ-Al₂O₃ 催化剂效果最佳。

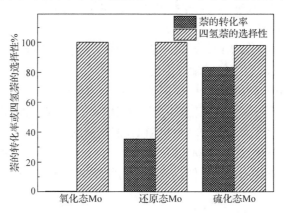

图 5.38　不同形态 Mo/γ-Al₂O₃ 催化剂的评价结果

4) 不同形态 Mo/γ-Al₂O₃ 催化剂的磷改性

图 5.39 为不同形态的 Mo/γ-Al₂O₃ 催化剂经磷改性后对萘加氢的评价结果，从图中可以得知，经磷改性后，三种催化剂的加氢效果都不同程度得到了提高。氧化态催化剂的萘转化率略有提高，四氢萘的选择性有所下降；还原态催化剂的萘转化率由原来的 35.32%提高到了 99.65%，并且生成物由之前的四氢萘选择性为 100%变化为几乎均为十氢萘；硫化态催化剂的萘转化率由原来的 83.22%提高到了 91.61%。综上所述，磷改性对不同形态 Mo/γ-Al₂O₃ 催化剂的加氢性能均有所提高，其中磷改性的硫化态 Mo/γ-Al₂O₃ 催化剂可用来制备四氢萘，磷改性的还原态 Mo/γ-Al₂O₃ 催化剂适用于萘的深度加氢制备十氢萘[20]。

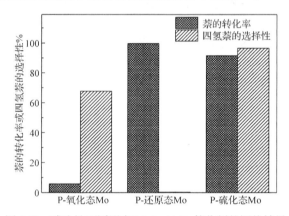

图 5.39　磷改性不同形态 Mo/γ-Al₂O₃ 催化剂的评价结果

5) 不同形态 NiMo/γ-Al₂O₃ 催化剂的比较

图 5.40 为不同形态 NiMo/γ-Al₂O₃ 催化剂的评价结果，将具有高萘加氢活性的金属镍和高四氢萘选择性的金属钼同时负载于活性氧化铝上进行研究，从图中可以看出，三种催化剂的萘转化率都处于较高水平，其中氧化态和还原态 NiMo/γ-Al₂O₃ 催化剂的催化结果中四氢萘的选择性较高，相反，硫化态的 NiMo/γ-Al₂O₃ 催化剂使萘大部分转化为了十氢萘，这与文献[21]、[22]的报道吻合。普遍认为金属硫化物催化剂上的硫空位或配位不饱和位是催化反应的活性中心[23]，硫化过程中形成了 Ni—Mo—S 结构[24-26]，提高了催化剂金属离子的活性，进而使其加氢活性得到提高。在氧化态和还原态催化剂的对比中，二者催化结果中的四氢萘选择性几乎均为 100%，但氧化态 NiMo/γ-Al₂O₃ 催化剂的萘转化率为 95.62%，比还原态 NiMo/γ-Al₂O₃ 催化剂的 87.34%高出 8.28 个百分点。因此，最适合于萘催化加氢制备四氢萘的 NiMo/γ-Al₂O₃ 催化剂形态为氧化态 NiMo/γ-Al₂O₃，四氢萘的选择性可达 95.38%。

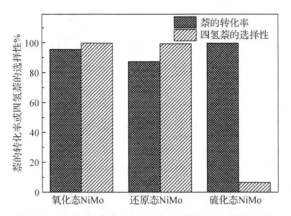

图 5.40　不同形态 NiMo/γ-Al₂O₃ 催化剂的评价结果

6) 不同形态 NiMo/γ-Al₂O₃ 催化剂的磷改性

图 5.41 为不同形态 NiMo/γ-Al₂O₃ 催化剂磷改性的评价结果，从图中可以看出，NiMo/γ-Al₂O₃ 催化剂经磷改性后，催化剂的加氢活性，特别是深度加氢制备十氢萘的性能得到了大幅度的提升。经磷改性后的三种催化剂的催化结果中，萘的转化率分别为 99.05%、98.50%、98.46%，基本上接近完全转化。其中，还原态 NiMo 的催化剂四氢萘选择性为 0.16%，萘几乎完全转化为十氢萘，氧化态和硫化态 NiMo 的催化剂四氢萘选择性分别为 1.48% 和 10.79%，四氢萘的选择性均处于较低水平，相应十氢萘的选择性就较高[20]。因此，经磷改性后，三种形态的 NiMo/γ-Al₂O₃ 催化剂加氢性能均得到了提升，但并不适合催化加氢制备四氢萘。

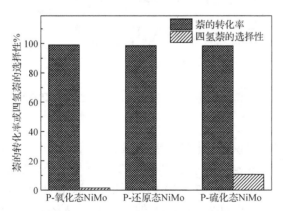

图 5.41　磷改性不同形态 NiMo/γ-Al₂O₃ 催化剂的评价结果

2. 不同形态 NiMo/γ-Al₂O₃ 催化剂的表征

前文列举了六组催化剂，并对其分别进行了萘加氢的评价，每组催化剂均包含氧化态、还原态、硫化态三种形态，其中氧化态的 $NiMo/\gamma\text{-}Al_2O_3$ 催化剂最适宜用于萘的选择性催化加氢制备四氢萘，评价结果中不但萘的转化率高，而且四氢萘的选择性高，以下将对不同形态 $NiMo/\gamma\text{-}Al_2O_3$ 催化剂进行表征分析，探究这三种形态催化剂的特征。

1) XRD 分析

图 5.42 为不同形态 $NiMo/\gamma\text{-}Al_2O_3$ 催化剂的 XRD 图，由图可知，不同形态 $NiMo/\gamma\text{-}Al_2O_3$ 催化剂在 2θ 为 $37°$、$46°$ 与 $67°$ 处均出现了 $\gamma\text{-}Al_2O_3$ 的特征峰[27]，三种催化剂的谱图与载体的基本相似，并未出现相应形态负载金属的特征衍射峰。这种结果的原因可能有三种：一是负载金属的比例太小，未达到仪器的检测限而不能出现相应的特征衍射峰；二是催化剂上的负载金属为非晶态，不能检测到衍射峰；三是负载的金属量比较合适并且均匀地负载于载体表面[28]。相对于载体的衍射峰，三种催化剂的衍射峰均出现了减弱的现象，这是因为活性金属在载体表面的覆盖，这在负载型催化剂中十分常见，同时也能证明活性金属在载体表面的负载比较均匀，这与 Ding 等[29]的研究结果相同。

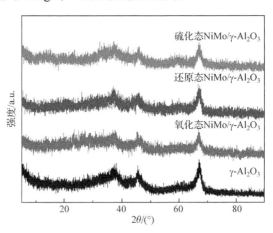

图 5.42　不同形态 $NiMo/\gamma\text{-}Al_2O_3$ 催化剂的 XRD 图

2) BET 分析

不同形态 $NiMo/\gamma\text{-}Al_2O_3$ 催化剂的等温吸脱附图和孔径分布图如图 5.43 和图 5.44 所示。不同形态 $NiMo/\gamma\text{-}Al_2O_3$ 催化剂的 BET 数据与孔径分布如表 5.7、表 5.8 所示。由图 5.43、图 5.44、表 5.7 和表 5.8 可知，还原态 $NiMo/\gamma\text{-}Al_2O_3$ 催化剂具有最大的比表面积，氧化态 $NiMo/\gamma\text{-}Al_2O_3$ 催化剂居中，硫化态 $NiMo/\gamma\text{-}Al_2O_3$ 催化剂最小，其结果与文献报道相近[30]。与氧化态 $NiMo/\gamma\text{-}Al_2O_3$ 催化剂相比，还原态与硫化态 $NiMo/\gamma\text{-}Al_2O_3$ 催化剂的孔体积与孔径逐渐减小，这是因为在还原与硫化过程中，引起了活性金属的团聚[31]，同时从孔径分布结果可以推测，还原态 NiMo/

γ-Al$_2$O$_3$ 催化剂在还原过程中，其活性金属微量团聚并进入载体大孔结构中，从而使其出现<2nm 的孔径。硫化态 NiMo/γ-Al$_2$O$_3$ 催化剂在硫化过程中，其活性金属显著团聚并堵塞了载体孔道。从归一化比表面积(NSA)也可得出，氧化态 NiMo/γ-Al$_2$O$_3$ 催化剂更为均匀地单层负载在 γ-Al$_2$O$_3$ 载体表面。

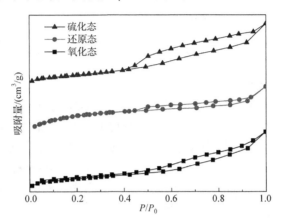

图 5.43　不同形态 NiMo/γ-Al$_2$O$_3$ 催化剂的等温吸脱附图

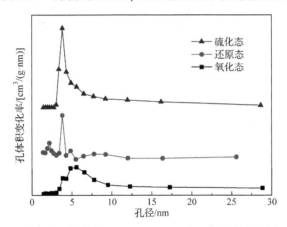

图 5.44　不同形态 NiMo/γ-Al$_2$O$_3$ 催化剂的孔径分布图

表 5.7　不同形态 NiMo/γ-Al$_2$O$_3$ 催化剂的 BET 数据一览表

催化剂	比表面积/(m²/g)	孔体积/(cm³/g)	孔径/nm	NSA
氧化态 NiMo/γ-Al$_2$O$_3$	114.928	0.172	5.977	1.016
还原态 NiMo/γ-Al$_2$O$_3$	118.774	0.097	3.807	1.410
硫化态 NiMo/γ-Al$_2$O$_3$	111.760	0.093	3.818	1.073

表 5.8　不同形态 NiMo/γ-Al₂O₃ 催化剂的孔径分布数据一览表

催化剂	孔径分布/%		
	< 2nm	2~50nm	> 50nm
氧化态 NiMo/γ-Al₂O₃	0	88.23	11.77
还原态 NiMo/γ-Al₂O₃	6.43	83.85	9.72
硫化态 NiMo/γ-Al₂O₃	0	87.22	12.78

3) NH₃-TPD 分析

　　将酸位分为弱酸(T<200℃)、中强酸(200~400℃)和强酸(T>400℃)，由图 5.45 可得表 5.9 中不同形态 NiMo/γ-Al₂O₃ 催化剂的酸性分布结果。从图 5.45 可以看出，NiMo/γ-Al₂O₃ 催化剂以中强酸为主，主要存在两个酸性位点，一个在 170℃ 附近，一个在 420℃附近，与文献报道类似[32,33]。经过还原和硫化后，还原态与硫化态 NiMo/γ-Al₂O₃ 催化剂的总酸度减弱,酸性分布向弱酸偏移,主要表现为 420℃ 附近的强酸性位消失及弱酸相对含量增多。

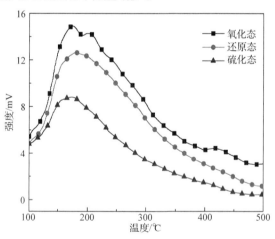

图 5.45　不同形态 NiMo/γ-Al₂O₃ 催化剂的 NH₃-TPD 图

表 5.9　不同形态 NiMo/γ-Al₂O₃ 催化剂的酸性分布

催化剂	酸性分布/%		
	弱酸(< 200℃)	中强酸(200~400℃)	强酸(> 400℃)
氧化态 NiMo/γ-Al₂O₃	35.00	53.44	11.56
还原态 NiMo/γ-Al₂O₃	39.74	53.03	7.23
硫化态 NiMo/γ-Al₂O₃	50.27	45.24	4.49

4) SEM 分析

图 5.46 为不同形态 NiMo/γ-Al$_2$O$_3$ 催化剂的 SEM 图，可以直观地看出不同形态 NiMo/γ-Al$_2$O$_3$ 催化剂的表面都存在絮状微粒，与文献报道一致[34]，是 Ni 盐、Mo 盐在焙烧过程中形成的氧化物颗粒。γ-Al$_2$O$_3$ 载体呈片状规则的立体几何分布，晶型良好，不同形态 NiMo/γ-Al$_2$O$_3$ 催化剂载体的晶型保持完整。氧化态 NiMo/γ-Al$_2$O$_3$ 催化剂中，其活性金属更均匀地分散在 γ-Al$_2$O$_3$ 载体表面，这与 XRD、BET 结果一致。还原态 NiMo/γ-Al$_2$O$_3$ 催化剂与硫化态 NiMo/γ-Al$_2$O$_3$ 催化剂中，其活性金属发生了部分团聚，与 BET 结果相符。

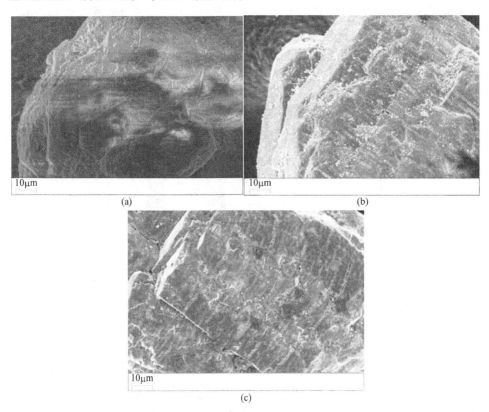

图 5.46   不同形态 NiMo/γ-Al$_2$O$_3$ 催化剂的 SEM 图
(a) 氧化态；(b) 还原态；(c) 硫化态

5.4.2   菲催化加氢烷基化

菲等重芳烃具有较高的化学稳定性和复杂的分子结构，限制了其直接应用。然而，通过弗里德-克拉夫茨反应，可以将这些重芳烃转化为具有更高附加值的化学品。弗里德-克拉夫茨反应是将烷基化试剂引入芳香环的经典有机合成方法，广泛应用于制备各种高附加值产品，包括高密度燃料、医药中间体和高性能材料等。

本小节旨在通过弗里德-克拉夫茨反应,将菲转化为烷基菲,探讨不同分子筛催化剂在该反应中的表现,寻找出能够实现高效、高选择性转化的优质催化剂,从而提升重芳烃的利用效率,增加经济效益。

1. 不同载体催化剂的催化性能比较

图 5.47 为基于 MCM-22 分子筛在不同反应温度下菲加氢烷基化产物的分布,工艺条件为反应时间 4h,初始 N_2 压力为 1MPa,搅拌速度为 300r/min,乙醇与菲物料比(以物质的量计)为 9.2。如图 5.47 所示,菲的转化率随着温度上升先减小后增大,400℃时菲的转化率可达 88.86%,表明提高反应温度能够提高 MCM-22 对菲的催化转化活性。单烷基菲的选择性随温度升高先小幅度增大后大幅下降,300℃最高可达 53.73%,这是因为温度过高反应体系开环反应、苯环加氢反应等副反应活性迅速提高,使得烷基化反应失去竞争优势。单烷基菲的收率在 300℃时达到最高,可达 21.03%。

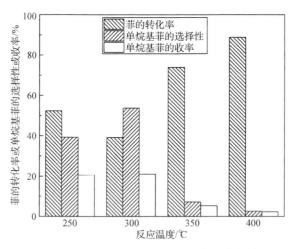

图 5.47　不同反应温度下 MCM-22 催化产物分布

图 5.48 为基于 MCM-41 分子筛在不同反应温度下菲催化加氢烷基化产物分布,反应时间、初始 N_2 压力、搅拌速度及乙醇和菲物料比分别为 4h、1MPa、300r/min 和 9.2。如图 5.48 所示,菲的转化率随着温度升高而增大,在温度为 400℃时达到最大。当反应温度为 350℃时,菲的转化率相对反应温度较低时有所提高,单烷基菲的选择性大幅提高至 74.89%,单烷基菲的收率为 16.44%。当反应温度继续升高至 400℃时,菲的转化率大幅增大,而单烷基菲的选择性却大幅度下降,这是因为菲单烷基化后快速地与更多烷基侧链相结合,生成多烷基菲,使单烷基菲收率仅有 15.78%。

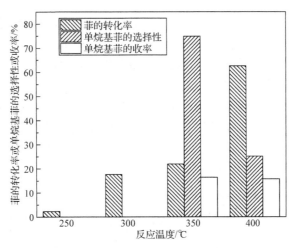

图 5.48　不同反应温度下 MCM-41 催化产物分布

图 5.49 为不同反应温度下菲基于 Beta 分子筛加氢烷基化产物分布，反应时间、初始 N_2 压力、搅拌速度及乙醇和菲物料比分别为 4h、1MPa、300r/min 和 9.2。菲的转化率随着温度上升而增加，当反应温度到达 400℃时，菲的转化率最高可达 49.02%，表明适当提高反应温度能够有效地提高 Beta 在菲加氢烷基化过程中的催化性能。单烷基菲的选择性在 300℃时最高，可达 95.80%，当温度继续增加时，由于开环反应、苯环加氢反应等副反应的活性竞争使单烷基菲的选择性降低。温度升高至 350℃时，单烷基菲的收率最高，可达 17.77%。

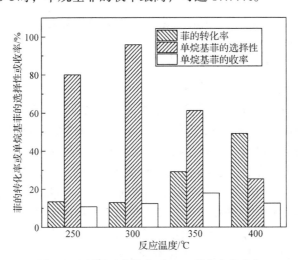

图 5.49　不同反应温度下 Beta 催化产物分布

图 5.50 为 USY 在不同反应温度下对菲烷基化反应的催化效果，反应时间、初始 N_2 压力、搅拌速度、乙醇和菲物料比及 USY 硅铝比分别为 4h、1MPa、

300r/min、9.2 及 10.87。由图可知，菲的转化率随反应温度升高呈现出先升高后缓慢降低的趋势，350℃时菲的转化率最高，可达 84.10%，因此合适的反应温度有助于提高 USY 在菲催化加氢过程中的催化性能。单烷基菲的选择性随着反应温度升高呈现出先降低后增加的趋势，250℃时最高，可达 74.23%，这是因为温度升高时反应体系中多烷基化副反应的活性提高，降低了单烷基化反应的相对活性，当温度继续升高，多烷基菲脱除烷基侧链生成单烷基菲。值得注意的是，250℃和 400℃条件下单烷基菲的收率较高，分别为 33.99%和 34.67%。因此，采用 USY 催化剂考察菲催化加氢烷基化性能。

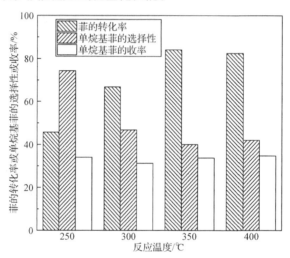

图 5.50　不同反应温度下 USY 催化产物分布

2. 工艺条件对菲催化加氢产物分布影响

1) 反应物料比对产物分布的影响

图 5.51 为乙醇和菲物料比不同时菲加氢烷基化的催化产物分布。反应时间、初始 N_2 压力、搅拌速度及 USY 硅铝比分别为 4h、1MPa、300r/min 及 10.87。由图可知，菲的转化率随着乙醇和菲物料比增加而增加至 95.44%，分析其原因，乙醇和菲物料比的增加提高了乙醇在反应体系中的占比，从而提高了催化剂的催化活性，而当反应体系接近热力学平衡时继续加入乙醇对菲的转化几乎没有作用，使得反应后期菲的转化率增幅变缓。当乙醇和菲物料比为 4.6 时，单烷基菲的选择性最高，可达 88.60%。此外，单烷基菲的收率在乙醇和菲物料比为 9.2 时达到最高，可达 34.69%。因此，菲加氢烷基化最佳乙醇和菲物料比为 9.2。

2) 反应温度对产物分布的影响

图 5.52 为不同反应温度条件下不同硅铝比 USY 催化产物分布。实验工艺条件如下：反应时间 4h，初始 N_2 压力 1MPa，乙醇和菲物料比 9.2，搅拌速度 300r/min。

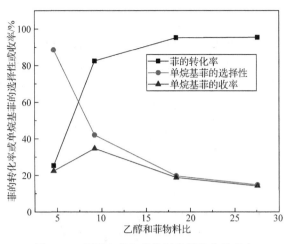

图 5.51　不同乙醇和菲物料比催化产物分布

由图 5.52 可知，USY 分子筛在 250℃和 400℃条件下表现出良好的催化性能，因此此处讨论 250℃和 400℃条件下硅铝比分别为 10.87 和 5.4 的 USY 分子筛(分别记为 USY10.87 和 USY5.4)催化性能。由图可知，在 400℃时，USY10.87 单烷基菲的选择性相比于 USY5.4 增加了约 7 个百分点，而菲的转化率降低了约 7 个百分点，这使得 USY10.87 单烷基菲的收率高于 USY5.4。分析其原因，USY5.4 具有较多酸性位点，使高温反应体系中多烷基化副反应的活性明显提升，部分单烷基菲转化为多烷基菲，使单烷基菲的收率下降。250℃条件下，USY5.4 单烷基菲的收率更高(35.27%)，这是因为 USY5.4 具有更多酸性位点及更强的酸性，菲烷基化反应活性提高。随着反应温度升高，菲的转化率呈现增大趋势，而单烷基菲的收率则呈现出降低的趋势，因此 250℃为菲加氢烷基化最佳反应温度。

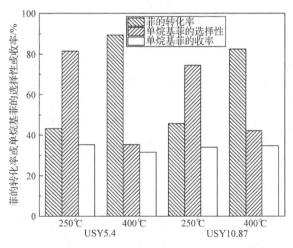

图 5.52　不同反应温度条件下不同硅铝比 USY 催化产物分布

3) 反应时间对产物分布的影响

图 5.53 为 USY 在不同反应时间和分子筛硅铝比条件下产物分布。反应工艺条件如下：反应温度 250℃，初始 N_2 压力 1MPa，乙醇和菲物料比 9.2，搅拌速度 300r/min。由图 5.53 可知，增加反应时间不利于菲在 USY5.4 上的催化加氢，而有助于提高菲基于 USY10.87 的转化率。USY5.4 的单烷基菲的选择性高于 USY10.87，其主要副产物依然是多烷基菲，表明 USY10.87 更容易过度烷基化产生多烷基菲。此外，USY5.4 单烷基菲的收率在 6h 时达到最大(40.56%)，而 USY10.87 单烷基菲的收率在 4h 达到最大。总而言之，在最佳温度条件下，USY5.4 在反应时间 6h 时表现出最优的催化性能。

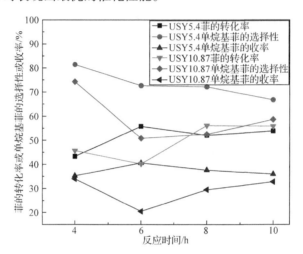

图 5.53　不同反应时间条件下不同硅铝比 USY 催化产物分布

3. 活性组分对 USY 催化性能的影响

图 5.54 为 USY5.4 采用 P 改性后菲加氢烷基化催化产物分布。在最佳反应条件下，菲的转化率随 P 负载量(负载量均以质量分数计)的增加呈现出先增加后降低的趋势。如图 5.54 所示，P 负载量为 0.1%时，菲的转化率最高可达 76.63%。USY5.4 的酸量随着 P 负载量的增加而增加，这提高了反应体系中多烷基化反应活性，使单烷基菲转化为多烷基菲，从而导致单烷基菲的选择性明显降低。总体来看，单烷基菲的收率随着 P 负载量的增加而降低，表明 USY5.4 在菲加氢烷基化过程并不适合引入 P 进行改性。

图 5.55 为 USY5.4 在不同 Fe 负载量条件下催化产物分布。由图可知，随着 Fe 负载量的增加，菲的转化率呈现先降低后增加的趋势，表明活性组分 Fe 对提高菲基于USY5.4的转化率作用不大；单烷基菲的选择性随Fe负载量的增加(1%～9%)在 81.88%～84.50%波动，这可能是因为 Fe 的引入为菲加氢单烷基化提供了

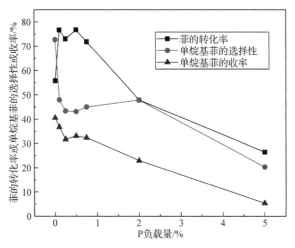

图 5.54　不同 P 负载量条件下 USY5.4 催化产物分布

更多的活性位点。此外，Fe 的负载量为 1%时，1Fe-USY5.4 单烷基菲的收率
(30.87%)依旧低于 USY5.4 单烷基菲的收率(40.56%)，这表明 Fe 同样不适合用于
提升 USY5.4 在菲加氢烷基化过程中的催化性能。

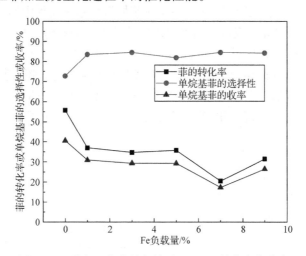

图 5.55　不同 Fe 负载量条件下 USY5.4 催化产物分布

　　图 5.56 为 USY5.4 不同 Zn 负载量条件下菲烷基化反应的催化性能。在最佳
反应条件下，菲的转化率随着 Zn 负载量增加呈现出先下降后波动上升的趋势，
这可能是因为 Zn 的引入提高了 USY5.4 酸性，从而提高了反应体系中多烷基化反
应活性，部分单烷基菲转化为多烷基菲，单烷基菲的选择性有所下降。单烷基菲
的选择性随 Zn 负载量增加呈现先上升后下降的趋势，当 Zn 负载量为 1%时单烷
基菲的选择性达到最大，为 88.15%，这表明适当负载 Zn 能够提高 USY5.4 对菲

的加氢催化活性。虽然 Zn 负载量为 5%时单烷基菲的收率较高(34.13%)，但仍低于 USY5.4 单烷基菲的收率。

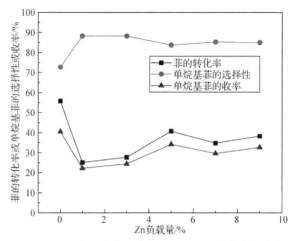

图 5.56　不同 Zn 负载量条件下 USY5.4 催化产物分布

　　图 5.57 为 USY5.4 不同 Cu 负载量条件下的菲烷基化反应的催化性能。由图 5.57 可知，Cu 的引入抑制了 USY5.4 在菲加氢烷基化过程中的催化性能。单烷基菲的选择性随着 Cu 负载量的增加呈现出波动上升的趋势，这可能是因为 Cu 的引入增强了 USY5.4 的酸性，反应体系中单烷基菲的选择性上升，但酸性的增强同样促进了多烷基菲的生成，从而降低单烷基菲的选择性。随着菲的转化率逐渐降低，多烷基菲经脱烷基反应转化为单烷基菲，使得单烷基菲的选择性增加。虽然 Cu 负载量为 3%具有较高的单烷基菲的收率(39.86%)，但仍低于 USY5.4 单烷基菲的收率。

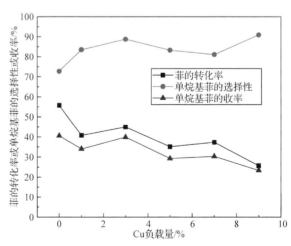

图 5.57　不同 Cu 负载量条件下 USY5.4 催化产物分布

图 5.58 为 USY5.4 不同 La 负载量条件下对菲烷基化反应催化性能的影响。如图 5.58 所示，La 负载改性 USY5.4 抑制了其在菲烷基化过程中的催化性能。单烷基菲的选择性随 La 负载量的增加波动比较明显，La 负载量为 3%时单烷基菲的选择性达到最大，为 82.28%。这表明，适当的负载 La 能够提高菲烷基化反应中单烷基菲的选择性。La 负载量为 3%时，3La-USY5.4 具有较高的单烷基菲的收率，可达 23.37%，但同样仍低于 USY5.4 的单烷基菲的收率。

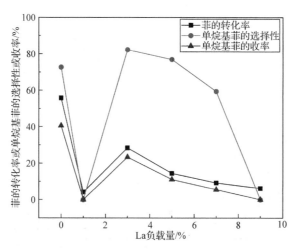

图 5.58　不同 La 负载量条件下 USY5.4 催化产物分布

图 5.59 为 USY5.4 不同 Ba 负载量条件下对菲烷基化反应催化性能的影响。由图 5.59 可知，Ba 的引入同样不利于提高 USY5.4 菲的催化转化反应活性。Ba 负载量为 3%时，单烷基菲的选择性达到最大，而在负载量为 7%时，并无单烷基

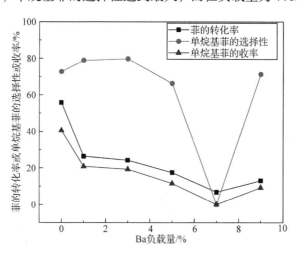

图 5.59　不同 Ba 负载量条件下 USY5.4 催化产物分布

菲产生。Ba 负载量为 1%时，1Ba-USY5.4 单烷基菲的收率较高，可达 20.82%，但同样低于 USY5.4 单烷基菲的收率。

图 5.60 为 USY5.4 不同 Ni 负载量条件下对菲烷基化反应催化性能的影响。由图 5.60 可知，Ni 负载并不能提高 USY5.4 在菲加氢烷基化过程中的催化性能，其使菲的转化率大幅下降。单烷基菲的选择性随 Ni 添加量的增加变化幅度较大，Ni 负载量为 5%时，单烷基菲的选择性最高可达 59.11%，在此条件下，单烷基菲的收率为 4.67%。

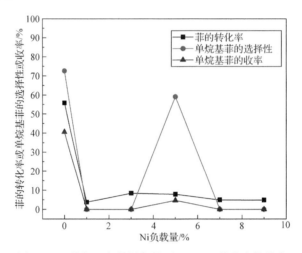

图 5.60　不同 Ni 负载量条件下 USY5.4 催化产物分布

图 5.61 为 USY5.4 不同 Cs 负载量条件下对菲烷基化反应催化性能的影响。如图 5.61 所示，Cs 的添加降低了菲加氢烷基化反应中菲的转化率，表明 Cs 对

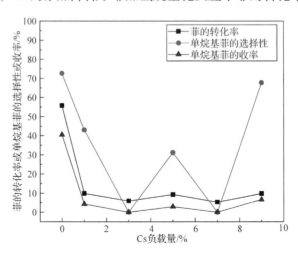

图 5.61　不同 Cs 负载量条件下 USY5.4 催化产物分布

USY5.4 在菲加氢烷基化过程的抑制作用。单烷基菲的选择性随 Cs 负载量的增加变化波动较大，这可能是因为 Cs 使得 USY5.4 酸性增强，从而促进了多烷基菲的生成。Cs 负载量为 9% 时，9Cs-USY5.4 单烷基菲的收率最高，远低于 USY5.4 单烷基菲的收率。

图 5.62 为 USY5.4 不同 K 负载量条件下对菲烷基化反应催化性能的影响。如图 5.62 所示，合理控制随着 K 负载量能够提高 USY5.4 对菲的反应催化活性。当 K 负载量为 3% 时，菲的转化率达到最大。单烷基菲的选择性随 K 负载量的增加明显降低。当 K 负载量为 3% 时，单烷基菲的收率最高，可达 40.97%，略高于母体 USY5.4 单烷基菲的收率。

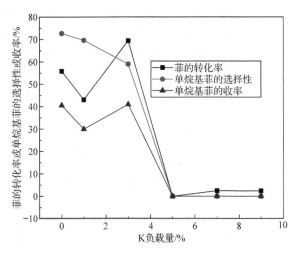

图 5.62　不同 K 负载量条件下 USY5.4 催化产物分布

图 5.63 为 USY5.4 不同 Ag 负载量条件下对菲烷基化反应催化性能的影响。

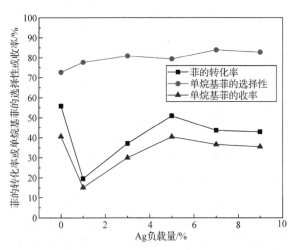

图 5.63　不同 Ag 负载量条件下 USY5.4 催化产物分布

由图 5.63 可知，适当的 Ag 负载量有利于 USY5.4 提高对菲的烷基化反应中的催化活性。单烷基菲的选择性随着 Ag 负载量的增加而波动上升，当 Ag 负载量为 7%时，单烷基菲的选择性可高达 83.92%，这主要是因为 Ag 的添加增加了 USY5.4 分子筛的活性位点，促进菲加氢烷基化的同时相对抑制了加氢开环等副反应的发生。此外，5Ag-USY5.4 单烷基菲的收率较高(40.46%)，略低于母体 USY5.4 单烷基菲的收率。

图 5.64 为 USY5.4 不同 Co 负载量条件下对菲烷基化反应催化性能的影响。如图 5.64 所示，菲的转化率随 Co 负载量的增加先大幅下降至 10%左右，当 Co 负载量增加至 9%时，菲的转化率迅速增加，这表明负载适量的 Co 有助于提高 USY5.4 在菲加氢烷基化过程中的催化性能。单烷基菲的选择性及收率表现出与菲的转化率相同的变化趋势，均在 Co 负载量为 9%时达到最大，分别为 83.05% 及 60.49%。Co 负载量由 7%增加至 9%时，菲的转化率、单烷基菲的选择性及收率均大幅增加，因此需要在更窄的负载量梯度中找到更准确的菲加氢烷基化与催化剂物理化学性质之间的相互关系。

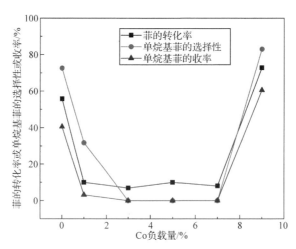

图 5.64   不同 Co 负载量条件下 USY5.4 催化产物分布

为探究菲的转化率和单烷基菲的选择性及收率陡增与 Co 负载量之间的构效关系，对 Co 负载量进行细化并在最优反应条件下进行菲加氢烷基化反应，结果如图 5.65 所示。菲的转化率随 Co 负载量增加呈现出先增加后降低的趋势，在 Co 负载量为 9%时达到最大，为 72.84%。单烷基菲的收率呈现出与菲的转化率相似的变化规律，同样在 Co 负载量为 9%时达到最大。单烷基菲的选择性随 Co 负载量增加呈现出波动上升的趋势，当 Co 负载量为 11%时，USY5.4 具有最高的单烷基菲的选择性，可达 100%。因此，菲催化加氢烷基化反应适宜采用 K、Ag、Co

等性质相近的金属可提高母体 USY5.4 在菲加氢烷基化反应中的催化性能的金属活性组分进行负载。

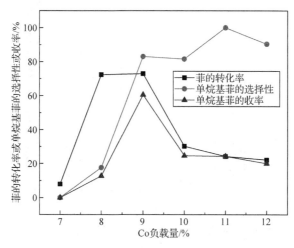

图 5.65 细化 Co 负载量条件下 USY5.4 催化产物分布

4. 碱处理条件对催化剂催化性能的影响

碱处理可脱除骨架中的硅原子产生结构缺陷,不仅引起反应物分子的晶内转移,降低反应物浓度梯度,还改善了铝、硅在沸石中的分布,避免硅的沉积[35,36]。此外,这些不可逆的缺陷可相互结合并进一步发展成易于接近的晶内介孔。脱硅通常被视为提高分子筛活性位点和增加介孔率的有效手段[37,38]。

1) 碱处理浓度对 USY5.4 催化性能的影响

采用不同浓度 NaOH 处理 USY5.4 以脱去骨架硅,并用于菲加氢烷基化反应,最优工艺条件下产物分布如图 5.66 所示。

由图 5.66 可知,菲的转化率随碱浓度增加呈现出先减小后增加的趋势,当碱浓度为 0.75mol/L 时,菲的转化率最高为 100%。碱浓度为 0.50mol/L 时,单烷基菲的选择性最高可达 91.68%。单烷基菲的收率在碱浓度为 0.75mol/L 时达到最大,为 46.71%,提高了母体 USY5.4 的产物收率。此外,碱浓度 0.75mol/L 表现出与 0.50mol/L 相似的单烷基菲的收率。为进一步探究碱浓度对菲加氢烷基化产物分布影响,对 0.50~0.75mol/L 碱浓度范围进行细化。

在最优工艺条件下,采用较窄碱浓度范围对 USY5.4 进行处理,并在菲加氢烷基化反应中探究其催化性能,产物分布如图 5.67 所示。由图 5.67 可知,碱浓度为 0.75mol/L 依旧具有最高菲的转化率及单烷基菲的收率,分别为 100%及 46.71%。此外,采用浓度为 0.50mol/L 的 NaOH 处理 USY5.4 依旧具有最高单烷基菲的选择性。

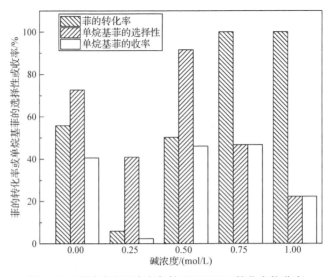

图 5.66　不同碱处理浓度条件下 USY5.4 催化产物分布

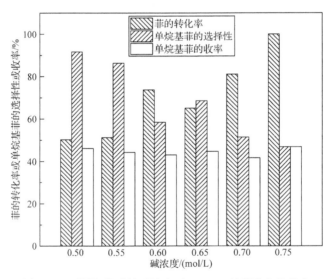

图 5.67　不同细化碱处理浓度下 USY5.4 的催化产物分布

2) 碱处理时间对 USY5.4 催化性能的影响

选择 NaOH 浓度为 0.75mol/L,在最优工艺条件下,探究碱处理时间对 USY5.4 催化性能的影响,结果如图 5.68 所示。由图 5.68 可知,菲的转化率随碱处理时间增加呈现先增加后降低的趋势,碱处理时间为 1.0h 及 1.5h 时菲的转化率均最高,可达 100%。单烷基菲的选择性随碱处理时间增加呈现出与菲的转化率相同的趋势,当碱处理时间为 2h 时达到最大,可达 61.48%。碱处理时间为 1.5h 单烷基菲的收率最高,可达 56.59%,这表明适当增加碱处理时间是一种提高 USY5.4 催化性能的有效手段。

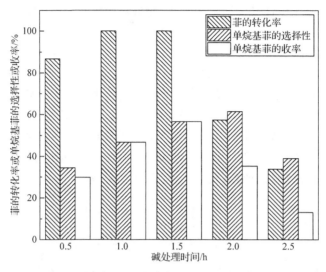

图 5.68　不同碱处理时间条件下 USY5.4 催化产物分布

3) 碱处理温度对 USY5.4 催化性能的影响

为进一步探究碱处理温度对 USY5.4 催化性能的影响，USY5.4 经浓度为 0.75mol/L 的 NaOH 处理 1.5h，在最优工艺条件下探究其催化性能，结果如图 5.69 所示。由图 5.69 所示，当碱处理温度为 70℃时，菲的转化率高达 100%，继续升高温度对菲的转化率没有影响。适宜的碱处理温度有助于提高单烷基菲的选择性，

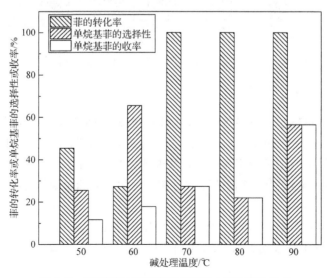

图 5.69　不同碱处理温度下 USY5.4 催化产物分布

碱处理温度为 90℃具有最高单烷基菲的选择性及单烷基菲的收率,均为 56.59%。综上所述,USY5.4 最佳碱处理条件如下:碱处理浓度 0.75mol/L、碱处理时间 1.5h 及碱处理温度 90℃。

4) 碱处理-活性组分双改性对 USY5.4 催化性能的影响

采用最优碱处理条件及金属活性组分对 USY5.4 进行改性,在菲加氢烷基化反应中探究其催化性能。最优条件下,菲加氢烷基化产物分布如图 5.70 所示。碱处理+5%Ag 使菲的转化率下降,但碱处理、碱处理+3%K 及碱处理+9%Co 表现出相对于母体 USY5.4 菲的转化率更高,表明碱处理是 USY5.4 引入活性金属组分的一种有效手段。碱处理后负载活性金属相较于碱处理,均提高了单烷基菲的选择性,但仅有碱处理+9%Co 提高了单烷基菲的收率。

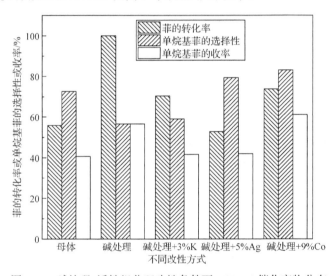

图 5.70 碱处理-活性组分双改性条件下 USY5.4 催化产物分布

5. 载体物理化学性质表征

图 5.71 为 9Co-USY 和 USY5.4 的 XRD 谱图。9Co-USY 在 2θ 为 6.2°、10.2°、12.0°、15.8°、18.8°、20.5°、23.8°、27.3°、31.7°处具有明显的归属于 USY 分子筛的特征衍射峰,这表明等体积浸渍 Co 并未破坏 USY 的骨架结构。此外,9Co-USY 并未出现明显 CoO 的特征衍射峰,这可能是因为负载的金属氧化物较好地分散于分子筛中。

图 5.72 为 9Co-USY 和 USY5.4 催化剂的 SEM 图。由图 5.72 可知,Co 均匀分散于 USY 分子筛表面,对 USY 的形貌和骨架几乎没有影响,这与 XRD 结果相符合。

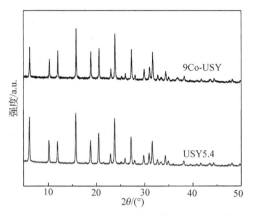

图 5.71　9Co-USY 和 USY5.4 的 XRD 谱图

(a)　　　　　　　　　　　　　　　　　(b)

图 5.72　9Co-USY 和 USY5.4 的 SEM 图

(a) 9Co-USY；(b) USY5.4

图 5.73 为碱处理前后 USY 分子筛的 NH₃-TPD 曲线。由图 5.73 可知，碱处

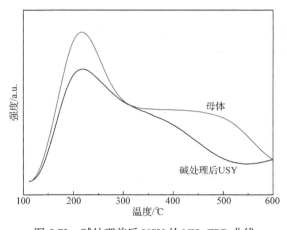

图 5.73　碱处理前后 USY 的 NH₃-TPD 曲线

理后催化剂归属于弱酸中心的特征峰(134～311℃)并未出现偏移，但归属于强酸中心的特征峰(326～590℃)向低温处偏移，表明弱酸酸性相对增强而强酸酸性相对减弱。表 5.10 为碱处理前后分子筛的 NH₃-TPD 定量计算结果。由表 5.10 可知，碱处理后分子筛总酸量减少，分子筛的强酸酸量和弱酸酸量都减少，其中强酸的相对比例提高。

表 5.10　碱处理前后 USY 催化剂的 NH₃-TPD 定量计算结果

催化剂	弱酸酸量/(mmol/g)	强酸酸量/(mmol/g)	总酸量/(mmol/g)
碱处理前 USY(母体)	0.665	0.634	1.299
碱处理后 USY	0.539	0.487	1.026

参 考 文 献

[1] 张勇. 2-甲基萘催化加氢脱烷基制备萘的研究[D]. 西安: 西北大学, 2019.

[2] 朱辉, 黄慧文, 张善鹤, 等. La 改性 HZSM-5 分子筛催化剂甲醇转化制汽油反应性能研究[J]. 燃料化学学报, 2018, 46(5): 564.

[3] CUI G, WANG J, FAN H, et al. Towards understanding the microstructures and hydrocracking performance of sulfided Ni-W catalysts: Effect of metal loading[J]. Fuel Processing Technology, 2011, 92(12): 2320-2327.

[4] CHARKHI A, KAZEMEINI M, AHMADI S J, et al. Fabrication of granulated NaY zeolite nanoparticles using a new method and study the adsorption properties[J]. Powder Technology, 2012, 231: 1-6.

[5] JANSSON I, YOSHIIRI K, HORI H, et al. Visible light responsive Zeolite/WO₃-Pt hybrid photocatalysts for degradation of pollutants in air[J]. Applied Catalysis A: General, 2016, 521: 208-219.

[6] LEE S U, LEE Y J, KIM J R, et al. Selective ring opening of phenanthrene over NiW-supported mesoporous HY zeolite catalyst depending on their mesoporosity[J]. Materials Research Bulletin, 2017, 96: 149-154.

[7] LEU L J, HOU L Y, KANG B C, et al. Synthesis of zeolite β and catalytic isomerization of n-hexane over Pt/H-β catalysts[J]. Applied Catalysis, 1991, 69(1): 49-63.

[8] CUI Q, WANG S, WEI Q, et al. Synthesis and characterization of Zr incorporated small crystal size Y zeolite supported NiW catalysts for hydrocracking of vacuum gas oil[J]. Fuel, 2019, 237: 597-605.

[9] VERMAIRE D C, VAN BERGE P C. The preparation of WO₃TiO₂ and Wo₃Al₂O₃ and characterization by temperature-programmed reduction[J]. Journal of Catalysis, 1989, 116(2): 309-317.

[10] SELLI E, FORNI L. Comparison between the surface acidity of solid catalysts determined by TPD and FTIR analysis of pre-adsorbed pyridine[J]. Microporous and Mesoporous Materials, 1999, 31(1-2): 129-140.

[11] PARK Y C, OH E S, RHEE H K. Characterization and catalytic activity of WNiMo/Al₂O₃ catalyst for hydrodenitrogenation of pyridine[J]. Industrial & Engineering Chemistry Research, 1997, 36(12): 5083-5089.

[12] VARSANI P, AFONJA A, WILLIAMS D E, et al. Zeolite-modified WO₃ gas sensors-enhanced detection of NO₂[J]. Sensors and Actuators B: Chemical, 2011, 160(1): 475-482.

[13] HE Y, ZHAO Y, CHAI M, et al. Comparative study of fast pyrolysis, hydropyrolysis and catalytic hydropyrolysis of poplar sawdust and rice husk in a modified Py-GC-MS microreactor system: Insights into product distribution,

quantum description and reaction mechanism[J]. Renewable and Sustainable Energy Reviews, 2020, 119: 109604.

[14] PÉREZ‐RAMíREZ J, VERBOEKEND D, BONILLA A, et al. Zeolite catalysts with tunable hierarchy factor by pore-growth moderators[J]. Advanced Functional Materials, 2009, 19(24): 3972-3979.

[15] KOSTYNIUK A, KEY D, MDLELENI M. 1-hexene isomerization over bimetallic M-Mo-ZSM-5 (M: Fe, Co, Ni) zeolite catalysts: Effects of transition metals addition on the catalytic performance[J]. Journal of the Energy Institute, 2020, 93(2): 552-564.

[16] PLUMMER M A. Cracking process catalyst selection based on cation electronegativity: US19840627153[P]. 1985-12-10.

[17] NWOSU C. An electronegativity approach to catalytic performance[J]. Journal of Technical Science and Technologies, 2012: 25-28.

[18] JULIAN I, ROEDERN M B, HUESO J L, et al. Supercritical solvothermal synthesis under reducing conditions to increase stability and durability of Mo/ZSM-5 catalysts in methane dehydroaromatization[J]. Applied Catalysis B: Environmental, 2020, 263: 118360.

[19] SUN M, MA X X, YAO Q X, et al. GC-MS and TG-FTIR study of petroleum ether extract and residue from low temperature coal tar[J]. Energy & Fuels, 2011, 25(3): 1140-1145.

[20] 安璞. 萘选择性催化加氢制备四氢萘的研究[D]. 西安: 西北大学, 2018.

[21] 李望良, 柳云骐, 刘春英, 等. MCM-41 负载 MO-Ni-P 催化剂的加氢性能[J]. 石油学报 (石油加工), 2004, 20(2): 69-74.

[22] 石斌, 阙国和. 四氢萘与正二十烷二元体系热反应与催化加氢反应机理的研究[J]. 燃料化学学报, 2002, 30(5): 473-476.

[23] 刘会茹. 负载在 Y 载体上的贵金属催化剂芳烃加氢性能和耐硫性的研究[D]. 天津: 天津大学, 2007.

[24] CLAUSEN B S, NIEMANN W, STEFFENSEN G, et al. XANES and EXAFS studies of the Ni-Mo-S (Co-Mo-S) structures in hydrotreating catalysts[C]. Washington, DC: American Chemical Society, 1990.

[25] BRORSON M, CARLSSON A, TOPSØE H. The morphology of MoS_2, WS_2, Co-Mo-S, Ni-Mo-S and Ni-W-S nanoclusters in hydrodesulfurization catalysts revealed by HAADF-STEM[J]. Catalysis Today, 2007, 123(1-4): 31-36.

[26] KUHN M, RODRIGUEZ J. Photoemission studies of S/Co/Mo (110) and S/Ni/Mo (110) surfaces: Co-and Ni-promoted sulfidation of Mo (110)[J]. Surface Science, 1996, 355(1-3): 85-99.

[27] ALLAMEH S M, SANDHAGE K H. Synthesis of celsian ($BaAl_2Si_2O_8$) from solid Ba‐Al‐Al_2O_3‐SiO_2 precursors: I, XRD and SEM/EDX analyses of phase evolution[J]. Journal of the American Ceramic Society, 1997, 80(12): 3109-3126.

[28] 王永刚, 张海永, 张培忠, 等. NiW/γ-Al_2O_3 催化剂的低温煤焦油加氢性能研究[J]. 燃料化学学报, 2012, 40(12): 1492-1497.

[29] DING L, ZHENG Y, ZHANG Z, et al. Hydrotreating of light cycle oil using WNi catalysts containing hydrothermally and chemically treated zeolite Y[J]. Catalysis Today, 2007, 125(3-4): 229-238.

[30] KIM S C. The catalytic oxidation of aromatic hydrocarbons over supported metal oxide[J]. Journal of Hazardous Materials, 2002, 91(1-3): 285-299.

[31] SAQER S M, KONDARIDES D I, VERYKIOS X E. Catalytic oxidation of toluene over binary mixtures of copper, manganese and cerium oxides supported on γ-Al_2O_3[J]. Applied Catalysis B: Environmental, 2011, 103(3-4): 275-286.

[32] LI D, SATO T, IMAMURA M, et al. The effect of boron on HYD, HC and HDS activities of model compounds over Ni-Mo/γ-Al_2O_3-B_2O_3 catalysts[J]. Applied Catalysis B: Environmental, 1998, 16(3): 255-260.

[33] NAGAI M, KOIZUMI K, OMI S. NH_3-TPD and XPS studies of Ru/Al_2O_3 catalyst and HDS activity[J]. Catalysis Today, 1997, 35(4): 393-405.

[34] 邓凡锋, 黄星亮, 曾菁. 烯烃对硫醚低温转化和 NiMo 催化剂表面组成的影响[J]. 石油与天然气化工, 2015(3): 54-59.

[35] QIN Z, SHEN B, YU Z, et al. A defect-based strategy for the preparation of mesoporous zeolite Y for high-performance catalytic cracking[J]. Journal of Catalysis, 2013, 298: 102-111.

[36] QIN Z, SHEN B, GAO X, et al. Mesoporous Y zeolite with homogeneous aluminum distribution obtained by sequential desilication-dealumination and its performance in the catalytic cracking of cumene and 1, 3, 5-triisopropylbenzene[J]. Journal of Catalysis, 2011, 278(2): 266-275.

[37] GARCÍA J R, BERTERO M, FALCO M, et al. Catalytic cracking of bio-oils improved by the formation of mesopores by means of Y zeolite desilication[J]. Applied Catalysis A: General, 2015, 503: 1-8.

[38] SHEN B, QIN Z, GAO X, et al. Desilication by alkaline treatment and increasing the silica to alumina ratio of zeolite Y[J]. Chinese Journal of Catalysis, 2012, 33(1): 152-163.

第6章　中低温煤焦油制备针状焦

6.1　概　　述

6.1.1　研究背景及意义

针状焦是一种重要的炭素材料[1]，具有热膨胀系数小，电阻率低，耐热冲击性、抗氧化性较强等优点[2]，因此是石墨电极的原料之一。煤沥青是制备针状焦的原料之一[3]。我国经济的迅速发展和工业化进程的加快对针状焦需求增大，针状焦行业前景广阔，具有巨大的市场需求和潜力，在钢铁、铝电解、锂离子电池等行业应用广泛，是这些行业的重要原料之一。我国对针状焦需求较大，国内的生产能力虽然持续增长，但下游行业对其需求将持续上升，尤其是优质针状焦将更加缺乏。我国针状焦 2019 年的产量较 2018 年同比增长 25.35%，其中煤系针状焦占总产量的 56.18%，达到 25 万 t，我国在 2020 年煤系针状焦的进口额近 3 千万美元，进口量近 7 万 t[4]。用中低温煤焦油用来制备针状焦具有一定难度，然而，我国每年中低温煤焦油占总煤焦油的产量超过 27%，大部分缺少合理利用，直接被焚烧，既浪费资源又危害环境[5]，结合我国针状焦的缺口情况，研发中低温煤焦油制备优良针状焦的工艺对拓宽煤焦油基针状焦原料来源，增大针状焦产量，实现中低温煤焦油高附加值利用具有重要意义。

煤沥青的原料特性是影响煤基针状焦品质最重要的因素[6]，一般而言，制备针状焦的原料必须满足芳香烃含量高，杂原子、金属和灰分含量低，具有适宜的分子量分布等，具体的性能要求见表 6.1[5]。此外，制备针状焦原料需要有较高的热稳定性，使得热转化过程不会过早碳化，从而形成较好的纤维状和大片状中间相结构[7]。然而现实应用中，煤沥青组成复杂，包含上千种有机化合物，含有 O、N、S 等杂元素，分子量分布宽，平均分子量 200～1000，因此常需要改性精制才能达到生产优质针状焦的原料要求[8]。通过化学改性[9, 10]、氧化[11]、共碳化[12, 13]等技术手段，可以有效地改善煤沥青的微观特性及其物理化学性质，发展煤沥青分子结构调控技术，从而改善针状焦性能的相关重要技术需要进一步研究。

表 6.1　制备针状焦原料的性能要求

灰分含量/%	芳香烃含量/%	S 含量/%	V 和 Ni 含量/%	QI 含量/%	密度/(g/cm³)
<0.05	30～50	<0.05	<0.005	<0.1	>1.0

6.1.2 研究思路和总体方案

天源中低温煤焦油作为本章的原料，以下简称煤焦油，其基本性质见表 6.2。

表 6.2　煤焦油的基本性质

性质	分析项目	数值
密度/(g/cm³)	—	1.01
含水量/%	—	1.50
灰分含量/%	—	0.14
残炭率/%	—	7.46
甲苯不溶物含量/%	—	2.10
工业分析	$M_{ar.}$/%	1.60
	$A_{ar.}$/%	0.14
	$V_{ar.}$/%	88.75
	$FC_{diff.}$/%	9.51
元素分析	C 含量 $_{ar.}$/%	74.28
	H 含量 $_{ar.}$/%	9.92
	O 含量 $_{diff.}$/%	14.71
	N 含量 $_{ar.}$/%	0.54
	S 含量 $_{ar.}$/%	0.55

注：下标 diff.指按差值计算，ar.指按接收基准计算。M 表示含水量；A 表示灰分含量；V 表示挥发分含量；FC 表示固定碳含量。

如图 6.1 所示，首先，通过对粗中低温煤焦油(以下简称"粗煤焦油")脱水脱渣得到精制中低温煤焦油(以下简称"精制煤焦油")，再对其进行正己烷热萃取获得粗中低温煤沥青(以下简称"粗煤沥青")。其次，将粗煤沥青通过混合溶剂萃取去除其中的喹啉不溶物(QI)，获得精制中低温煤沥青(以下简称"精制煤沥青"或"煤沥青"，CTP)，对精制煤沥青进行老化改性和甲醛改性，制备改性煤沥青。最后，通过热聚碳化法制备生焦，得到生焦后，再将其中一部分生焦通过高温煅烧法制备针状焦，下面将具体介绍相关操作步骤及流程。

1) 粗煤焦油的预处理与精制煤沥青改性

粗煤焦油的预处理包括脱水、脱渣、萃取和精制过程。

首先，按照国标《焦化油类产品取样方法》(GB/T 1999—2008)的方法，使用常压蒸馏装置处理粗煤焦油，以得到脱水中低温煤焦油(以下简称"脱水煤焦油")；取适量的脱水煤焦油与四氢呋喃按体积比 1∶1 混合，密封后放入超声仪中进行 90min 萃取。萃取后进行减压抽滤，用定性滤纸，将抽滤后的混合物通过高速冷

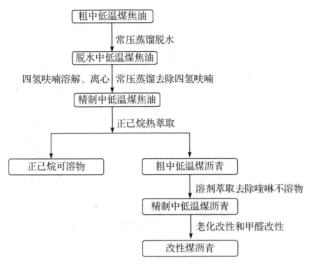

图 6.1 改性煤沥青制备流程图

冻离心分离。移出上层清液后，通过旋转蒸发仪去除四氢呋喃，得到脱水脱渣的精制中低温煤焦油。

使用正己烷对精制煤焦油进行热萃取，精制煤焦油与正己烷的体积比为 1：1，密封后放入超声仪中多次进行超声萃取。去除上层正己烷可溶物后，继续加入等体积的正己烷萃取，直至上层液体颜色不再改变。将正己烷不溶物置于 80℃ 鼓风干燥箱中蒸发残留萃取剂[14]，待其自然冷却得粗煤沥青。

对粗煤沥青进行脱除 QI 处理，使用芳香烃和烷烃混合溶剂(甲苯和正庚烷体积比 1：1)，混合溶剂与煤沥青的体积比为 1.6：1，85℃ 水浴锅搅拌 1h 后静置 10h，分离上层液体后在旋转蒸发仪中蒸发溶剂，最后在干燥箱中蒸发残余溶剂，得到脱除了 QI 的精制煤沥青。经溶剂萃取后，精制煤沥青中 QI 质量分数为 0.029%，正己烷可溶物质量分数为 51.4%，正己烷不溶物(粗煤沥青)质量分数为 48.6%。

对粗煤焦油预处理后得到的精制煤沥青进行改性。如图 6.2 所示，本书采用两种方法对煤沥青进行改性，分别是甲醛改性和老化改性。

中低温煤沥青中甲苯不溶喹啉可溶物(TI-QS)组分较少，而适量的 TI-QS 组分可以作为中间相发展的晶核，有利于针状焦形成各向异性结构，同时对针状焦的产率起到了保障作用。然而，过多的 TI-QS 组分则会导致碳化体系黏度增大，不利于针状焦的广域流线型结构的生成，甲醛具有分子量小的特点，其用来改性煤沥青可以起到易于控制反应进程和深度的特点[15]。因此，本书采用甲醛溶液来改性 CTP，旨在将 CTP 中 TI-QS 组分提高至适宜的含量，同时提高针状焦的产率，具体实验装置如图 6.3 所示。称取一定量脱 QI 的煤沥青加入三口烧瓶，再向三口烧瓶中加入煤沥青质量 2% 的对甲苯磺酸，然后将 37% 的甲醛溶液分别按照煤沥

图 6.2　通过甲醛改性和老化改性煤沥青制备针状焦的流程示意图

青质量的 10%、20%、30%加入三口烧瓶。通入一定流量的氮气，让其吹扫 10min 将空气置换完全；通入冷凝水，该反应的升温程序为先在 60℃下反应 10min，然后在 70℃下反应 10min，最后在 80℃下反应 20min；将反应产物在真空干燥箱 80℃下干燥 3h 后取出，将甲醛改性后的煤沥青(MCTP)按照甲醛质量占煤沥青质量的百分比，分别命名为 MCTP-10、MCTP-20、MCTP-30。

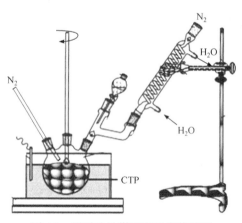

图 6.3　甲醛改性煤沥青反应装置图

　　老化改性(又称"氧化改性")是常用来改变煤沥青性质的方法之一，对煤沥青进行空气氧化处理，会使煤沥青中的物质发生缩聚反应和交联反应，因此老化后煤沥青的平均分子量会有提高，即 β 树脂的含量会有一定提高。此外，老化后煤沥青的软化点会有不同程度的提升，老化煤沥青制备的碳材料产率也会较未老化煤沥青制备的碳材料更高。老化改性还会改变煤沥青的流变性能，因此通过控制老化改性的工艺参数调控煤沥青的理化特性，从而改善针状焦的性能可能会是有效的方法，在煤沥青老化的工艺中，影响最终老化改性煤沥青性质的因素有很多，包括老化温度、老化时间、老化气氛、流量等，本书采用空气老化的方法对煤沥青进行老化改性，老化过程在鼓风干燥箱中进行，老化气氛为空气，将脱除 QI 后的煤沥青置于鼓风干燥箱中，设置老化温度为 80℃，压力为常压，老化时间共 7d；记录将煤沥青放入鼓风干燥箱中的初始时间后，分别在老化第 3 天和第 7 天取适量老化的改性煤沥青；将第 3 天与第 7 天所得的老化煤沥青分别命名为 LHCTP-3，与 LHCTP-7。

2) 针状焦的制备过程

针状焦的制备过程本质其实就是煤焦油的热解，煤焦油碳化后得到生焦，生焦煅烧后得到针状焦，总的来说，分为两步，热聚碳化与高温煅烧。首先，生焦的碳化过程分为碳化前期、热聚中期和拉焦后期，煤沥青在整个缩合碳化过程中不断发生小分子逸出、分子间脱氢、交联、芳构化等反应，形成具有液晶性质的中间相沥青，中间相沥青在高温作用下进一步生长、融并，从而形成针状焦的前驱体，即生焦。

热聚碳化是在高温高压反应釜中进行的，该反应釜带有 PID(比例-积分-微分)温度自动控制，碳化过程的具体操作如下：称取煤沥青，将其加入反应釜，开启氮气开关，控制氮气流量，吹扫后，拧紧阀门，打开加热开关，设置升温程序，反应完成后待反应釜自然冷却取出生焦。CTP 原料衍生的生焦命名为 GC-CTP，甲醛改性煤沥青衍生的生焦命名为 GC-MCTP-A，老化改性煤沥青原料衍生的生焦命名为 GC-LHCTP-B，A 为甲醛质量占煤沥青质量的百分比，B 为煤沥青的老化天数。

高温煅烧的终温一般在 1400℃左右，不同的终温会对针状焦的最终质量有一定影响，在高温的作用下，该过程涉及生焦中碳原子的重排，同时，挥发分、水分等物质会进一步逸出，最终形成产品针状焦。高温煅烧在水平管式炉中进行，其配备 PID 自动控温系统，水平刚玉管两端配备法兰，刚玉管内两侧各加入两个三氧化二铝堵头保温，使用过程中两侧刚玉管底部需要支撑起来，以防高温下刚玉管发生应力变形和断裂，水平炉气体入口处安装有质量流量计可以调整氮气流量。具体煅烧升温程序如表 6.3 所示，升温程序结束，等待水平管式炉自然冷却后打开法兰，取出针状焦样品。GC-CTP 衍生的针状焦命名为 NK-CTP，GC-MCTP-A 衍生的针状焦命名为 NK-MCTP-A，GC-LHCTP-B 煅烧制备的针状焦命名为 NK-LHCTP-B。

表 6.3　煅烧升温程序

步骤	温度/℃	升温速率/(℃/min)	恒温时间/min
第一步	室温~300	3	—
第二步	300~450	5	—
第三步	450~1300	6	360

6.2　精制煤沥青与针状焦理化性质

表 6.4 为实验制得精制煤沥青(CTP)的工业分析和元素分析结果。

表 6.4　煤沥青的工业分析和元素分析结果

样品	质量分数/%(工业分析)				质量分数/%(元素分析)				
	水分 ar.	灰分 ar.	挥发分 ar.	固定碳 ar.(diff.)	碳 ar.	氢 ar.	氧 ar.(diff.)	氮 ar.	硫 ar.
煤沥青	0.00	0.06	87.80	12.14	79.91	7.23	11.72	0.56	0.58

注：下标 diff.指按差值计算，ar.指按接收基准计算。

由表 6.4 可知，粗煤焦油的脱水脱渣预处理对水分、灰分的脱除效果较好，此外，测量了煤沥青的密度为 $1.03g/cm^3$，甲苯不溶物质量分数为 5.91%。

6.2.1　精制煤沥青理化性质

1. 精制煤沥青热解特性

1) 热重分析

甲醛改性后煤沥青的 TG 和 DTG 曲线如图 6.4(a)所示，老化改性后煤沥青的 TG 和 DTG 曲线如图 6.4(b)所示，其相应的热重分析结果汇总如表 6.5 所示。

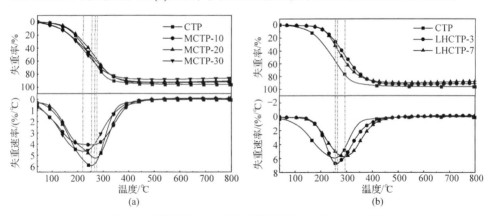

图 6.4　不同改性方法改性后煤沥青的 TG 及 DTG 曲线

(a) 甲醛改性；(b) 老化改性

表 6.5　煤沥青及两种改性煤沥青的 TG 及 DTG 曲线分析结果

样品	t_i/℃	t_m/℃	V_m/(%/℃)	r/%
CTP	36.7	252.5	5.61	4.08

续表

样品	t_i/℃	t_m/℃	V_m/(%/℃)	r/%
MCTP-10	44.7	254.0	4.06	7.96
MCTP-20	54.1	265.3	5.26	9.25
MCTP-30	45.8	227.3	4.63	13.72
LHCTP-3	79.5	260.2	6.76	10.23
LHCTP-7	62.5	297.3	5.69	12.89

注: t_i 为初始失重温度; t_m 为最大失重速率温度; V_m 为最大失重速率; r 为残炭率。

甲醛改性后,CTP 的最大失重速率由 5.61%/℃ 降至 4.63%/℃,相应温度升高。残炭率随甲醛用量的增加而增加。当甲醛用量为 30%时,残炭率提高至原来的 3.36 倍,初始失重温度整体上相较于未改性的沥青都得到了一定程度的提高,由原始的 36.7℃ 最高提升到 54.1℃,这些现象均表明甲醛改性后煤沥青的热稳定性提高,形成了分子量较大的物质。

老化改性后,煤沥青的最大失重速率增高,由 CTP 的 5.61%/℃ 最高上升到老化时间为 3d 时的 6.76%/℃,最大失重速率所对应的温度由原沥青的 252.5℃ 在老化时间为 7d 时上升至 297.3℃。随老化天数的增加,残炭率呈增加的趋势,当老化改性为 7d 时,残炭率由 4.08%上涨为 12.89%,提高至原来的 3.16 倍,初始失重温度整体上相较于原沥青的 36.7℃ 都得到了一定程度的提高,最高提升到老化天数为 3d 时的 79.5℃。这些现象均表明,老化改性后煤沥青的热稳定性提高,形成了分子量更大的物质。

2) Py-GC-MS 分析

图 6.5 为煤沥青中不同物质的质量分数,是对 CTP 总离子流色谱图的归类结果,其表明煤沥青主要由脂肪烃、单环芳烃、多环芳烃、含氧化合物等组成,其中单环芳烃是指含有一个苯环的芳烃,多环芳烃是指含有两个及以上苯环的芳烃,含氧化合物主要包括酚类和酸性物质,其他成分主要指含有溴、硫等杂原子的组分。其中,含氧化合物质量分数最多,为 40.08%,主要以酚类为主,占比达到 24.83%;其次是单环芳烃,质量分数为 20.09%;多环芳烃质量分数较小,为 13.99%。

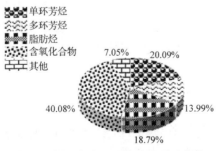

图 6.5　煤沥青中不同物质的质量分数

对甲醛改性煤沥青的总离子流色谱图物质进行分类得到图 6.6。由图 6.6 可知,甲醛改性后煤沥青的组成发生了变化,其中单环芳烃相对含量明显降低,而多环芳烃相对含量出现了升高,脂肪烃相对含量也出现了较为明显的上升,这表明甲醛改性使煤沥青中的酚类发生反应,生成了分子量更大的物质,同时芳烃间发生了缩聚。MCTP-20 的含氧化合物相对含量出现了下降,为 34.50%,这可能是因为在酸性催化剂的催化下,甲醛小分子与芳烃分子间发生了亲电取代反应[16],稀释了含氧化合物,同时脂肪烃含量的升高也起到了这一作用。当甲醛用量为 30%时,其向 MCTP 中引入了更多氧原子,因此 MCTP-20 中的含氧化合物比 MCTP-30 少。

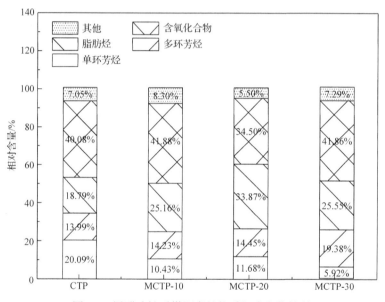

图 6.6　甲醛改性后煤沥青的物质组成变化情况

对老化改性后煤沥青的总离子流色谱图进行物质分类得到图 6.7。老化改性后,通过对老化沥青 Py-GC-MS 数据的分析发现,随老化天数延长,单环芳烃的相对含量下降,由最开始的 20.09%最终下降到 0.56%,同时多环芳烃和脂肪烃相对含量都有明显的升高,脂肪烃的相对含量由 18.79%上升到 38.01%,而多环芳烃的相对含量由 13.99%上升到 28.62%。此外,含氧化合物的相对含量明显下降,由 40.08%大幅下降到 25.64%,这表明煤沥青在氧化过程中生成了分子量更高的物质,含氧化合物相对含量出现明显下降,推测是小分子含氧化合物在热处理下挥发导致的,老化改性煤沥青的热稳定性增强。

3) 原料与热重生焦的 FTIR 分析

表 6.6 为煤沥青及其热重生焦 FTIR 官能团归属对照表,FTIR 分为两大区域,分别是官能团区(1300～4000cm^{-1})和指纹区(650～1300cm^{-1}),根据 FTIR 的出峰位

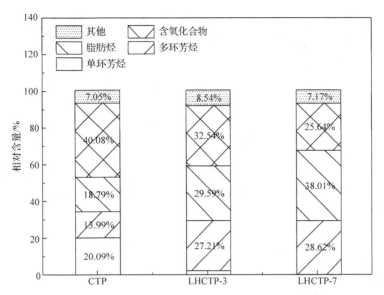

图 6.7　老化改性后煤沥青的物质组成变化情况

LHCTP-3 中单环芳烃相对含量为 2.12%，LHCTP-7 中单环芳烃相对含量为 0.56%

置可以判断和推测煤沥青中含有的官能团等信息，推测煤沥青的结构组成和特点。

表 6.6　煤沥青及其热重生焦 FTIR 官能团归属对照表

波数/cm⁻¹	官能团归属
$3500 \sim 4000$	游离状态—OH 的伸缩振动
$3300 \sim 3600$	O—H 的拉伸振动
$3100 \sim 3300$	酯类和羧酸类 C=O、—OH(醇类)吸收振动
$2850 \sim 3000$	烷基 C—H 的振动
2920、2850	—CH_2—的反对称、对称伸缩振动
$1700 \sim 1750$	醛基 C=O 的振动
$1600 \sim 1640$	芳香环骨架伸缩振动
1460	—CH_2—的弯曲振动
1456	C—H 变形振动
1380	—CH_3 的弯曲振动
$1000 \sim 1300$	醇类、酚类和醚类中 C—O 的振动
$650 \sim 900$	苯环上 C—H 面外振动

甲醛改性后煤沥青的 FTIR 图如图 6.8(a)所示，甲醛改性煤沥青通过热重所得生焦(由 3.2.1 小节的热重分析得到)的 FTIR 图如图 6.8(b)所示，原料煤沥青热重

所得生焦命名为 Char-CTP，甲醛改性煤沥青通过热重所得生焦命名为 Char-MCTP-*A*，*A* 为甲醛质量占沥青质量的百分比。煤沥青的 FTIR 图在 1600cm⁻¹ 处透射率较大，结合指纹区的振动，表明煤沥青中含有较多的芳香烃，2850～3000cm⁻¹ 处的透射峰归因于脂肪烃，这与 Py-GC-MS 分析的结果一致，煤沥青在3300～3600cm⁻¹ 处的透射率较大，提示其含有较多的酚类物质，对比 CTP 和 Char-CTP 的 FTIR 曲线可以发现，热解以后 650～900cm⁻¹ 处的透射率明显降低，这可能是因为热解过程中芳香烃分子发生了缩聚脱氢的反应，相比煤沥青，其热重生焦在 3500～4000cm⁻¹ 处的吸收峰强度显著降低，这表明热解去除了煤沥青中的小部分水分，热解后，3300～3600cm⁻¹ 处的透射峰仍然很强，表明生焦中仍然含有较多的酚类。

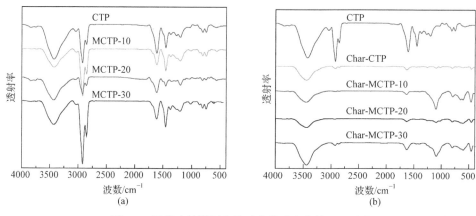

图 6.8　甲醛改性煤沥青及对应热重生焦的 FTIR 图

(a) 甲醛改性煤沥青；(b) 对应的热重生焦

甲醛改性前后沥青的出峰位置大致相同，对比 CTP 和 Char-CTP 的谱图可知，热解后样品在 2924cm⁻¹、2852cm⁻¹、1600cm⁻¹、1450cm⁻¹ 处的峰强度明显下降，这可能是因为热解过程中环数较大的芳香烃类结构中碳氢键的断裂[14]。甲醛改性后，其对应生焦均在 1100cm⁻¹ 处出现了 C—O—C 的伸缩振动峰，同时苯环的取代峰出峰强度变大，这与甲醛改性煤沥青所发生的反应机理吻合。与 CTP 相比，MCTP 在 3300～3600cm⁻¹ 处的透射峰振动强度先减小后增大，这是因为 O—H 的拉伸振动。可能是当甲醛量较少时，其主要与 CTP 中的芳香烃发生反应，使含 O—H 官能团的含量降低。同时，2920cm⁻¹ 处的峰（—CH₂—）强度先减小后增大，这是甲醛与芳香分子相互作用的结果。发生多步取代反应，从而降低了亚甲基的含量。随着改性剂甲醛用量的增加，其与酚类化合物的反应起主导作用，将酚羟基引入 MCTP 中。同时，过量的甲醛可能解离形成含有羟基的不稳定结构。在酸性条件下，CTP 中的芳香烃和酚类物质可与醛类物质反应生成分子量较大的分子。

MCTP 中的—CH$_2$—可作为桥键。Char-MCTP 的 FTIR 相似，但与 Char-CTP 有显著差异。与 Char-CTP 相比，Char-MCTP 在 3300～3600cm^{-1} 处的透射峰更宽、更强，说明 CTP 中的醛类和酚类发生了聚合，且酚羟基存在于生焦表面。在 1000～1300cm^{-1} 处的峰值是由醇类、酚类和醚类中 C—O—C 拉伸振动引起的[15]。Char-MCTP-20 在此峰强度减弱，说明甲醛改性用量为 20% 时，CTP 中的含氧化合物被部分稀释，1700cm^{-1} 归属于芳香环伸展 C=O 振动，Char-MCTP 在 1630cm^{-1}(芳香环骨架伸缩振动)和 700～900cm^{-1} 处的峰强度显著增加，说明甲醛改性增大了原料沥青的芳香共轭程度，针状焦产率得到保证。

老化改性煤沥青的 FTIR 图如图 6.9(a)所示，其相对应热重生焦(由 3.2.1 小节的热重分析得到的)的 FTIR 图如图 6.9(b)所示，老化改性所得煤沥青通过热重所得的生焦命名 Char-LHCTP-B。

观察老化改性煤沥青的 FTIR 图可以发现，老化改性前后煤沥青的 FTIR 图出峰位置都十分类似。例如，在 3300～3600cm^{-1} 处的透射峰归属为羟基，3000～3100cm^{-1} 处的透射峰归属于芳香烃的 C—H 伸缩振动，2850～3000cm^{-1} 处归属为烷烃 C—H 的振动，1605cm^{-1} 左右归属为芳香环骨架的伸缩振动，这表明老化改性前后，煤沥青中的芳香烃类和脂肪烃类化合物含量都较多，存在较多的羟基与芳香环骨架结构。此外，随着老化天数的延长，1605cm^{-1} 处的芳香环骨架振动峰明显增强，这表明老化改性煤沥青中芳香烃的含量得到了提升，2850～3000cm^{-1} 处透射峰增强，说明改性后煤沥青的脂肪族含量提高，2920cm^{-1}、2850cm^{-1} 处归属为—CH$_2$—的反对称、对称伸缩振动，1460cm^{-1} 处归属为—CH$_2$—的弯曲振动，这几处透射率、宽度在老化改性以后都增加，同时，指纹区 650～900cm^{-1} 归属为苯环上 C—H 面外振动峰，透射强度增加，说明老化改性煤沥青中存在多种类型的芳香烃取代。

对比老化改性煤沥青热重生焦的 FTIR 图可知，老化改性明显地增加了改性煤沥青的平均分子量，经过热重的热解以后，老化改性煤沥青所得生焦的 FTIR 出峰更多，表明老化改性"固定"了煤沥青中的许多物质，对比不同老化天数下 Char-LHCTP 的 FTIR 图可以发现，最明显的变化是 3300～3600cm^{-1} 处归属为 O—H 的透射率明显下降，而 3100～3300cm^{-1} 处归属为醇—OH、羧酸类和酯类 C=O 的吸收振动峰随老化天数的延长而明显增加，这表明老化改性煤沥青热解过程中，煤沥青的酚类物质逸出了一部分，还有一部分转化为更稳定的含氧官能团。此外，1000～1300cm^{-1} 处归属为醇类、酚类、醚类的 C—O 振动，LHCTP-3 在此处的透射峰明显增强且比 LHCTP-7 更强，而 LHCTP-7 在 3100～3300cm^{-1} 处的透射峰比 LHCTP-3 更强，猜测这可能是煤沥青中的酚类物质在热解的过程中逐步变为醚类，最后以稳定的酯基或其他含氧官能团形式存在于煤沥青中[17]。相较原煤沥青的 FTIR 图，可发现 2920cm^{-1}、2854cm^{-1}、1460cm^{-1} 处的出峰强度减弱甚至缩小，苯环的取代峰强度增大，表明芳香结构之间在氧气老化过程中可能发生了脱氢氧化缩聚的反应[18]。

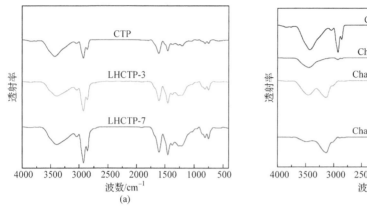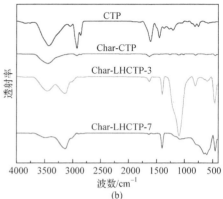

图 6.9　老化改性煤沥青及对应热重生焦的 FTIR 图
(a) 老化改性煤沥青；(b) 对应的热重生焦

2. 精制煤沥青的物理性质与组成

1) [1]H-核磁共振波谱分析

[1]H-核磁共振波谱可以通过对不同类型的 H 峰进行积分，从而获得煤沥青中不同类型 H 的占比，不同化学位移代表了不同的 H 类型，图 6.10(a)为甲醛改性前后煤沥青的 [1]H-核磁共振波谱图，图 6.10(b)为老化改性前后煤沥青的 [1]H-核磁共振波谱图，采用 MestRenova 处理软件对 [1]H-核磁共振波谱数据进行校正及导出，根据化学位移对 [1]H-核磁共振波谱图中不同类型的 H 进行归类，得到分析结

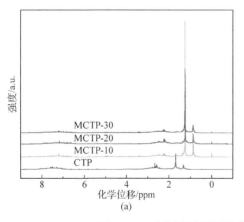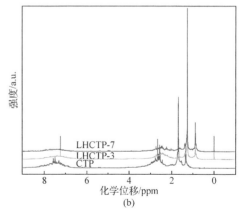

图 6.10　不同改性方法改性煤沥青的 [1]H-核磁共振波谱图
(a) 甲醛改性；(b) 老化改性
1ppm=10^{-6}

果汇总如表 6.7 所示。CTP 中 ar 位置的芳香族氢(H_{ar})质量分数最多，为 34.14%，其次是 α 位置的脂肪族氢(H_α)，质量分数为 32.27%，γ 位置的脂肪族氢(H_γ)质量分数为 0%。

表 6.7　甲醛改性和老化改性所得煤沥青的核磁氢谱图分析结果(以质量分数计)　(单位：%)

氢的种类	化学位移	CTP	MCTP-10	MCTP-20	MCTP-30	LHCTP-3	LHCTP-7
H_{ar}	6.0～9.0ppm	34.14	28.28	26.45	30.29	28.98	40.27
H_α	2.0～4.0ppm	32.27	20.88	27.36	23.21	42.97	20.25
H_n	1.4～2.0ppm	29.85	0.00	0.00	0.00	0.00	4.41
H_β	1.0～1.4ppm	3.74	39.57	33.34	35.00	22.12	27.45
H_γ	0.5～1.0ppm	0.00	11.27	12.85	11.50	5.93	7.62

由图 6.10(a)可知，MCTP 具有丰富的脂肪族氢和芳香族氢，然而对比 H_α、H_β、H_γ 的质量分数，可知 MCTP 仍以脂肪族氢为主，脂肪烃含有较多的烷基侧链，可以在热解过程中提供较多的自由基。在酸性条件下，甲醛会与芳香分子发生亲电取代反应，形成—CH_2—或—CH—连接的大分子芳香烃，并与酚类物质反应形成—CH_2—连接的大分子酚类化合物。如表 6.7 所示，这两种反应都会大大增加 MCTP 中 H_β 的质量分数。与 CTP 相比，MCTP 化学位移 2～4ppm 处的 H_α 质量分数和 MCTP 化学位移 6.0～9.0ppm 处的 H_{ar} 质量分数降低，说明甲醛主要与 CTP 中芳香烃的 α 位发生亲电取代反应[17]，从而提高了煤焦油沥青的缩合度和共轭度。这有利于发展针状焦的各向异性结构。在 MCTP 中，随着改性剂用量的增加，H_β 质量分数先降低后升高，这可能是因为改性剂用量从 10%～20%时，亲电取代反应进行得更彻底，而改性剂用量从 20%～30%时引入了过多的亚甲基桥键。此外，改性后环烷基氢的消失可能是其与 O 原子交联引起的。

老化改性后煤沥青化学位移 δ 在 1.0～1.4ppm 处的亚甲基氢共振吸收峰明显加强，结合热重数据、FTIR 分析老化过程中可能生成了通过亚甲基相连的分子量更大的物质，¹H-核磁共振波谱的归一化数据表明改性后，芳香族氢的含量下降，脂肪族氢的含量上升，老化改性后 H_γ 含量明显上升，且老化天数越长，变化越明显，由原来的 0.00%上升至老化 7d 时的 7.62%，这表明煤沥青 γ 组分含量有一定升高。

2) 同步荧光光谱分析

不同芳香烃的同步荧光光谱图不同，图 6.11(a)为甲醛改性煤沥青的同步荧光光谱图，图 6.11(b)为老化改性煤沥青的同步荧光光谱图，煤沥青的同步荧光光谱范围为 421～635nm，有两个最高吸收峰，分别出现在 455nm 和 557nm，根据文献[17]可知，芳香族化合物具有窄的特征光谱峰，这是同步荧光光谱的特征。随着芳香环数量的增加特征波长也会相应增加，也被称作红移。CTP 的最高峰对应吸收波长为 455nm，MCTP-10 的最高峰对应吸收波长为 467nm，MCTP-20 的最高峰对应吸收波长为 489nm，MCTP-30 的最高峰对应吸收波长为 510nm，LHCTP-3 的最高峰对应吸收波长为 474nm，LHCTP-7 的最高峰对应吸收波长为 518nm。随着甲醛用量的增长，甲醛改性煤沥青逐渐出现红移，特征峰向更长的波长移动，随老化天数的延长，老化改性煤沥青也出现红移现象，特征峰向右移动，表明甲醛改性与老化改性使煤沥青中的芳香烃分子发生缩聚，甲醛改性使煤沥青中形成了分子量更大的多环芳烃。老化改性使沥青分子间发生了氧化交联反应，且随着反应时间的延长和改性剂用量的增加，反应的程度加深。

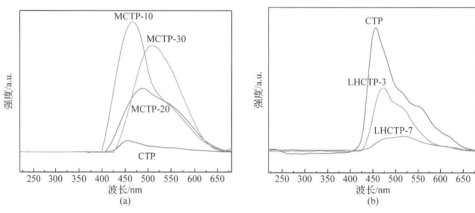

图 6.11　不同煤沥青的同步荧光光谱图
(a) 煤沥青及甲醛改性煤沥青；(b) 煤沥青及老化改性煤沥青

3) 族组分分析

原料沥青、甲醛及老化改性所得煤沥青的族组成分析如表 6.8 所示。

表 6.8　改性煤沥青的族组成分析

样品	QI 质量分数/%	TI-QS 质量分数/%	TS 质量分数/%
CTP	0.029	5.910	94.060
MCTP-10	0.041	15.40	84.559
MCTP-20	0.049	22.10	77.851
MCTP-30	0.052	24.30	75.648
LHCTP-3	0.061	15.43	84.510
LHCTP-7	0.012	24.34	75.648

注：表中数据进行了修约。

随着甲醛改性剂用量的增加，改性煤沥青中的甲苯不溶喹啉可溶物(TI-QS)组分质量分数逐渐上升，煤沥青的 TI-QS 质量分数由 5.91% 显著提高至 24.3%，TI-QS 质量分数的增加保障了碳化阶段中间相含量的提高，作为晶核有助于提高针状焦中各向异性结构的生成[19]，而甲苯可溶物(TS)的质量分数逐渐下降，适宜的甲苯可溶物组分能为碳化阶段提供适宜的黏度，有利于各向异性中间相的生成，喹啉不溶物(QI)质量分数增加幅度很小。分析甲醛改性煤沥青的族组分可知，煤沥青中的 TS 组分大部分转化为 TI-QS 组分，而 QI 组分的质量分数几乎没有变化。

老化改性以后，从族组分分析可以看出，随老化时间的延长，煤沥青中的 TS 组分逐步转化为 TI-QS 组分和 QI 组分，其中，TI-QS 组分质量分数的增长十分明显，由原来的 5.91% 提升到老化时间为 7d 时的 24.34%，增长至原来的 4.1 倍，这为针状焦的产率提供了保证，同时 LHCTP-7 样品中的 QI 质量分数达到了 0.012%，该数值略高于针状焦的原料要求(QI<0.1%)，但在氧化过程中生成的 QI 组分属于二次喹啉不溶物，可能有利于碳化。

6.2.2　生焦与针状焦理化性质

1) XRD 测试

甲醛改性煤沥青制备的生焦 XRD 图谱如图 6.12(a)所示，老化改性煤沥青制备的生焦 XRD 图谱如图 6.12(b)所示，采用布拉格和谢乐公式计算了制备生焦的 XRD 参数，其包括 L_a(平均晶粒尺寸)、L_c(堆积高度)和炭层间距(d_{002})，这些参数列于表 6.9。

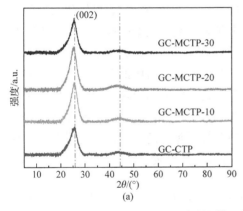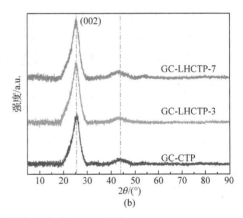

图 6.12　不同改性煤沥青所制备生焦的 XRD 谱图

(a) 甲醛改性；(b) 老化改性

表 6.9　甲醛改性及老化改性煤沥青所制备生焦的 XRD 参数

样品	d_{002}/nm	L_c/nm	L_a/nm
GC-CTP	0.351496	2.251838	1.257671
GC-MCTP-10	0.346853	2.753356	1.421973
GC-MCTP-20	0.350785	2.484973	1.497599

续表

样品	d_{002}/nm	L_c/nm	L_a/nm
GC-MCTP-30	0.351394	1.983750	1.477884
GC-LHCTP-3	0.350081	2.514419	2.925809
GC-LHCTP-7	0.350561	2.398038	2.849566

从图 6.12(a)中可以看出，(002)特征衍射峰代表了芳香平面的堆垛程度，甲醛改性以后，生焦(002)峰的峰形变得更加尖锐，峰强度也有明显提高，说明甲醛改性有利于提高生焦产物的有序度和可石墨化程度。尤其在甲醛用量为 20%时，生焦的(002)特征衍射峰峰形最尖锐，峰强度也是最高的，这代表 GC-MCTP-20 具有最大的结晶度。甲醛改性可能会使煤沥青中的芳香族分子富集，使其相对含量增加，促进了含氧化合物的演化和交联行为，含氧交联结构在一定程度上分散在整个碳质结构中，有利于消除位阻和结构应变松弛[20]，从而优化生焦的片层取向，使堆积高度和堆积层数呈增加趋势，炭层间距呈减小趋势。

从图 6.12(b)中可以看出，随着老化时间的延长，老化改性煤沥青所得生焦的(002)特征衍射峰峰强度增大，同时峰形变得更加尖锐，平均晶粒尺寸由 GC-CTP 的 1.257671nm 上升至老化 3d 时的 2.925809nm，再到老化 7d 时的 2.849566nm，而堆积高度的变化并不明显，说明老化改性使生焦的微观结构逐渐转化为规整有序的类石墨微晶结构。此外，生焦的结晶度越来越高，其结构朝向得到改善，有序度越来越好。生焦晶体结构的改善可能是因为含氧化合物会扰乱碳化过程中中间相物质的有序排列，当老化时间越来越长时，原煤沥青中的含氧化合物显著减少，这减少了煤沥青碳化过程中的空间位阻，适宜的 β 组分含量也能为生焦在碳化过程中提供晶核，从而有利于各向异性物质的生长[21]，结合老化改性煤沥青热重分析可知煤沥青的平均分子量增加，热稳定性得到一定增强，这使得碳化过程中煤沥青分子不会有过高的热反应性，从而有利于芳香炭平面的有序生长和堆叠，炭层的有序度增加。

对比甲醛改性生焦与老化改性生焦的 XRD 谱图参数可知，整体上，老化改性所得煤沥青衍生的生焦比甲醛改性煤沥青衍生的生焦平均晶粒尺寸更大，这可能是因为老化改性煤沥青中的含氧化合物比甲醛改性煤沥青中含氧化合物的含量低。

煤沥青及甲醛改性煤沥青制备所得针状焦的 XRD 谱图如图 6.13(a)所示，煤沥青及老化改性煤沥青制备所得针状焦的 XRD 谱图如图 6.13(b)所示，对其进行计算，得到对应的 XRD 参数如表 6.10 所示。

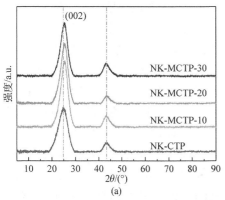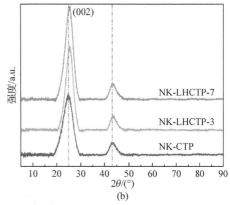

图 6.13　不同改性煤沥青所制备针状焦的 XRD 谱图
(a) 甲醛改性；(b) 老化改性

表 6.10　甲醛改性及老化改性煤沥青制备所得针状焦的 XRD 谱图参数

样品	d_{002}/nm	L_c/nm	L_a/nm
NK-CTP	0.354168	2.040986	5.208033
NK-MCTP-10	0.351001	2.388307	5.215806
NK-MCTP-20	0.349772	2.468156	5.688083
NK-MCTP-30	0.352380	2.452148	4.948031
NK-LHCTP-3	0.349583	2.410765	5.673144
NK-LHCTP-7	0.350545	2.209534	5.294582

NK-MCTP 的 XRD 参数变化趋势表现为 L_a 和 L_c 均随甲醛改性剂用量的增加先升高后降低，d_{002} 则呈现相反的变化趋势。当甲醛改性剂用量较低，即 10%或 20%时，改性有利于针状焦碳微晶结构的生长，L_a 从未改性的 5.208033nm 增加到 5.688083nm，L_c 从未改性的 2.040986nm 增加到 2.468156nm，然而，当甲醛改性剂用量过多，为 30%时，针状焦 NK-MCTP-30 样品的 L_a 相较于 NK-MCTP-20 下降，这可能是因为过量的甲醛向煤沥青中引入了大量的 O 原子，过量的含氧化合物促进了碳质结构的交联行为，增加了无定形碳的含量，阻碍了芳香层的有序堆积。随着甲醛改性剂用量的增加，甲醛改性所得针状焦的炭层间距先减小后增大，当甲醛用量为 10%或者 20%时，d_{002} 减小，当甲醛用量为 30%，d_{002} 开始增大，这表明较少的甲醛改性剂用量有利于炭层之间的紧密堆积，过多的甲醛改性剂用量反而会增大芳香炭层的间距，这主要是因为过多的甲醛改性剂向煤沥青中引入了 O 原子。一般来说，(002)峰的强度越高，宽度越窄，碳材料的有序度越高，晶体尺寸越大，在所有甲醛改性的针状焦样品中，NK-MCTP-20 样品的(002)峰强度最大，宽度最窄，碳微晶结构最佳。此外，煅烧 GC-MCTP 时，在高温的作用下，生焦中的 C 原子也会受热重新排列，因此针状焦的结构会发生一定变化[22]。煅烧后，针状焦的 L_a

相较于所对应的生焦都得到了明显的进一步升高，然而个别样品的 d_{002} 上升，L_c 下降，这表明煅烧后针状焦的平面微晶增大，然而轴向的堆积高度变化并不明显。

老化改性后，总体上，随着老化时间的延长，针状焦的 L_a 先升高后降低，由 NK-CTP 的 5.208033nm 上升至 NK-LHCTP-3 的 5.673144nm，然后降低为 NK-LHCTP-7 的 5.294582nm，NK-LHCTP 的 L_c 同样先增加后降低，由 NK-CTP 的 2.040986nm 上升至 NK-LHCTP-3 的 2.410765nm，然后下降至 NK-LHCTP-7 的 2.209534nm，这表明老化时间为 3d 更有利于针状焦碳微晶结构的发育，针状焦的有序度提升更为明显。由图 6.13(b)可以看出，(002)峰的出峰位置明显右移，经计算得出 NK-LHCTP 的 d_{002} 随着老化时间的延长先下降后升高，由 NK-CTP 的 0.354168nm 下降到 NK-LHCTP-3 的 0.349583nm，再升高到 NK-LHCTP-7 的 0.350545nm，表明 3d 的老化时间更有利于芳香炭层之间的紧密堆叠，这可能是因为老化改性富集了原料煤沥青中的芳香族化合物[18]，同时，LHCTP-3 的 β 组分含量更加适宜，在碳化阶段，芳香炭层得到了充分发育。此外，老化改性针状焦相较于其对应的生焦，L_a 进一步增大，这表明煅烧使 NK-LHCTP-7 的碳晶平面尺寸增大，然而 NK-LHCTP-7 的 L_c 略有减小，d_{002} 略有减小，这可能是因为 GC-LHCTP-7 中的氧原子与碳质结构在高温下进一步交联。

2) 拉曼光谱分析

用煤沥青原料、甲醛改性与老化改性所得煤沥青通过碳化工艺制备得到生焦，图 6.14 为生焦的拉曼光谱图，对生焦的拉曼光谱曲线进行了分峰拟合，表 6.11 列

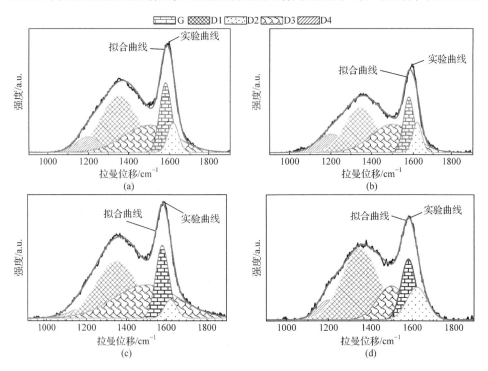

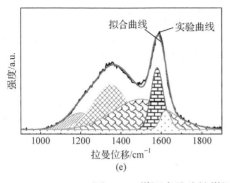
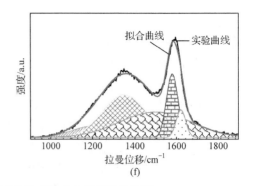

图 6.14　煤沥青及改性煤沥青衍生产物生焦的拉曼光谱图

(a) GC-CTP；(b) GC-MCTP-10；(c) GC-MCTP-20；(d) GC-MCTP-30；(e) GC-LHCTP-3；(f) GC-LHCTP-7

出了拉曼光谱曲线的拟合数据。

表 6.11　煤沥青及改性煤沥青衍生产物生焦的拉曼光谱图分析结果

样品	拟合曲线积分面积比例/%					I_{D1}/I_G
	G	D1	D2	D3	D4	
GC-CTP	14.52	41.96	6.22	27.63	9.66	0.81633
GC-MCTP-10	14.58	35.75	6.89	29.71	13.06	0.81441
GC-MCTP-20	15.94	39.31	3.63	35.41	5.70	0.78524
GC-MCTP-30	15.88	47.20	11.93	17.27	7.72	1.18475
GC-LHCTP-3	15.89	33.46	4.13	35.97	10.54	0.73417
GC-LHCTP-7	14.66	36.04	5.11	35.09	9.09	0.67381

注：I_{D1}/I_G 常用于表示碳材料的石墨化程度，I_{D1} 与 I_G 分别指 D1 峰与 G 峰的强度，I_{D1}/I_G 越小，表示碳材料的石墨化程度越高，缺陷位点越少。

　　甲醛改性煤沥青所得的生焦中，GC-MCTP-20 的理想石墨晶格质量分数(以 G 峰积分面积比例表示)最高，为 15.94%，它同时具有较低的石墨烯边缘无序石墨晶格质量分数(A1g-对称，以 D_1 峰积分面积比例表示)和表面石墨烯层无序石墨晶格质量分数(E2g-对称，以 D_2 峰积分面积比例表示)，分别为 39.31% 和 3.63%。随着甲醛改性剂用量的增加，理想石墨晶格的质量分数先增加后降低，石墨烯边缘无序石墨晶格质量分数增加，并在甲醛改性剂用量为 30% 时，超过了 GC-CTP 的41.96%，达到了 47.20%。I_{D1}/I_G 先降低后增加，并在甲醛改性用量为 30% 时达到了 1.18475，超过了 GC-CTP 的 0.81633，具体表现为当甲醛改性剂用量为 10% 或 20% 时，生焦的 I_{D1}/I_G 减小，当甲醛改性用量为 30% 时，I_{D1}/I_G 增加。因此，当甲醛改性剂加入量过多时，不利于理想石墨晶格的形成，这可能是因为 MCTP 中形成了过多的 TI 组分且引入过多的氧原子。在酸性条件下，甲醛分子会与芳香烃分子发生亲电取代反应，改性促进了芳香烃分子间的缩聚，然而当甲醛改性剂加入量过多，为 30%时，其向煤沥青中引入过量以酚羟基形式存在的 O 原子，将导致碳化过程中生焦的无序石墨晶格和无定形碳的比例增加，阻碍芳香平面层的有序堆叠，碳质结构的取向趋于无序。

老化改性后，生焦 G 峰积分面积比例有不同程度的增加，由原样的 14.52%上升到老化时间为 3d 时的 15.89%，以及老化时间为 7d 时的 14.66%，这代表老化改性有利于生焦中理想石墨晶格的形成，同时，改性后代表了缺陷位点的石墨烯边缘无序石墨晶格质量分数得到明显降低，由 GC-CTP 的 41.96%下降到 GC-LHCTP-3 的 33.46%，以及 GC-LHCTP-7 的 36.04%。D2 峰积分面积比例代表了石墨烯层无序石墨晶格质量分数，其从 6.22%分别下降至老化 3d 时的 4.13%，以及 GC-LHCTP-7 的 5.11%。从 I_{D1}/I_G 来看，随着老化时间的延长，老化改性生焦的 I_{D1}/I_G 降低，在老化时间为 7d 时，减小得最明显，相较于 GC-CTP 的 0.81633下降至 GC-LHCTP-7 的 0.67381，共降低了 0.14252，可见老化改性降低了生焦的缺陷位点，提高了其理想石墨晶格的质量分数，增大了生焦的可石墨化能力，这可能是因为老化改性后，煤沥青中 TI-QS 组分质量分数的升高为碳化过程中提供了晶核，加速了理想石墨晶格的生成。此外，含氧化合物的降低也是 I_{D1}/I_G 下降的原因之一，O 原子的极性较大，会阻碍芳香分子平面的有序排列堆叠，不利于各向异性中间相的生成，同时 O 原子的反应活性强，可能会过早地引起分子间的交联，碳化体系的黏度增大，从而不利于中间相小球的生长[20]。对比 LHCTP-3 与LHCTP-7 样品可知，前者的 G 峰积分面积比例比后者高，这可能是因为相较于LHCTP-7 的 β 树脂质量分数 24.34%，LHCTP-3 含有的 β 树脂质量分数为 15.43%，是一个更适宜生焦中间相发育的质量分数。

对比甲醛改性与老化改性生焦的 I_{D1}/I_G 可知，老化改性对生焦中理想石墨晶格质量分数的提高更为明显。

由原料煤沥青和两种改性煤沥青制备针状焦的拉曼光谱如图 6.15 所示，对其拉曼光谱曲线进行了分峰拟合，拟合的曲线参数如表 6.12 所示。

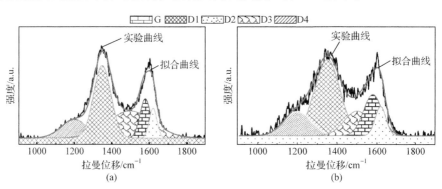

(a) 　　　　　　　　　　　　　(b)

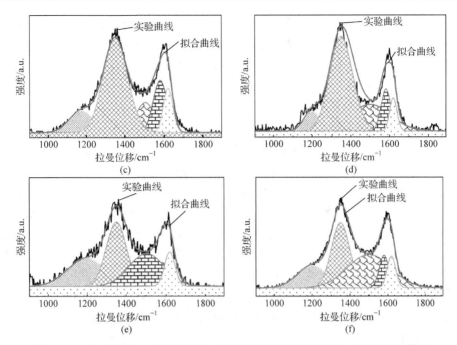

图 6.15　原料煤沥青、甲醛改性及老化改性煤沥青所制备针状焦的拉曼光谱图
(a) NK-CTP；(b) NK-MCTP-10；(c) NK-MCTP-20；(d) NK-MCTP-30；(e) NK-LHCTP-3；(f) NK-LHCTP-7

表 6.12　原料煤沥青及改性煤沥青所制备针状焦的拉曼光谱图分析结果

样品	拟合曲线积分面积比例/%					I_{D1}/I_G
	G	D1	D2	D3	D4	
NK-CTP	11.48	34.90	6.16	34.14	13.32	1.8145
NK-MCTP-10	18.06	44.58	7.39	14.71	15.26	1.6798
NK-MCTP-20	15.93	50.75	9.22	12.28	11.82	1.7491
NK-MCTP-30	9.90	50.25	6.77	25.46	7.61	2.0565
NK-LHCTP-3	6.79	31.46	8.60	27.21	25.93	2.7442
NK-LHCTP-7	8.23	30.94	6.92	36.63	17.28	2.0027

　　甲醛对煤沥青改性后，所得针状焦与对应生焦的 I_{D1}/I_G 变化趋势一致，但煅烧使针状焦发生了结构变化，针状焦拉曼光谱图的 D1 峰积分面积比例增大，G 峰积分面积比例减小，说明煅烧后针状焦的理想石墨晶格质量分数降低，这可能是因为生焦中的 O 原子在煅烧高温下不能完全去除并且极性较大，进一步阻碍了理想石墨微晶的生长。同时，O 原子在缩聚过程中会使更多的活性位点发生交联，从而降低针状焦的石墨化程度[20]。在所有针状焦样品中，NK-MCTP-10 的 I_{D1}/I_G 最小，石墨化程度最高。以往的研究表明，D 峰与碳结构中存在缺陷和无序结构

有关，D1 峰表示石墨层边缘无序的石墨晶格，可以为缩聚提供活性位点，D3 峰表示无定形碳(高斯线形)，G 峰与 sp^2 键合碳原子的面内振动有关，代表理想石墨晶格[23]。针状焦样品 NK-MCTP-10 的理想石墨晶格质量分数最高，为 18.06%，其次是 NK-MCTP-20，这表明 NK-MCTP-10 与 NK-MCTP-20 的石墨化程度较好，主要是因为较小的甲醛改性用量既增大了原料的芳香共轭程度，又不像 NK-MCTP-30 引入了过多的 O 原子。

观察老化改性所得针状焦的拉曼光谱图可知，老化改性以后，针状焦的 G 峰积分面积比例下降，即理想石墨晶格质量分数下降，而 D1 峰积分面积比例下降，这表明针状焦的石墨化程度提高，I_{D1}/I_G 也在老化改性后升高，这同样证明了这一趋势，这可能是由于老化改性向原料中引入了过多的 O 原子，生焦中存在较多缺陷结构，而这些缺陷结构在煅烧过程中进一步演化[24]，不能完全脱除的 O 原子在煅烧过程中进一步交联。因此，NK-LHCTP 的理想石墨晶格质量分数下降，同时 NK-LHCTP-3 的 I_{D1}/I_G 比 NK-LHCTP-7 的数值更高，当老化延长时间为 7d 时，针状焦的石墨化程度反而得到改善，这可能是因为 LHCTP-7 比 LHCTP-3 具有更低的含氧化合物质量分数，同时具有比原料更适宜的 β 树脂的组分质量分数。

3) SEM 分析

扫描电镜(SEM)是表征生焦常用的有效方法，用来观察生焦的微观形貌特点。图 6.16(a)为原料沥青制备生焦的扫描电镜图，图 6.16(b)～(d)为甲醛改性煤沥青制备所得生焦的扫描电镜图，图 6.16(e)、(f)为老化改性煤沥青所得生焦的扫描电镜图。

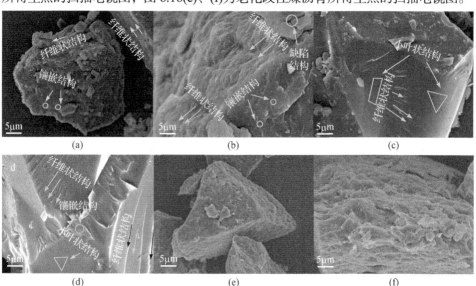

图 6.16　煤沥青及改性煤沥青衍生生焦的扫描电镜图

(a) GC-CTP；(b) GC-MCTP-10；(c) GC-MCTP-20；(d) GC-MCTP-30；(e) GC-LHCTP-3；(f) GC-LHCTP-7

生焦 GC-CTP 的表面形貌呈纤维状结构和镶嵌结构，然而，纤维状结构较少且取向较差。样品 GC-MCTP-10 的表面微观结构主要由纤维状结构和镶嵌结构组成，此外，还出现了缺陷结构，但其纤维结构的有序性较差，生焦 GC-MCTP-20 的表面形貌以类石墨层样结构和小叶结构为主，GC-MCTP-30 主要由短纤维结构、小叶结构和镶嵌结构组成。生焦 GC-MCTP-20 和 GC-MCTP-30 的表面几乎没有缺陷，此外，相较于未改性煤沥青衍生的生焦，甲醛改性以后制备所得的生焦具有更加显著的纤维状结构，这与 XRD 和拉曼光谱计算的生焦中碳晶的分布结果一致。因此，甲醛改性在一定程度上改善了生焦的微观结构。

老化改性后，生焦 GC-LHCTP-3 以镶嵌结构和纤维状结构为主，GC-LHCTP-7 样品也以镶嵌状和纤维状结构为主，这与原 GC-CTP 的微观表面形貌基本一致，但老化改性生焦的纤维状结构更加明显，其纤维状结构有序性较差，不是流线型，而是呈现卷曲型的不完全纤维状结构。

图 6.17(a)为原料沥青所制备针状焦的 SEM 图，图 6.17(b)～(d)为甲醛改性煤沥青所制备针状焦的 SEM 图，图 6.17(e)、(f)为老化改性煤沥青所制备针状焦的 SEM 图。

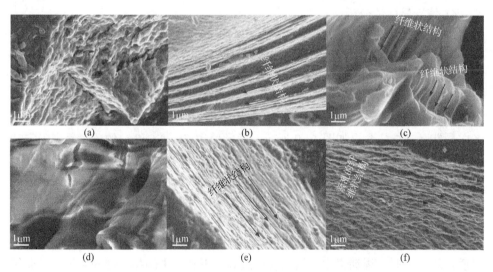

图 6.17　煤沥青及改性煤沥青所制备针状焦的 SEM 图
(a) NK-CTP；(b) NK-MCTP-10；(c) NK-MCTP-20；(d) NK-MCTP-30；(e) NK-LHCTP-3；(f) NK-LHCTP-7

NK-CTP 样品表面形貌紊乱，取向性差，这是因为其所对应生焦 GC-CTP 中的镶嵌结构非常稳定，无法通过煅烧从表面形貌中消除。NK-MCTP-10 具有较长的纤维状结构，碳层之间堆叠相对紧密，生焦 GC-MCTP-10 经过煅烧后获得了取向良好的碳质片层堆积，样品 NK-MCTP-20 中有规则的长纤维状结构，且片层间堆叠较为均匀，NK-MCTP-30 表面纤维结构减少，出现许多多孔状结构。这可能是因为甲醛改性剂用量过多(30%)时,煤沥青的平均分子量过大,碳化体系黏度高,碳化过程中大分子热解生成小分子的吸热反应没有完全发生,其对应生焦 GC-MCTP-30 中的挥发分含量比较大。此外,由于煅烧过程中温度的大幅升高,反应体系的自由基释放速度过快,碳化体系未完全反应的大分子被热解生成许多气体分子,小气体分子的逸出破坏了煅烧过程中纤维结构的排列,从而产生了更明显的孔隙结构[3]。当甲醛改性剂用量为沥青质量的 10%或 20%时,衍生针状焦的纤维状结构含量明显多于 NK-CTP,这一结果与针状焦的 XRD 和拉曼光谱分析结果相对应。SEM 结果表明,当甲醛改性剂用量为沥青的 10%和 20%时,改性有利于改善针状焦的微观结构,发展其广域纤维结构。

NK-LHCTP-3 与 NK-LHCTP-7 均出现了明显的纤维状结构,但其纤维结构都较为紊乱,这可能是由于老化改性增大了煤沥青的平均分子量,在碳化阶段应该释放的小分子没有完全逸出,在煅烧过程中温度急速上升,从而大量逸出,影响了炭层的有序排列,NK-LHCTP-3 的炭层结构排列相较于 NK-LHCTP-7 更为有序,但与 NK-CTP 相比,老化改性所得针状焦的表面微观形貌均得到明显改善,这表明老化改性对改善针状焦的微观形貌有一定作用。

4) 偏光显微镜分析

煤沥青及甲醛改性煤沥青所得针状焦的偏光显微镜图片如图 6.18 所示,针状焦的光学显微结构包括六种类型:细镶嵌型结构(Mf,宽>0μm,长<1μm),中镶嵌型结构(Mm,宽≥1μm,长<5μm),粗镶嵌型结构(Mc,宽≥5μm,长<10μm),不完全纤维状结构(Fc,宽<10μm,长≥10μm),完全纤维状结构(Ff,宽<10μm,长≥30μm),小叶状结构(L,宽≥10μm,长≥10μm),对不同类型光学显微组分进行分类,得到各向异性微观结构含量如图 6.19 所示。通常使用 Fc、Ff 和 L 的总含量来确定畴织构的结构取向,这一数值越大,代表针状焦的取向性越好[12]。NK-MCTP 中 Fc、Ff 和 L 的总含量范围在 75.9%~86.9%,随着甲醛改性剂用量的增加,该数值先增大后减小。所有甲醛改性针状焦样品中 NK-MCTP-20 的织构尺寸最大,可能是由于相对较少的甲醛改性剂用量增加了煤沥青的芳香性,降低了 O 原子的交联效应,促进了各向异性结构的生长和融并。然而,当甲醛改性剂用量过大,为煤沥青质量的 30%时,煤沥青中 β 树脂含量过高,不利于中间相小球的生长,反而使结构域尺寸减小。NK-MCTP 以小叶状结构为主,随着甲醛用量的增加,镶嵌结构含量逐渐降低,纤维状结构和小叶状结构含量增加。NK-LHCTP-3 的 Fc、Ff 和 L 的总含量为 74.58%,相较于 NK-CTP,略有降低,这可能是由于老化天数为 3d 时,煤沥青的平均分子量增加,碳化体系黏度增大,不利于各向异性结构的生长和溶并。NK-LHCTP-7 的 Fc、Ff 和 L 的总含量为 85.51%,相较于 NK-CTP 有了较大幅度的增长,这是因为老化时间为 7d 时,含氧化合物的含量有了较大幅度的下降,同时 LHCTP-7 中的芳香烃含量得到富集,这些都有利于各向异性结构的发

展，此外，NK-LHCTP-7 与 NK-LHCTP-3 中都出现了明显的孔结构，这与 SEM 的表征结果一致。

图 6.18 CTP、MCTP 及 LHCTP 所制备针状焦的偏光显微镜图片
(a) NK-CTP；(b) NK-MCTP-10；(c) NK-MCTP-20；(d) NK-MCTP-30；(e) NK-LHCTP-3；(f) NK-LHCTP-7

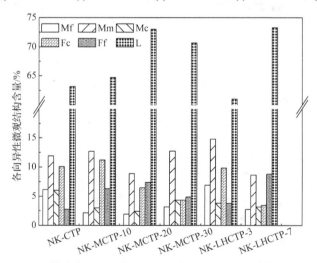

图 6.19 煤沥青及改性煤沥青所制备针状焦的光学结构分类图

5) 针状焦电化学性能表征

图 6.20(a)～(e)显示了煤沥青及甲醛改性煤沥青所制备针状焦样品的循环伏安曲线。由图可知，甲醛改性前后，针状焦样品的循环伏安曲线均为光滑曲线，没有出现氧化还原峰，且经过循环后曲线几乎不发生变化，这提示电解液或其他组分不与电极材料发生反应，所制备的针状焦材料具有典型的电容性和良好的电化学稳定性[10]，针状焦样品的循环伏安曲线呈矩形，表现出典型的双电层电容器

行为。越大的循环伏安曲线面积代表了电极材料越强的可逆性和越大的电容。针状焦样品 NK-CTP、NK-MCTP-10、NK-MCTP-20 和 NK-MCTP-30 的比电容经计算分别为 10.77F/g、20.98F/g、47.23F/g 和 6.17F/g。因此，样品 NK-MCTP-20 具有最佳的电化学可逆性和双电层电容器性能。NK-MCTP-30 的循环伏安曲线形状偏离矩形，表明其电容性能变差，电解质离子的输运能力最差。MCTP-30 的比电

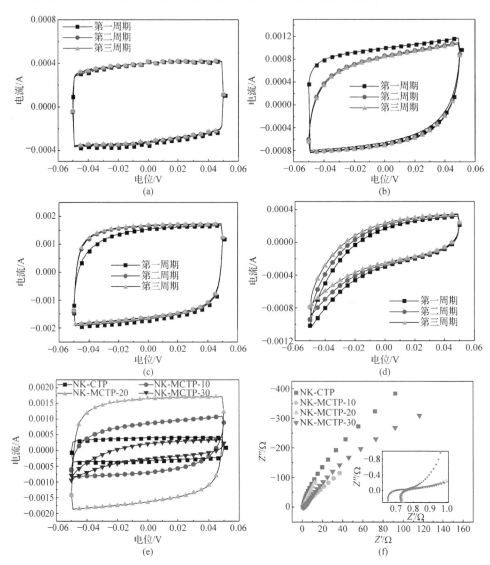

图 6.20　NK-CTP、NK-MCTP-10、NK-MCTP-20、NK-MCTP-30 的电化学性能分析

(a) NK-CTP 循环伏安曲线；(b) NK-MCTP-10 循环伏安曲线；(c) NK-MCTP-20 循环伏安曲线；(d) NK-MCTP-30
循环伏安曲线；(e) 针状焦样品的第三周期循环伏安曲线；(f) 奈奎斯特图
Z'-实部阻抗；Z''-虚部阻抗

容最小，可能是由于其片层取向性差，活性材料有效比表面积利用率降低[25]。此外，NK-MCTP-30 中 O 含量的增加可能会在一定程度上增加电极材料与电解液之间的接触电阻，这也会降低 NK-MCTP-30 的比电容[26]。

电化学阻抗法(EIS)是检测超级电容器电极材料基本行为的有效方法之一。图 6.20(f)显示了针状焦样品的奈奎斯特图，在 0.01Hz～100kHz 的频率下进行。低频区域的直线对应于扩散限制过程，直线越短则代表扩散阻力越小，针状焦样品的低频区直线长从小到大依次为 NK-MCTP-20、NK-MCTP-10、NK-CTP、NK-MCTP-30，奈奎斯特图提示 NK-MCTP-20 的电容性能最好，这是由于其离子转移的扩散路径较多，样品 NK-MCTP-20 具有均匀的纤维状结构，这有利于有效地利用其比表面积。此外，低频区域检测到的现象与循环伏安曲线结果完全一致。在高频区观察到的半圆对应于电荷转移限制过程[27]。针状焦 NK-MCTP-20 的半圆直径比其他针状焦样品小。未改性煤沥青衍生的针状焦具有最大的电荷转移电阻，这可能是由于其含有的石墨片层结构含量低，且碳质结构取向较为无序。

图 6.21(a)、(b)为老化改性煤沥青衍生针状焦样品的循环伏安曲线，所有曲线

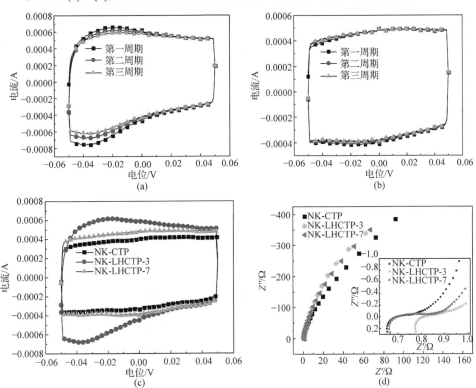

图 6.21　NK-LHCTP-3、NK-LHCTP-7 和 NK-CTP 的电化学性能分析

(a) NK-LHCTP-3 循环伏安曲线；(b) NK-LHCTP-7 循环伏安曲线；(c) NK-LHCTP 及 NK-CTP 的第三周期循环伏安曲线；(d) 奈奎斯特图

的形状都近似为矩形，这表明老化改性所得针状焦的双电层电容行为较好。NK-LHCTP-3 的循环伏安曲线上有一个驼峰，表明其存在产生伪电容的氧化还原反应[27]，说明 NK-LHCTP-3 的比电容是由双电层和伪电容共同提供的，计算得 NK-LHCTP-3 和 NK-LHCTP-7 的比电容分别为 15.59F/g 和 12.65F/g，其相较于 NK-CTP 的比电容 10.77F/g 有了较为明显的提高。老化改性针状焦样品的低频区直线长从小到大依次为 NK-LHCTP-3、NK-LHCTP-7、NK-CTP，这代表扩散阻力最小的老化改性所得针状焦样品是 NK-LHCTP-3，其次是 NK-LHCTP-7，这与图 6.20 循环伏安曲线的结果一致。

　　6) 针状焦产率分析

　　针状焦样品 NK-CTP、NK-MCTP-10、NK-MCTP-20 和 NK-MCTP-30 的产率分别为 6.65%、15.11%、18.91%和 21.32%。可见随着甲醛改性剂用量的逐渐增加，针状焦产率呈线性增加的趋势，这是因为在酸性催化剂的作用下，甲醛与煤沥青中的芳香小分子(图 6.22(a))和酚类化合物(图 6.22(b))发生了反应。前者生成以 —CH— (图 6.22(a)中的 M2)或—CH₂— (图 6.22(a)中的 M1)连接的大分子多环芳

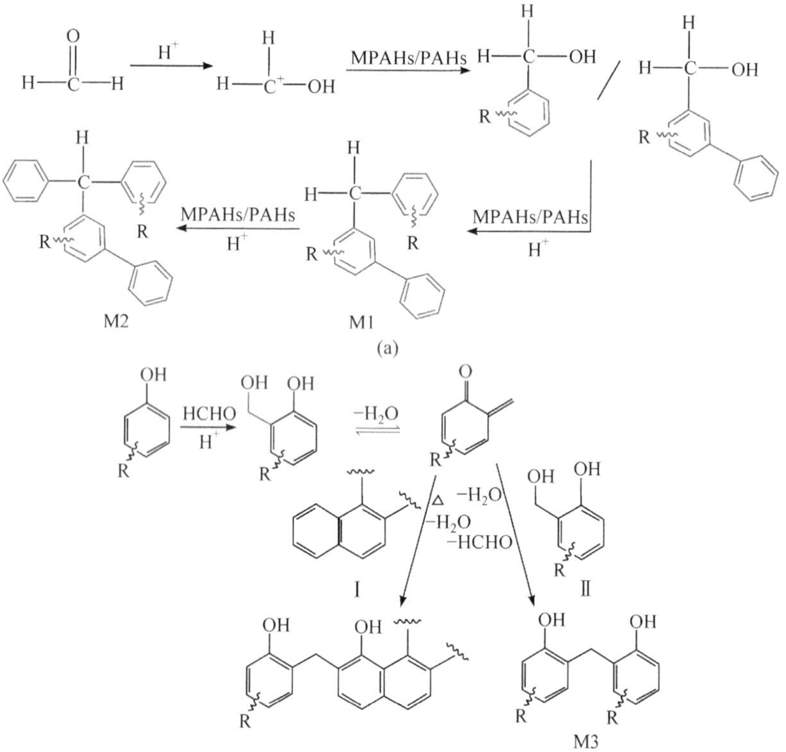

(a)

(b)

图 6.22　酸性条件下醛类(以甲醛为例)与多环芳烃及酚类的反应机理

(a) 甲醛与多环芳烃的反应机理；(b) 甲醛与酚类的反应机理

烃,后者生成以—CH_2—连接的大分子苯酚(图 6.22(b)中的 M3)[17]。此外,单羟基甲基苯酚还会与芳香烃发生反应(如图 6.22(b)路径 I 所示)。因此,甲醛改性使改性煤沥青中 β 树脂的含量得以增加,同时甲醛改性剂用量越大,改性煤沥青的平均分子量就越大,其中含有的 β 树脂含量就越多,这会导致碳化体系黏度的增加。同时,甲醛与芳香烃小分子的反应增加了煤沥青的芳香性,此外,甲醛小分子与苯酚化合物的反应会将 O 原子引入煤沥青中,引入的 O 原子会在碳化和煅烧过程中提供活性交联位点,有利于缩聚反应的发生,促进了煤沥青分子间的交联行为,同时加速碳化过程中中间相的形成。以上原因均能提高甲醛改性后针状焦的产量。然而,当甲醛改性剂用量过多时(30%),结合拉曼光谱和 XRD 数据分析可以看出,过量的甲醛会增加针状焦的无序石墨晶格和无定形碳。因此,在针状焦的产率和品质之间探索平衡的改性工艺参数是十分必要的。

老化改性以后,NK-LHCTP-3 与 NK-LHCTP-7 针状焦样品的产率分别为11.73%和14.17%,这是由于空气氧化使煤沥青的分子间发生了氧化交联反应,煤沥青分子的平均分子量增大,β 树脂含量升高,从而提高了针状焦的产率,与甲醛改性相比,老化改性提升针状焦产率的效果略低一些。

6.3　添加模型化合物制备针状焦

6.3.1　原料关联针状焦的演化规律

从煤沥青原料到针状焦制备完成需要经历生焦的阶段,如表 6.13 所示,前期的研究表明,对甲醛改性煤沥青而言,生焦的变化趋势已经预示了针状焦 NK-MCTP 结构的演变规律,如随甲醛用量的增大,生焦 GC-MCTP 的 L_c 减小,L_a 先增大后减小,d_{002} 增大,I_{D1}/I_G 先减小后增大,表面形貌先向流域型结构发展,随流域型结构含量减少,这些变化趋势与针状焦 NK-MCTP 的微晶结构、光学结构变化趋势相似。对老化改性煤沥青而言,生焦 GC-LHCTP-3 样品相较于 GC-CTP和 GC-LHCTP-7 的 L_c 与 L_a 更大,表明其微晶结构发育更好,然而经过煅烧工艺处理后,NK-CTP 的 L_c 与 L_a 最小,其次是 NK-LHCTP-7,这可能主要是由于 NK-LHCTP-7 中残留的含氧化合物更少,因此在煅烧的过程中其引起的交联行为更少,反而微晶结构的改善趋势与生焦 GC-LHCTP 不同。因此,针对不同的原料特点,应用适宜的改性方法来改性煤沥青从而提高所制备针状焦的品质是十分必要的。然而,煤沥青组成复杂,由多种复杂的大分子烃及其非金属衍生物组成,含有丰富的芳香烃、脂肪烃、含氧化合物等,低温煤焦油沥青质组成和结构的研究尚处于起步阶段,因此本节选出两种改性方式下结构最优的针状焦,向其对应原料中添加模型化合物,以此来考察煤沥青中某一类化合物对甲醛改性针状焦 NK-

MCTP 及老化改性针状焦 NK-LHCTP 的影响。

表 6.13   甲醛改性与老化改性所得生焦与针状焦的结构与性能参数表

样品	d_{002}/nm	L_c/nm	L_a/nm	I_{D1}/I_G	Fc、Ff 和 L 结构的总含量/%	比电容/(F/g)
GC-CTP	0.351496	2.251838	1.257671	0.81633	—	—
GC-MCTP-10	0.346853	2.753356	1.421973	0.81441	—	—
GC-MCTP-20	0.350785	2.484973	1.497599	0.78524	—	—
GC-MCTP-30	0.351394	1.983750	1.477884	1.18475	—	—
GC-LHCTP-3	0.350081	2.514419	2.925809	0.73417	—	—
GC-LHCTP-7	0.350561	2.398038	2.849566	0.67381	—	—
NK-CTP	0.354168	2.040986	5.208033	1.8145	75.9	10.77
NK-MCTP-10	0.351001	2.388307	5.215806	1.6798	82.2	20.98
NK-MCTP-20	0.349772	2.468156	5.688083	1.7491	86.9	47.23
NK-MCTP-30	0.352380	2.452148	4.948031	2.0565	79.8	6.17
NK-LHCTP-3	0.349583	2.410765	5.673144	2.7442	74.5	15.59
NK-LHCTP-7	0.350545	2.209534	5.294582	2.0027	85.5	12.65

6.3.2   添加方法

甲醛改性的煤沥青样品中，GCMCTP-10 相较于原样，I_{D1}/I_G 减小，L_c 和 L_a 增大，完全纤维结构含量增长，呈现良好的电化学稳定性，因此选取该样品作为甲醛改性法添加模型化合物的原料。老化改性的煤沥青样品中，相较于原样，LHCTP-7 的 L_c 和 L_a 增大，完全纤维结构含量增长明显，且具有典型的双电层电容行为，因此选取 LHCTP-7 作为老化改性法添加模型化合物的原料。环烷烃已被研究证明在针状焦的生成过程中起着至关重要的作用，其将氢转移到分子成分的能力有利于稳定焦炭的结构。碳化过程遵循自由基链机制，环烷烃的氢转移倾向减缓了碳化过程，促进了"软"碳化，形成了发达的中间相[1]。芳香烃则可以提高原料的芳香度，促进针状焦各向异性结构的形成和石墨化[28]。因此，本书选用菲和联环己烷作为模型化合物考察环烷烃和芳香烃对针状焦的影响。具体的操作是将联环己烷与菲分别加入 MCTP-10 与 LHCTP-7，模型化合物加入量为改性煤沥青质量的 5%，共得到 4 个样品，分别是 MCTP-10+菲、MCTP-10+联环己烷、LHCTP-7+菲、LHCTP-7+联环己烷，分别命名为 MCTP-10-F、MCTP-10-L、LHCTP-7-F、LHCTP-7-L，将 4 种原料经过碳化和煅烧制备得到生焦和针状焦，生焦命名为沥青命名前加上前缀 GC，针状焦命名为在沥青命名前加上前缀 NK。

6.3.3 模型化合物生焦及针状焦的理化性质

1) XRD 测试

图 6.23(a)为甲醛改性煤沥青原料 MCTP-10 添加模型化合物后所得生焦的 XRD 图谱，图 6.23(b)为老化改性煤沥青原料添加模型化合物后所得生焦的 XRD 图谱，表 6.14 为经过计算得到的 XRD 参数。

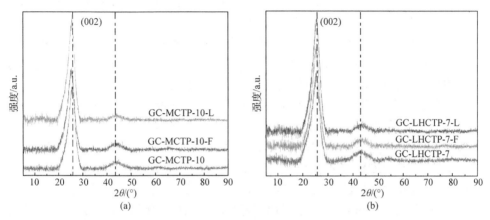

图 6.23　MCTP-10 和 LHCTP-7 添加模型化合物后所得生焦的 XRD 谱图

(a) MCTP-10；(b) LHCTP-7

表 6.14　**MCTP-10 和 LHCTP-7 添加模型化合物后所得生焦的 XRD 参数**

样品	d_{002}/nm	L_c/nm	L_a/nm
GC-MCTP-10	0.346853	2.753356	1.421973
GC-MCTP-10-F	0.353355	2.425279	3.504241
GC-MCTP-10-L	0.352006	2.396860	3.570550
GC-LHCTP-7	0.350561	2.398038	2.849566
GC-LHCTP-7-F	0.354170	2.306687	3.616139
GC-LHCTP-7-L	0.352017	2.295576	3.491190

与 GC-MCTP-10 相比，添加菲模型化合物后，所得生焦的平均晶粒尺寸 L_a 有了明显的增长，约从 1.4nm 增长到 3.5nm，共增长了 1.5 倍，表明菲能使生焦的碳微晶结构平面尺寸显著增大，这可能是因为菲的加入能使甲醛改性煤沥青 MCTP-10 的芳香共轭度显著增大，有利于碳微晶的平面生长[29]，然而其堆积高度相较于未添加菲模型化合物前略有降低，L_c 约从 2.8nm 降至 2.4nm。向 GC-MCTP-10 添加 5%的联环己烷模型化合物后，所得生焦的平均晶粒尺寸 L_a 显著增长，由约

1.4nm 增长至 3.5nm，然而，其碳微晶堆积高度由约 2.7nm 下降至 2.4 nm，此外，向 GC-MCTP-10 添加菲和联环己烷模型化合物后，d_{002} 均有一定增大，图 6.23(a) 中(002)峰的出峰位发生左移，表明添加菲和联环己烷使 MCTP-10 样品衍生的生焦炭层间距变大，在图 6.23(a)中，GC-MCTP-10-L 的(002)峰强度最高，表明向 MCTP-10 中添加联环己烷能显著地促进甲醛改性煤沥青 MCTP-10 衍生生焦的结晶度，生焦的微晶结构被优化，然而，加入菲模型化合物后，生焦 GC-MCTP-10-F 的(002)峰强度与 GC-MCTP-10 比较相近。

与 GC-LHCTP-7 相比，添加菲模型化合物后，所得生焦的平均晶粒尺寸 L_a 有了明显的增长，约从 2.8nm 到 3.6nm，共增长了 0.3 倍，这是所有添加模型化合物后所得生焦中，平均晶粒尺寸提高程度最大的生焦样品，这可能与 LHCTP-7 中的小分子化合物在老化过程中逸出彻底，同时保留了煤沥青中分子量较大的芳香烃有关，XRD 结果表明，菲能较为明显地增大老化改性煤沥青 LHCTP-7 衍生生焦的碳微晶平面尺寸，然而与甲醛改性煤沥青添加菲后的结果相似，向 LHCTP-7 添加菲后，生焦 LHCTP-7-F 的堆积高度 L_c 也出现轻微下降，约从 2.4nm 下降至 2.3nm。向老化改性煤沥青 LHCTP-7 中添加联环己烷后，生焦的平均晶粒尺寸由约 2.8nm 增长到 3.5nm，这可能是由于部分环烷烃在碳化和煅烧中发生烷烃芳构化的反应，同时，氢转移效应为碳微晶结构的发育提供了良好的黏度，生焦 GC-LHCTP-7-L 相较于 GC-LHCTP-7 的 L_c 轻微下降，约由 2.4nm 下降至 2.3nm。此外，向老化沥青原料 LHCTP-7 中添加 5%的菲和联环己烷模型化合物后，其衍生生焦的 d_{002} 均有不同程度的增加，但增加的幅度并不是很大。图 6.23(b)中(002)峰出现左移的现象，并且生焦 GC-LHCTP-7-F 样品的 d_{002} 增大程度较生焦 GC-LHCTP-7-L 更高，这表明两种模型化合物添加到老化沥青原料以后，所得生焦的炭层间距增大，且菲模型化合物增大 d_{002} 的作用更加明显。图 6.23(b)中，GC-LHCTP-7-L 的(002)峰强度最大，且显著高于生焦 GC-LHCTP-7 和 GC-LHCTP-7-F 样品，表明联环己烷对老化沥青 LHCTP-7 衍生生焦的结晶度提升较为明显。结合表 6.14 的数据可知，虽然向改性煤沥青添加菲和联环己烷后，其相应的生焦堆积高度轻微下降，炭层间距轻微上升，但其碳微晶结构的平均晶粒尺寸显著增长。因此，综合来看，菲和联环己烷的加入有利于甲醛改性煤沥青与老化改性煤沥青衍生生焦的微晶结构发育。

图 6.24(a)为甲醛改性煤沥青原料添加模型化合物后所得针状焦的 XRD 图谱，图 6.24(b)为老化改性煤沥青原料添加模型化合物后所得针状焦的 XRD 图谱，表 6.15 为其 XRD 图谱的 XRD 参数。

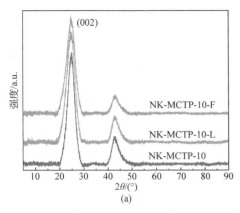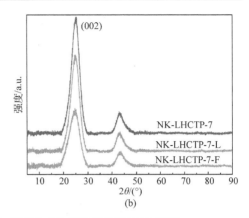

图 6.24　MCTP-10 和 LHCTP-7 添加模型化合物后针状焦的 XRD 谱图

(a) MCTP-10；(b) LHCTP-7

表 6.15　MCTP-10 和 LHCTP-7 添加模型化合物后针状焦的 XRD 参数

样品	d_{002}/nm	L_c/nm	L_a/nm
NK-MCTP-10	0.351001	2.388307	5.215806
NK-MCTP-10-F	0.352818	1.862100	4.711656
NK-MCTP-10-L	0.352679	1.910743	4.818641
NK-LHCTP-7	0.350545	2.209534	5.294582
NK-LHCTP-7-F	0.361043	1.567408	4.511375
NK-LHCTP-7-L	0.352818	1.873590	4.755797

MCTP-10 添加菲和联环己烷后，所对应的针状焦炭层间距都有轻微上升，平均晶粒尺寸和晶粒堆积高度均出现明显的下降，且添加菲的下降程度更高，LHCTP-7 添加菲和联环己烷后，对应针状焦炭层间距明显升高，平均晶粒尺寸和堆积高度下降幅度很大，且添加菲后其下降的幅度更加明显，NK-LHCTP-7-F 与 NK-LHCTP-7-L 相较于 NK-LHCTP-7 而言，(002)面衍射峰的峰强度明显下降，且峰宽也变得更宽，这表明添加联环己烷和菲不利于甲醛改性及老化改性衍生针状焦有序度的提高。这可能是因为菲是一种非线性芳香烃，不利于碳化过程中更好的中间相形成和芳香分子的单轴重排[7]，此外，联环己烷虽然有氢转移的能力，但中低温煤沥青中脂肪烃类化合物含量较高，联环己烷的加入反而过度提升了原料沥青的热反应性，碳化阶段煤沥青过早结焦，不利于针状焦有序度的提高。这与生焦的 XRD 结果有差异，主要是因为煅烧使针状焦的碳质结构发生了重新排列。

2) 拉曼光谱分析

图 6.25 为老化改性煤沥青及甲醛改性煤沥青添加菲和联环己烷后，衍生生焦的拉曼光谱图，对其拉曼光谱曲线进行了分峰拟合，表 6.16 列出了曲线的拟合数据。

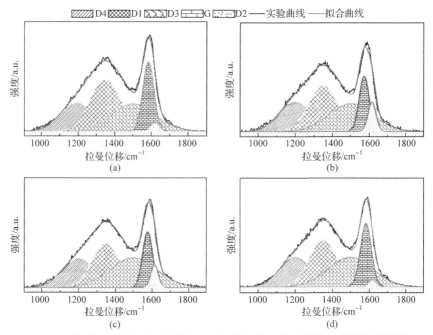

图 6.25　甲醛改性及老化改性煤沥青添加模型化合物所得生焦的拉曼光谱图
(a) GC-MCTP-10-F；(b) GC-MCTP-10-L；(c) GC-LHCTP-7-F；(d) GC-LHCTP-7-L

表 6.16　MCTP-10 和 LHCTP-7 添加模型化合物所得生焦拉曼光谱图的分析结果

样品	拟合曲线积分面积比例/%					I_{D1}/I_G
	G	D1	D2	D3	D4	
GC-MCTP-10	14.58	35.75	6.89	29.71	13.06	0.81441
GC-MCTP-10-F	16.86	34.39	1.46	27.16	20.12	0.74099
GC-MCTP-10-L	15.79	30.65	4.47	28.91	20.18	0.83410
GC-LHCTP-7	14.66	36.04	5.11	35.09	9.09	0.67381
GC-LHCTP-7-F	15.73	27.73	3.92	30.92	21.70	0.79103
GC-LHCTP-7-L	16.41	30.28	1.12	31.21	20.97	0.74615

　　向甲醛改性煤沥青 MCTP-10 中添加 5%的菲模型化合物后，归属于 E2g-对称振动的理想石墨晶格质量分数(以 G 峰积分面积比例表示)增加，由生焦 GC-MCTP-10 的 14.58%增长至 GC-MCTP-10-F 的 16.86%，表面石墨烯层无序石墨烯晶格质量分数(E2g-对称，以 D2 峰积分面积比例表示)的显著减小，由 6.89%下降到 1.46%，石墨烯边缘无序石墨晶格质量分数(A1g-对称，以 D1 峰积分面积比例表示)也出现轻微下降，这表明菲的加入与甲醛改性煤沥青 MCTP-10 发生了交联，MCTP-10 中的含氧化合物较多，菲的加入能减小碳化过程中氧元素的交联影响，使含氧化合物分布在整个碳质结构中，从而减小生焦的缺陷位点[20]，I_{D1}/I_G 的降低

也佐证了这一点，添加菲化合物后，生焦 GC-MCTP-10 的 I_{D1}/I_G 约由 0.81 下降至 0.74。向甲醛改性煤沥青 MCTP-10 添加联环己烷后，G 峰积分面积比例有一定增长，但增长的幅度并不大，表明添加联环己烷模型化合物对理想石墨晶格质量分数的增长作用并不显著。此外，归属于无序石墨晶格(A1g-对称)的 D4 峰积分面积比例显著增长，约由 13%上升到 20%，相较于生焦 GC-MCTP-10，GC-MCTP-10-L 的 I_{D1}/I_G 上升，这代表联环己烷的加入降低了 GC-MCTP-10 的可石墨化程度。

在老化改性煤沥青 LHCTP-7 中加入模型化合物菲后，代表理想石墨晶格质量分数的 G 峰积分面积比例有轻微的增加，由添加前生焦的 14.66%上升至 15.73%，但其 I_{D1}/I_G 有一定增长，相较于 GC-LHCTP-7，生焦 GC-LHCTP-7-F 的 I_{D1}/I_G 增长了 17%。向老化改性煤沥青 LHCTP-7 中加入模型化合物联环己烷后，G 峰的积分面积比例也有一些增加，但并不显著，仅增长了 1.75 个百分点，且 I_{D1}/I_G 有一定增长，相较于 GC-LHCTP-7，生焦 GC-LHCTP-7-L 的 I_{D1}/I_G 增长了 11%，这表明对老化改性煤沥青 LHCTP-7 而言，菲和联环己烷的加入降低了老化改性煤沥青衍生生焦的石墨化程度，且菲的降低作用更明显，使生焦的缺陷程度增大。

图 6.26 为 4 种沥青原料添加模型化合物后所得针状焦的拉曼光谱图，表 6.17 为其拉曼光谱图的拟合参数。

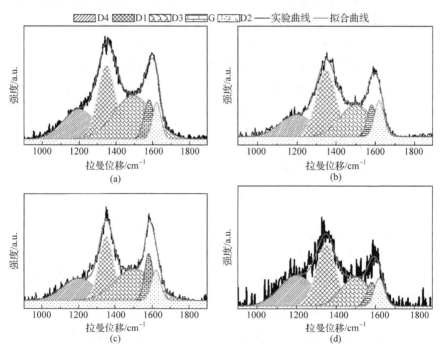

图 6.26　改性煤沥青添加模型化合物后所得针状焦的拉曼光谱图

(a) NK-MCTP-10-F；(b) NK-MCTP-10-L；(c) NK-LHCTP-7-F；(d) NK-LHCTP-7-L

表 6.17　改性煤沥青添加模型化合物后所得针状焦的拉曼光谱图参数

样品	拟合曲线积分面积比例/%					I_{D1}/I_G
	G	D1	D2	D3	D4	
NK-MCTP-10	18.05	44.58	7.39	14.71	15.26	1.6798
NK-MCTP-10-F	8.44	28.50	6.62	35.89	20.52	1.8728
NK-MCTP-10-L	7.88	35.82	9.40	27.35	19.54	2.0927
NK-LHCTP-7	8.23	30.94	6.92	36.63	17.28	2.0027
NK-LHCTP-7-F	11.00	27.02	7.83	33.94	20.21	1.3636
NK-LHCTP-7-L	6.34	34.14	7.97	22.54	28.99	2.6531

MCTP-10 添加联环己烷和菲后，对应针状焦的理想石墨晶格质量分数下降，由 NK-MCTP-10 的 18.05%下降至 NK-MCTP-10-F 的 8.44%，以及 NK-MCTP-10-L 的 7.88%，而 I_{D1}/I_G 明显升高，这与 G 峰的峰值变化趋势相一致，代表了添加菲和联环己烷不利于 NK-MCTP-10 石墨化能力的提升。LHCTP-7 添加菲后，对应针状焦的理想石墨晶格质量分数上升，由 8.23%上升至 11.00%，I_{D1}/I_G 也约由 2.0 下降至 1.4，这表明 NK-LHCTP-7-F 样品的石墨化能力相较于 NK-LHCTP-7 得到提升，虽然是菲是非线性芳香烃，但其可以提高原料芳香度的同时将氧原子分散在整个碳质结构中，降低 O 原子的不良影响[29]。对比 NK-MCTP-10-F 可知，同一模型化合物加入不同的样品对针状焦结构产生的影响不同，这是由于煤沥青的组成复杂，所含化合物的种类过多。LHCTP-7 添加联环己烷后，NK-LHCTP-7-L 中理想石墨晶格质量分数由 8.23%下降至 6.34%，且 D4 峰积分面积比例明显上涨，约由 17%上涨至 29%，D4 峰代表了无序石墨晶格(A1g-对称)，多烯或离子杂质，这意味着 NK-LHCTP-7-L 中富含混合 sp^2-sp^3 杂化或富含 sp^3 杂化的碳结构，拉曼光谱的结果表明，添加联环己烷后，NK-LHCTP-7-L 的可石墨化能力下降，这表明环烷烃对煤沥青制备针状焦来说并非越多越好，适量增多有利于降低碳化体系黏度，过多反而会增加原料的热反应性，不利于针状焦石墨化程度的提高。

3) SEM

图 6.27 为老化改性及甲醛改性煤沥青添加模型化合物后所得生焦的扫描电镜图片，老化改性煤沥青 MCTP-10 添加菲模型化合物后，其衍生生焦的表面形貌趋于紊乱无序，以镶嵌结构为主，添加联环己烷后，生焦 GC-MCTP-10-L 的表面出现纤维结构，但其纤维结构发育并不良好，有许多细小的碎片附着。老化改性煤沥青 LHCTP-7 添加菲模型化合物后，出现纤维状结构，表面仍有一些镶嵌结构，向老化煤沥青 LHCTP-7 添加联环己烷后，其衍生生焦的表面微观形貌得到一定改善，出现了较为明显的广域流线型结构，但该流线型结构更偏向于一种絮状的海绵组织形貌，取向性较低，这可能是由于老化改性煤沥青 LHCTP-7 中加入联

环己烷以后，碳化阶段反应体系的黏度降低，相较于原来原料的特性，在同一碳化温度和速率下，小分子物质的逸出更为剧烈，对碳化体系芳香平面的排列产生较大的扰动，不利于大芳香炭层平面二维方向的发育。

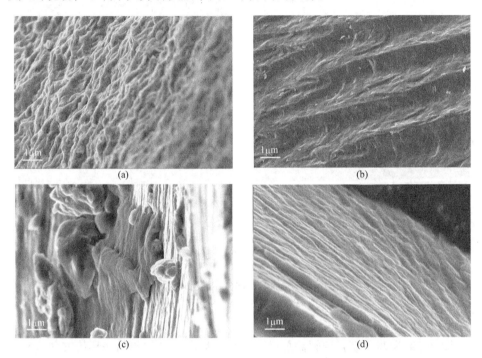

图 6.27　老化改性及甲醛改性煤沥青添加模型化合物后所得生焦的扫描电镜图片

(a) GC-MCTP-10-F；(b) GC-MCTP-10-L；(c) GC-LHCTP-7-F；(d) GC-LHCTP-7-L

图 6.28 为 MCTP-10 及 LHCTP-7 添加模型化合物后所得针状焦的 SEM 图片。NK-MCTP-10-F 的表面形貌虽然以流域型结构为主，但是 MCTP-10 添加菲后，其表面形貌相较于 NK-MCTP-10 变差，变得更加紊乱，趋于无序，这与 NK-MCTP-10-F 的 XRD 结果相一致，非线性芳香烃可能在碳化和过程中增大了大分子芳香层平面有序堆叠的空间位阻，从而使其结构更加趋于无序。向 MCTP-10 添加联环己烷后，所得针状焦的表面形貌十分无序，存在许多镶嵌结构，且炭层堆叠得较为紊乱，表明联环己烷的加入不利于甲醛改性衍生针状焦表面微观结构的改善。NK-LHCTP-7-F 的表面形貌以短流域型结构和小叶状结构为主，表明加入菲后，NK-LHCTP-7-F 的表面形貌有一定改善。NK-LHCTP-7-L 的表面形貌以流域型结构为主，但其结构趋于无序，其无序程度相较于 NK-LHCTP-7 更紊乱，这是由于脂肪烃的热反应活性过高[30]，在碳化和煅烧过程中，小分子大量逸出，扰乱了炭层的有序排列。

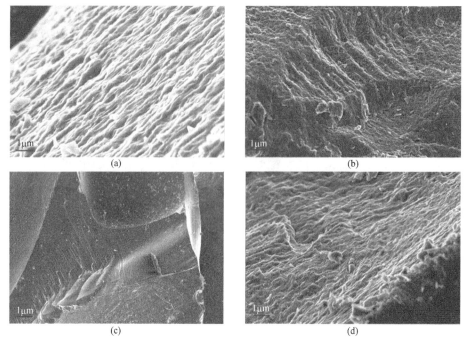

图 6.28　改性煤沥青添加模型化合物后所得针状焦的 SEM 图

(a) NK-MCTP-10-F；(b) NK-MCTP-10-L；(c) NK-LHCTP-7-F；(d) NK-LHCTP-7-L

4) 针状焦电化学性能表征

图 6.29 为四种沥青原料添加模型化合物后所得针状焦的循环伏安曲线和奈奎斯特图。NK-MCTP-10-F、NK-MCTP-10-L、NK-LHCTP-7-F、NK-LHCTP-7-L 的比电容分别为 6.06F/g、12.22F/g、2.26F/g、9.01F/g。相较于原样的 10.77F/g，仅 NK-MCTP-10-L 出现了轻微的上涨。这可能是由于联环己烷的加入使 NK-MCTP-10-L 出现了更多的孔隙结构，从而提高了 NK-MCTP-10-L 的表面利用率，增加了比电容。加入菲后，NK-MCTP-10-F、NK-LHCTP-7-F 的比电容下降十分显著，前者降低了 44%，后者降低了 79.02%。NK-LHCTP-7-F 添加菲后比电容下降更为严重，这可能是由于 LHCTP-7 和菲的分子量均较大，添加菲反而不利于碳化阶段中间相的发育，从而降低了活性材料可有效利用的比表面积，造成了比电容的下降。在高频区域，NK-MCTP-10-L 的实轴截距最大，代表其溶液内阻是最大的[27]，NK-CTP 的溶液内阻相较于其他样品较小。

5) 针状焦产率分析

甲醛改性煤沥青 MCTP-10 添加模型化合物菲后所得针状焦的产率为 22.1%，添加联环己烷模型化合物后所得针状焦的产率为 19.7%，老化改性煤沥青 LHCTP-7 添加模型化合物菲后所得针状焦的产率为 24.5%，添加联环己烷模型化合物后所得针状焦的产率为 24.08%。因此，添加 5%的联环己烷或菲均能使针状焦的产

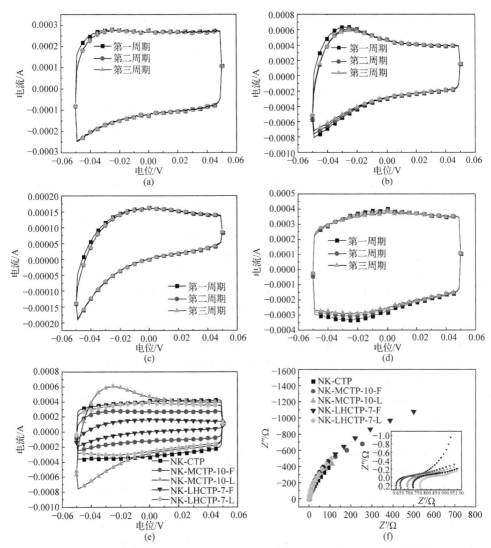

图 6.29　改性煤沥青添加模型化合物后衍生针状焦样品的电化学性能分析

(a) NK-MCTP-10-F 循环伏安曲线；(b) NK-MCTP-10-L 循环伏安曲线；(c) NK-LHCTP-7-F 循环伏安曲线；
(d) NK-LHCTP-7-L 循环伏安曲线；(e) 针状焦样品的第三周期循环伏安曲线；(f)奈奎斯特图

率增长，这是因为菲的加入增大了原料的平均分子量和芳香度，而联环己烷与改
性煤沥青中的分子发生交联，从而增大了针状焦的产率，但模型化合物菲对产率
的增长作用更为明显。

参 考 文 献

[1] GABDULKHAKOV R R, RUDKO V A, PYAGAY I N. Methods for modifying needle coke raw materials by

introducing additives of various origin (review)[J]. Fuel, 2022, 310: 122265.

[2] ZHU Y M, LIU H M, XU Y L, et al. Preparation and characterization of coal pitch-based needle coke (Part Ⅲ): The effects of quinoline insoluble in coal tar pitch[J]. Energy & Fuels, 2020, 34(7): 8676-8684.

[3] ZHU H H, ZHU Y M, XU Y L, et al. Transformation of microstructure of coal‑based and petroleum‑based needle coke: Effects of calcination temperature[J]. Asia-Pacific Journal of Chemical Engineering, 2021, 16(5): e2674.

[4] 李玉财, 黄诚, 王强. 针状焦技术进展及国内外差距分析[J]. 炭素技术, 2015, 34(5): 6-10.

[5] 何莹, 刘海丰, 张大奎, 等. 中低温煤焦油制备优质针状焦的研究[J]. 炭素, 2022(1): 22-26, 32.

[6] LIU J, SHI X M, CUI L W, et al. Effect of raw material composition on the structure of needle coke[J]. Journal of Fuel Chemistry and Technology, 2021, 49(4): 546-553.

[7] MONDAL S, YADAV A, PANDEY V, et al. Dissecting the cohesiveness among aromatics, saturates and structural features of aromatics towards needle coke generation in DCU from clarified oil by analytical techniques[J]. Fuel, 2021, 304: 121459.

[8] 杨琴, 李铁虎, 王娟, 等. 呋喃树脂改性煤沥青的机理及热行为研究[J]. 煤炭转化, 2006(1): 66-68, 72.

[9] WANG R Y, LU G M, CEN J X, et al. Effect of erucic acid on the rheological and surface properties of coal tar pitch[J]. International Journal of Adhesion and Adhesives, 2017, 75: 108-113.

[10] CIESINSKA W. Thermo-rheological properties of coal-tar pitch modified with phenol-formaldehyde resin[J]. Journal of Thermal Analysis and Calorimetry, 2017, 130(1): 187-195.

[11] ZHANG D M, ZHANG H L, SHI C J. Investigation of aging performance of SBS modified asphalt with various aging methods[J]. Construction and Building Materials, 2017, 145: 445-451.

[12] ZHANG Z C, LOU B, ZHAO N, et al. Co-carbonization behavior of the blended heavy oil and low temperature coal tar for the preparation of needle coke[J]. Fuel, 2021, 302: 121139.

[13] CHENG X, ZHA Q, ZHONG J, et al. Needle coke formation derived from co-carbonization of ethylene tar pitch and polystyrene[J]. Fuel Guildford, 2009, 88: 11.

[14] 钟姣姣. 醛基化学改性煤沥青中毒性多环芳烃抑制作用的研究[D]. 西安: 西北大学, 2018.

[15] SUN M, MA X X, LV B, et al. Gradient separation of ≥ 300℃ distillate from low-temperature coal tar based on formaldehyde reactions[J]. Fuel, 2015, 160: 16-23.

[16] 解小玲, 赵彩霞, 曹青, 等. 煤沥青的改性及中间相结构研究[J]. 材料工程, 2012(7): 39-43.

[17] SUN M, WANG L Y, ZHONG J J, et al. Chemical modification with aldehydes on the reduction of toxic PAHs derived from low temperature coal tar pitch[J]. Journal of Analytical and Applied Pyrolysis, 2020, 148: 104822.

[18] 赖仕全, 杨杰, 刘兴南, 等. 煤焦油软沥青氧化热聚合制备浸渍剂沥青[J]. 炭素技术, 2014, 33(4): 10-13.

[19] ZHANG Z C, CHEN K, LIU D, et al. Comparative study of the carbonization process and structural evolution during needle coke preparation from petroleum and coal feedstock[J]. Journal of Analytical and Applied Pyrolysis, 2021, 156: 105097.

[20] ZHANG Z C, HUANG X Q, ZHANG L J, et al. Study on the evolution of oxygenated structures in low-temperature coal tar during the preparation of needle coke by co-carbonization[J]. Fuel, 2022, 307: 121811.

[21] ZHU Y M, HU C S, XU Y L, et al. Preparation and characterization of coal pitch-based needle coke (Part Ⅱ): The effects of β resin in refined coal pitch[J]. Energy & Fuels, 2020, 34(2): 2126-2134.

[22] JIN Y B, WU S, GAO L, et al. Raman thermal maturity of coal and type Ⅱ kerogen based on surface-enhanced Raman spectroscopy (SERS)[J]. ACS Omega, 2021, 6(28): 18504-18508.

[23] CHENG J X, LU Z J, ZHAO X F, et al. Electrochemical performance of porous carbons derived from needle coke with different textures for supercapacitor electrode materials[J]. Carbon Letters, 2021, 31: 57-65.

[24] 王菲, 谷紫硕, 苏英杰, 等. 中低温煤焦油沥青的分离及基础物性研究[J]. 煤质技术, 2022, 37(5): 15-20, 45.

[25] LI B H, WANG G, ZHAI D Y, et al. The effect of the microstructure of mesophase-pitch-based activated carbons on their electrochemical performance for electric double layer capacitors[J]. New Carbon Materials, 2011, 26(3): 192-196.

[26] LEE G J, PYUN S I, KIM C H. Kinetics of double-layer charging/discharging of the activated carbon fiber cloth electrode: Effects of pore length distribution and solution resistance[J]. Journal of Solid State Electrochemistry, 2004(2): 8.

[27] WANG Z, CAO Q, GUO F, et al. Preparation and electrochemical properties of low-temperature activated porous carbon from coal tar pitch[J]. Diamond and Related Materials, 2023, 135: 109855.

[28] ZHANG Z C, DU H, GUO S H, et al. Probing the effect of molecular structure and compositions in extracted oil on the characteristics of needle coke[J]. Fuel, 2021, 301: 120984.

[29] ZHANG Z C, YU E Q, LIU Y J, et al. The effect of composition change and allocation in raw material on the carbonaceous structural evolution during calcination process[J]. Fuel, 2022, 309: 122173.

[30] PEI L J, LI D, LIU X, et al. Investigation on asphaltenes structures during low temperature coal tar hydrotreatment under various reaction temperatures[J]. Energy & Fuels, 2017, 31(5): 4705-4713.